普通高等院校“十三五”规划教材
普通高等院校“十二五”规划教材
普通高等院校机械类精品教材

顾 问 杨叔子 李培根

机电一体化系统设计

（第三版）

主 编 冯 浩 汪建新
赵书尚 杨 威
副主编 彭 健 曹李钢
马怀祥 蒋冬青
参 编 陈 玉 苏凤岐 李晓高
主 审 孙庆鸿

华中科技大学出版社
http://www.hustp.com
中国·武汉

内容提要

本书在论述机电一体化系统分析方法和设计步骤的基础上，重点介绍了目前在机械系统、电动执行器、检测系统、控制系统中常用和主流的技术，并且结合了实际的案例，体现了本书实用性强的特点。最后提供了三个机电一体化系统设计实例可供参考。

本书兼顾了课堂教学及自学的特点和需要，每章都有适量的习题，并且书后附有部分习题答案，以供读者加深对机电一体化概念的理解，进一步检验学习的效果。

本书可作为普通高校机械及机械电子工程专业的专业课或选修课教材，也可供函大及职大等学校的相关专业使用及有关的工程技术人员参考。

图书在版编目(CIP)数据

机电一体化系统设计/冯浩等主编. —3 版. —武汉：华中科技大学出版社，2020.7 (2024.1 重印)
普通高等院校"十三五"规划教材　普通高等院校机械类精品教材
ISBN 978-7-5680-6249-7

Ⅰ.①机…　Ⅱ.①冯…　Ⅲ.①机电一体化-系统设计-高等学校-教材　Ⅳ.①TH-39

中国版本图书馆 CIP 数据核字(2020)第 090428 号

机电一体化系统设计(第三版)
Jidian Yitihua Xitong Sheji(Di-san Ban)
冯　浩　汪建新　赵书尚　杨　威　主编

策划编辑：俞道凯
责任编辑：程　青
封面设计：陈　静
责任监印：周治超
出版发行：华中科技大学出版社(中国·武汉)　电话：(027)81321913
武汉市东湖新技术开发区华工科技园　邮编：430223
录　　排：武汉三月禾文化传播有限公司
印　　刷：武汉科源印刷设计有限公司
开　　本：787mm×960mm　1/16
印　　张：16　插页：2
字　　数：350 千字
版　　次：2024 年 1 月第 3 版第 4 次印刷
定　　价：39.80 元

“爆竹一声除旧，桃符万户更新。”在新年伊始，春节伊始，“十一五规划”伊始，来为“普通高等院校机械类精品教材”这套丛书写这个“序”，我感到很有意义。

近十年来，我国高等教育取得了历史性的突破，实现了跨越式的发展，毛入学率由低于10%达到了高于20%，高等教育由精英教育而跨入了大众化教育。显然，教育观念必须与时俱进而更新，教育质量观也必须与时俱进而改变，从而教育模式也必须与时俱进而多样化。

以国家需求与社会发展为导向，走多样化人才培养之路是今后高等教育教学改革的一项重要任务。在前几年，教育部高等学校机械学科教学指导委员会对全国高校机械专业提出了机械专业人才培养模式的多样化原则，各有关高校的机械专业都在积极探索适应国家需求与社会发展的办学途径，有的已制定了新的人才培养计划，有的正在考虑深刻变革的培养方案，人才培养模式已呈现百花齐放、各得其所的繁荣局面。精英教育时代规划教材、一致模式、雷同要求的一统天下的局面，显然无法适应大众化教育形势的发展。事实上，多年来许多普通院校采用规划教材就十分勉强，而又苦于无合适教材可用。

“百年大计，教育为本；教育大计，教师为本；教师大计，教学为本；教学大计，教材为本。”有好的教材，就有章可循，有规可依，有鉴可借，有道可走。师资、设备、资料（首先是教材）是高校的三大教学基本建设。

“山不在高，有仙则名。水不在深，有龙则灵。”教材不在厚薄，内容不在深浅，能切合学生培养目标，能抓住学生应掌握的要言，能做到彼此呼应、相互配套，就行，此即教材要精、课程要精，能精则名、能精则灵、能精则行。

华中科技大学出版社主动邀请了一大批专家，联合了全国几十个应用型机械专业，在全国高等学校机械学科教学指导委员会的指导下，保证了当前形势下机械学科教学改革的发展方向，交流了各校的教改经验与教材建设计划，确定了一批面向普通高等院校机械学科精品课程的教材编写计划。特别要提出的，教育质量观、教材质量观必须随高等教育大众化而更新。大众化、多样化决不是降低质量，而是要面向、适应与满足人才市场的多样化需求，面向、符合、激活学生个性与能力的多样化特点。和而不同，才能生动活泼地繁荣与发展。脱离市场实际的、脱离学生实际的一刀切的质量不仅不是“万应灵丹”，而是“千篇一律”的桎梏。正因为如此，为了真正确保高等教育大众化时代的教学质量，教育主管部门正在对高校进行教学质量评估，各高校正在积极进行教材建设，特别是精品课程、精品教材建设。也因为如此，华中科技大学出版社组织出版普通高等院校应用型机械学科的精品教材，可谓正得其时。

我感谢参与这批精品教材编写的专家们！我感谢出版这批精品教材的华中科技大学出版社的有关同志！我感谢关心、支持与帮助这批精品教材编写与出版的单位与同志们！我深信编写者与出版者一定会同使用者沟通，听取他们的意见与建议，不断提高教材的水平！

特为之序。

中国科学院院士

教育部高等学校机械学科指导委员会主任

杨叔子

2006.1

目　录

第1章　绪　论

近年来，世界各国政府和企业界更加重视工业发展，重视工业与互联网的融合，形成互联网时代的工业新思维。在这个背景下，诞生了德国的“工业4.0”，我国的工业化和信息化的“两化”融合及“中国制造2025”。机电一体化产品作为信息与物理系统连接的关键节点或界面，在各个领域得到了广泛应用和极大发展；生物电子、量子计算机、纳米和皮秒系统，以及其他可能出现的新技术与机械系统的一体化过程又为机电一体化带来了更加光明的未来。

本章从机电一体化和机电一体化系统及其相关的基本概念出发，帮助读者建立起机电一体化的基本理念。

1.1　机电一体化

1.1.1　机电一体化的基本概念

机电一体化从20世纪70年代提出概念开始至今，其内涵一直在不断更新和发展。在国内外，对机电一体化的含义也有不同的理解，但由日本机械振兴协会经济研究所于1983年3月所作的解释被大家所普遍接受，即“机电一体化乃是在机械的主功能、动力功能、信息功能和控制功能上引进微电子技术，并将机械装置与电子装置用相关软件有机结合而构成系统的总称。”对这个概念可以从一体化特征和柔性化及智能化目标等几个层面来理解。

1. 一体化特征的理解

一体化特征即系统集成的特征。根据系统学的观念，系统集成后的标准是：多个元素按照预定的目标组织起来，使整体的功能和性能大于各组成元素功能和性能之和。机电一体化是以机械为主体，利用电子和信息技术对产品进行优化。

在传统的机械产品中，为了达到变速的目的，通常使用一系列齿轮来实现，但现代数控车床的变速箱结构已大大简化，调速功能由电子调速实现，并采用程序控制方式实现不同部件之间的联动。简化的机械传动结构不仅提高了传动精度，也提高了机床的整体性能。在传统机床中，只有高等级机床的精度才能达到10 μm，而现在的普通数控机床精度就可达到1 μm。

机电一体化不仅包含机电一体化产品的一体化特征，还包含机电一体化技术的内容。机电一体化技术主要包括技术原理和使机电一体化产品（系统）得以实现、使用和发展的技术，所涉及的共性关键技术有：检测传感技术、信息处理技术、伺服驱动技术、自动控制技术、机械和系统总体技术等。这些技术在机电一体化的概念下，交叉融合，形成了机电一体化系统的技术总成。

机电一体化除了强调机与电的有机结合，还被赋予了更深刻、更广泛的含义。由各种现代高新技术与机械和电子技术相互结合而形成的所有技术、产品（或系统）都应属于机电一体化范畴。目前所衍生出的机电液（液压）一体化、机电光（光学）一体化、机电仪（仪器仪表）一体化及机电信（信息）一体化等，实质上都可归结为机电一体化。

2. 机电一体化的作用

机械产品的机电一体化可以在多个方面让产品的品质提高，如操作性能改善、体积减小、重量减轻、可靠性和加工精度提高及节能省力等，但是机电一体化的最初目标，亦即其所产生的最大作用，在于扩展功能、增强柔性和提高机器智能（自动化）程度。

智能化是机电一体化系统的重要外在特征之一。譬如：现代移动机器人可以通过传感器获取对外界环境变化的感知；行动决策部分根据感知，利用已有的知识和规则（软件），面向要达到的目标进行动态的路径规划，决定移动策略（送给移动控制指令）；移动机构按指令实现移动。现代移动机器人与传统工业机器人重要的不同点在于，决策能力的提升，使得机器人可以在未知环境下完成任务，这是机器智能的重要体现。但无论机电一体化系统智能程度如何，显然引入电子技术和信息技术都是实现智能化的重要基础。

柔性是机电一体化系统的又一个重要外在特征，所体现的是机电一体化系统为面向多任务的系统。例如，现代柔性加工系统——各类加工中心，可在一个工位上实现不同的加工任务，而传统的机械加工车间由不同功能的车、削、铣、刨、磨等专业机床完成不同的加工面和不同精度的加工任务。现代柔性加工系统尽可能缩短了加工路线，极大地提高了工作效率。

概括地讲，机电一体化是利用电子、信息技术使机械柔性化和智能化的技术和产品的总称。

1.1.2 机电一体化技术构成

机电一体化技术的重要实质是应用系统工程的观点和方法来分析和研究机电一体化产品或系统（以往统称为机电一体化产品），综合运用各种现代高新技术进行产品的设计与开发，通过各种技术的有机结合，实现产品内部各组成部分的合理匹配和外部的整体效能最佳。机电一体化技术的构成和应用领域如图 1-1 所示。要深入进行机电一体化研究及产品开发，就必须了解并掌握这些技术。这些技术主要有机械技术、检测与传感技术、计算机及信息处理技术、自动控制技术、伺服驱动技术和系统总体技术。

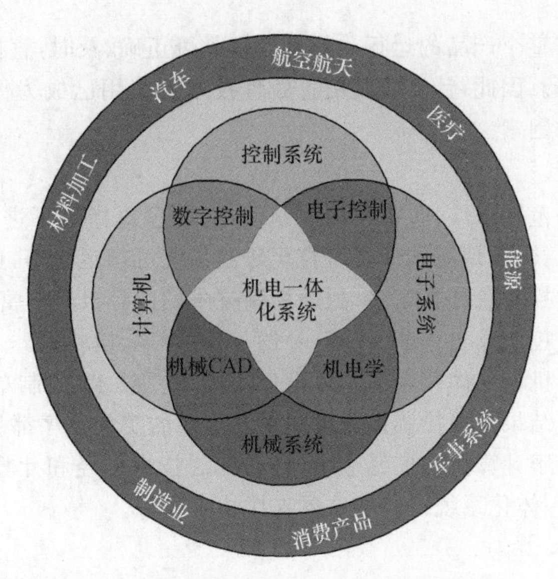

图1-1 机电一体化技术的构成和应用领域

1. 机械技术

机械技术是机电一体化的基础，是关于机械的机构及利用这些机构传递运动的技术。机电一体化产品中的主功能和构造功能往往是以机械技术为主实现的。在机械与电子相互结合的实践中，不断对机械技术提出更高的要求，使现代机械技术相对于传统机械技术发生了很大变化。新材料、新工艺、新原理、新机构等不断出现，尤其是精密机械技术和现代机械设计方法不断发展和完善，满足了机电一体化产品对减轻重量、缩小体积、提高精度和刚度、改善性能等多方面的要求。

2. 检测与传感技术

检测与传感技术的研究对象是传感器及其信号检测装置。传感器作为感受元件，将各种内、外部信息通过相应的信号检测装置反馈给控制及信息处理装置。因此检测装置与传感器是机电一体化系统与外界环境之间的接口，提供的是系统进行决策所必需的原始信息，是实现自动控制的关键环节。机电一体化要求传感器能快速、精确地获取信息，并经受各种严酷环境条件的考验。但是目前检测与传感技术还不能与机电一体化的发展相适应，使得不少机电一体化产品不能达到满意的效果或无法实现设计。因此，如何增强传感器功能和提高性能，如何适当使用各种传感器，将成为今后技术研究的重点问题。

3. 计算机及信息处理技术

信息处理技术包括信息的交换、存储、运算、判断、估计和决策等，实现信息处理的主要工具是计算机。计算机技术包括计算机硬件技术和软件技术、网络与通信技术、数据库技术等。计算机及信息处理技术的应用决定了机电一体化产品的智能程度，人工智能、专家系统、神经网络技术等都属于计算机与信息处理技术。在机电一体化产品中，计算机与信息处理装置指挥着整个产品的运行。信息处理是否正确、及时，直接影响机电一体化产品工作的质量和效率。因此，计算机及信息处理技术的应用已成为促进机电一体化技术和产品发展最活跃的因素。

4. 自动控制技术

自动控制技术的范围很广，包括自动控制理论，在理论指导下进行控制系统设计，设计完成后的系统仿真技术、现场调试技术直至研制系统可靠运行等，贯穿于从理论到实践的整个过程。由于被控对象种类繁多，因此控制技术的内容极其丰富，包括高精度定位控制、速度控制、自适应控制及自诊断、校正、补偿、示教再现、检验等。

自动控制技术是机电一体化系统总体设计中的主要技术，控制单元对各种信息的处理、加工，并根据加工结果发出控制指令等一系列重要的工作程序都是应用自动控制技术进行设计的结果。由于计算机的广泛应用，自动控制技术已经和计算机控制技术紧密联系在一起，成为机电一体化系统设计的重要支撑技术之一。

5. 伺服驱动技术

伺服驱动技术的主要研究对象是执行元件及其驱动装置，是研究使执行元件在控制指令下迅速、准确地完成目标运动和动作的技术。执行元件有电动、气动、液压等多种类型，机电一体化产品中多采用电动式执行元件，其驱动装置主要是指各种电动机的驱动电源电路，目前多采用电力电子器件及集成化的功能电路构成。执行元件一方面通过电气接口向上与微机相连，以接收微机的控制指令；另一方面又通过机械接口向下与机械传动和执行机构相连，以实现规定的动作。伺服驱动技术是直接执行操作的技术，对机电一体化产品的动态性能、稳态精度、控制质量等具有决定性的影响。

6. 系统总体技术

系统总体技术是指从整体目标出发，用系统工程的观点和方法，将系统总体分解成相互有机联系的若干功能单元，并以功能单元为子系统继续分解，直至找到可实现的技术方案，然后再把功能和技术方案组合成方案组进行分析、评价和优选的综合应用技术。

系统总体技术所包含的内容很多，主要包括系统设计技术、系统评价技术、系统调试技术及接口技术，机电一体化产品的各功能单元通过接口连接成一个有机的整体。系统总体技术是最能体现机电一体化设计特点的技术，其原理和方法还在不断发展和完善。

1.1.3 机电一体化技术的产生背景和发展趋势

1. 机电一体化技术的产生背景

机电一体化技术是社会生产力发展的需要，它有着深刻的技术背景。推动机电一体化技术发展的进程中，微电子和计算机技术可以认为是它得以产生的前提。微电子技术的突飞猛进是现代技术进步的一个源泉，计算机技术和信息处理技术等都在它的影响下高速发展。图 1-2 所示为机电一体化技术的发展时间表。

年代	微电子技术	微处理器	机电一体化
1947	半导体晶体管诞生		
1950'	半导体集成电路		
1952			第一台数控机床
1959			第一台可编程机器人
1970'	大规模集成电路		
1971		4位微处理器	
1973—1977		8位微处理器	
1978 1979		16位微处理器	
1980'	超大规模集成电路		
1983		高性能16位微处理器	数控机床、工业机器人、汽车电子、航空航天、武器系统等
1985		32位微处理器	
1990'	巨大规模集成电路	64位微处理器	通信技术引入网络化产品，在各个领域渗透
1993			
			微机械电子

图1-2　机电一体化技术的发展时间表

在图1-2中，微处理器的发展代表着计算机发展的标志性阶段。在微电子技术尚处于小、中规模集成电路的年代，人们就已经使用这些集成电路生产各种各样的工业控制机、程序机，使各种各样的生产设备达到了不同程度的自动化，大幅度地提高了劳动生产率。进入大规模集成电路年代，各种功能强劲的专用和通用芯片被开发出来，使机器设备有了“电脑”的武装，机器的功能加强、性能提高、操作性更强，同时原材料和能源的消耗也降低了，人们开始认识到机器是人手延伸和电子计算机是人脑延伸的真正含义。到了超大规模和巨大规模集成电路年代，人们已经在各个领域内采用机电一体化技术，甚至开始讨论机械与电子在芯片级的集成问题，即现在的一个研究的热点领域——微机械电子。

机电一体化的发展有一个从自发状况向自为方向发展的过程。一直到19世纪70年代，日本人把“mechanic”和“electronics”组合在一起发明了“mechatronics”这个单词，机电一体化技术才作为独立的技术为大家所认识和研究。机电一体化技术应用领域很广，但它本身的定义并不确定，它的基础研究工作还需要大量的投入。

从机电一体化产生的背景和发展过程可进一步认识到，它是多种技术互相渗透的结果，同时它在社会生活中无孔不入，必将对未来的生活和生产方式产生巨大的影响。

2. 机电一体化技术的发展趋势

正如机电一体化技术的产生一样，机电一体化技术今后的发展和进步必须依赖相关技术并反过来促进相关技术的发展和进步，它的发展也必然与社会发展的需求相契合。机电一体化技术的发展趋势可以从三个方面进行归纳：性能上，向高精度、高效率、高性能、智能化等方向发展；功能上，向小型化、轻型化、多功能等方向发展；层次上，向系统化、复合集成化等方向发展。

1）智能化

智能化是机电一体化技术的重要特征。今后，机电一体化技术必将朝着更高的智能化程度发展。在控制理论的基础上，吸收人工智能、运筹学、计算机科学、模糊数学、心理学、生理学和混沌动力学等学科中的新思想、新方法，模拟人类智能，使它具有推理、逻辑思维、自主决策等能力，以实现更高的控制目标。随着人工智能等相关技术的进步，机电一体化产品的智能化发展也将从单个产品的智能化向由机电一体化产品构成的大系统智能化方向发展。

2）网络化

网络技术的兴起和飞速发展给社会生活的各方面都带来了巨大的变革。基于网络的各种远程控制和监视技术方兴未艾，机电一体化产品的远程控制就是其中一种形式。现场总线和局域网技术使生产设备网络化已成趋势，利用网络可将各种独立的机电一体化产品联系起来，成为一个大的复杂系统，为企业制造系统的形成提供物质基础。现在，就是家用电器也可以连接成以计算机为中心的计算机集成家电系统（computer integrated appliance system，CIAS），使人们在家里分享各种高技术带来的便利与快乐。

3）微型化

微型化兴起于20世纪80年代末，是指机电一体化产品向微型机器和微观领域发展的趋势。国外称其为微电子机械系统（MEMS），泛指几何尺寸不超过1 cm^3 的机电一体化产品，并向微米、纳米级发展。微型机电一体化产品体积小、耗能少、运动灵活，在生物医疗、军事、信息等方面具有不可比拟的优势。微型机电一体化产品发展的瓶颈在于微机械技术。微型机电一体化产品的加工采用精细加工技术，即超精密技术，它包括光刻技术和蚀刻技术两类。

4）系统化

系统化的主要特征是系统体系结构进一步采用开放式和模式化的总线结构。产品被分解为若干层次，系统功能分散；在各个小系统中，各种分技术又相互渗透和相互融合。各种系统可以灵活组态，进行任意剪裁和组合，同时寻求实现多子系统协调控制和综合管理。

1.2 机电一体化系统

1.2.1 系统构成

机电一体化系统是由计算机信息网络协调与控制，用于完成包括机械力、运动和能量流传递等动力学任务的机械和（或）机电部件相互联系的系统。即机电一体化产品是具有特定目标的有机整体，这个目标对应系统的主体功能。其主体功能是对系统的输入(如物质、信息和能量等)完成特定的转换(如变换、传递和储存等)。但是，机电一体化系统要实现其目的，还要具备动力、检测、信息与控制等其他四个功能。

机电一体化系统的功能结构如图 1-3 所示。主功能是必须具备的，表明系统的主要特征。例如：电动机、水轮机和内燃机等原动机以能量转换为主；各种仪器、仪表、传真机和各种办公机械等以信息处理为主；对各种机床来说，输入物质经加工处理，输出为改变了位置和形态的物质。

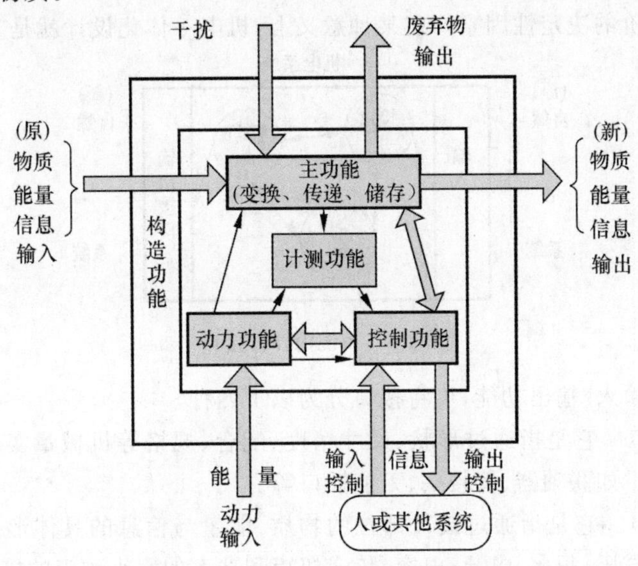

图 1-3 机电一体化系统的功能结构

机电一体化系统的组成要素与功能对应有机械本体、动力、控制与信息处理、传感器检测、执行元件等五个。

机械本体包括机架、机械连接等在内的系统支持结构，属于基础部分，用于实现产品的构造功能。动力包括电源、电动机等执行元件及其驱动电路，用于实现能量的转换，即把输入的能量转换成需要的形式，实现动力功能。控制与信息处理主要是指由计算机及其相应的硬、软件所构成的控制系统，它根据产品的功能和性能要求及传感器的反馈信息，进行处理、运算和决策，对产品运行施以相应的控制，实现控制功能。传感器检测包括各种传感器及其信号检测电路，用于对产品运行时的内部状态和外部环境进行检测，提供运行控制所需的各种信息，实现计测功能。执行元件包括机械传动与操作机构，用于在控制信息作用下完成要求的动作，实现产品的主功能。

机电一体化系统的五个基本组成要素之间并非彼此无关或只是简单拼凑、叠加在一起，而是在各司其职的同时互相补充、互相协调，共同完成所规定的任务，即在机械本体的支持下，由传感器检测产品的运行状态及环境变化，将信息反馈给控制与信息处理装置，控制与信息处理装置对各种信息进行处理，并按要求控制动力源驱动执行机构进行工作。在结构上，各组成要素通过各种接口及相关软件有机地结合在一起，构成一个内部合理匹配、外部效能最佳的完整产品。

各要素或系统之间的联系被称为接口(interface)。如图 1-4 所示，在系统的层次上，系统与人、外部环境及其他系统之间的接口是系统的输入/输出，而各构成要素或子系统之间也通过各类接口实现信息、能量和物质的交换。因此，机电一体化系统的接口性能是综合系统性能评价的决定性因素。在某种意义上，机电一体化设计就是“接口设计”。

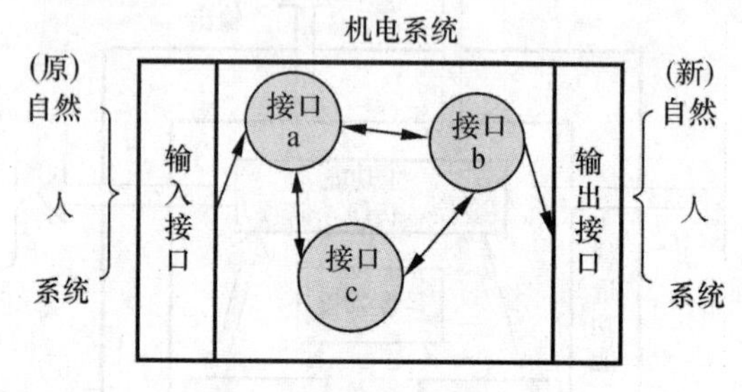

图 1-4　系统内外部接口

根据接口的输入/输出功能，可将接口分为以下四种。

(1) 机械接口　它是指通过形状、尺寸精度、配合、规格等机械量实现各系统之间的机械连接的接口。如联轴器、管接头、万能插口等。

(2) 物理接口　它是指通过接口部位的物质、能量与信息的具体形态和物理条件约束的接口。如受电压、频率、电流、电容、传递扭矩和功率的大小约束的接口。

(3) 信息接口　它是指受规格、标准、法律、语言、符号等逻辑、软件约束的接口。

(4) 环境接口　它是指对周围环境条件(如温度、湿度、磁场、火、振动、放射线、水、气等)等有保护作用和隔绝作用的接口。如防尘过滤器、防水连接器、防爆开关等。

1.2.2　机电一体化系统分类及其应用

对机电一体化系统(产品)的分类，可以从机电一体化系统的机电集成度和应用领域两个角度来阐述。

根据机电集成度，机电一体化产品可划分为机电融合型、功能附加型和功能替代型三类。

机电融合型产品的主要特征是，根据产品的功能和性能要求及技术规范，以系统的方法分配“机”与“电”的功能和性能指标，设计方案不受已有产品的约束，并且通常采用专门设计的或具有特定用途的集成电路来实现产品的控制和信息处理等功能，因而产品结构更加紧凑，设计更加灵活，成本进一步降低。换句话说，机电融合型产品是机与电在更深层次上有机结合的产品，如传真机、复印机、磁盘驱动器、CNC 数控机床等。

功能附加型产品的主要特征是，在原有机械产品的基础上，采用微电子技术，使产品功能增加和增强，性能得到适当的提高。如经济型数控机床、电子秤、数显量具、全自动洗衣机等都属于这一类机电一体化产品。

功能替代型产品的主要特征是，采用微电子技术及装置取代原产品中的结构来完成机械控制功能、信息处理功能或主功能，使产品结构简化，性能提高，柔性增加。如电子缝纫机用微电子装置取代了原来复杂的机械控制机构；电子石英钟、电子式电话交换机等用微处理器取代了原来机械式信息处理机构；线切割加工机床、激光手术器等则是因微电子技术的应用而产生的新功能，取代了原来机械的主功能。

从机电一体化的定义看，机电一体化融合型产品才真正符合机电一体化的发展方向，而其他两类则是机电一体化的中间过程。

机电一体化产品的应用领域十分广泛，从应用领域产品的分类概况可以看出，机电一体化产品遍布社会生产和生活的各个领域，图 1-5 所示为机电一体化产品的部分应用领域举例。

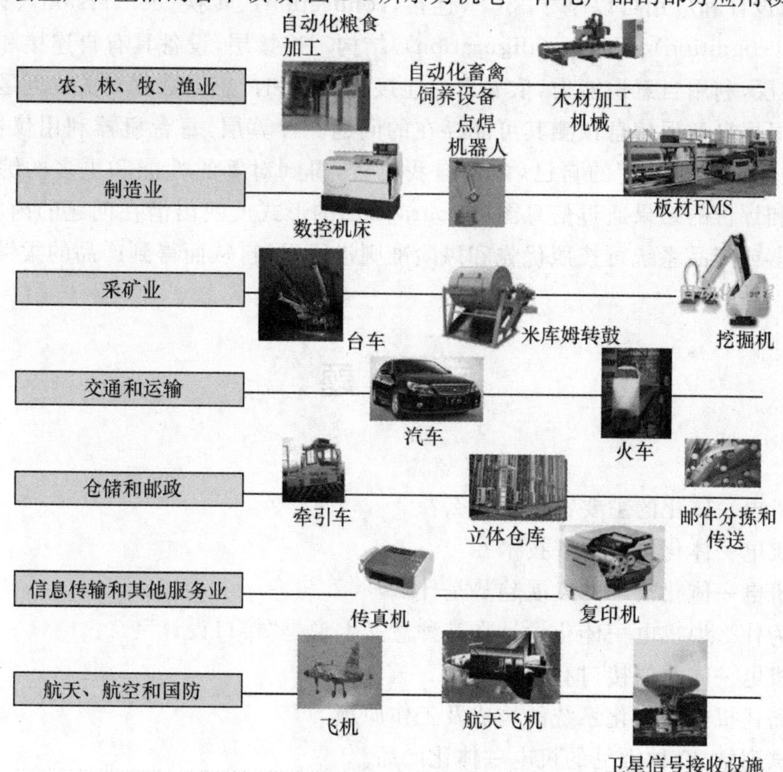

图 1-5 机电一体化产品的部分应用领域

机电一体化产品的广泛应用代表了人类社会的智能化需求，人们希望有各类机器能代替人类完成较简单的智力劳动，而从这些单调的劳动中脱离出来，投入更富有挑战性的工作中。

1.3 知识扩展

最初由美国科学家在2005年提出的信息物理系统(cyber-physical systems,CPS)是指协同计算元素控制物理实体的系统,其内涵和外延处在不断的发展中,目前没有公认准确和全面的定义。但总的看,CPS应该具备的关键特征是能感知,信息处理能力强,信息过程与物理过程之间通过交互,相互作用、相互影响,采用智能的机制形成两者之间的密切联系或融合。CPS应该是一个适应性强、高度自治、高效、可靠、安全、易用的系统。在MIT(麻省理工)有一组机器人在看管一个番茄园,番茄园里的每个植物都配备了传感器,用来监测它们各自的生长状态,机器人与机器人、机器人与环境、机器人与植物之间通过无线网络进行交互,机器人在番茄园中能自主移动和进行操作管理。

CPS的设计和应用可以基于"5C"(连接(connection)、转换(conversion)、计算(compute)、认知(cognition)、配置(configuration))结构。连接层,设备具有自连接和自感知的属性。转换层,利用自意识能力,依靠来自连接的设备和传感器数据对关键问题特征进行测定,机器根据自意识信息预测其可能存在的问题。计算层,每台机器利用仪器特征,在虚拟空间建立一个"相同"的自己,以便自我比较,得到对等的性能和更多的综合。认知层,自评估和评价的结果通过信息图(infographic)的形式反映出潜在问题的内容和因果。配置层,机器或产品系统可按照优先和风险准则进行重组,从而得到产品的柔性。

习 题

1-1 机电一体化的主要特征是什么?

1-2 机电一体化包括哪些技术?

1-3 机电一体化技术的发展趋势是什么?

1-4 为什么说机电一体化设计在某种意义上说是"接口设计"?

1-5 机电一体化的接口有哪些?

1-6 简述机电一体化系统的构成及工作原理。

1-7 试列举20种常见的机电一体化产品。

第 2 章 机电一体化系统设计和分析方法

在工业化时代，设计的理念已贯穿于各领域，如机械设计、电子设计、建筑设计和工业造型设计等，设计方法本身也在不断完善和发展。通过学习设计方法，我们能在较短时间内完成设计，使设计过程更有效。机电一体化设计是一个自上而下的过程，系统的功能和性能指标在各子系统中的合理分配是机电系统集成的基础；机电一体化系统分析则是自下而上的过程，是以系统动态分析理论为基础，对系统的稳定性和动态响应能力等进行验证的过程，形式上有理论分析和仿真分析等；设计和分析的基础条件是系统的理论模型的建立。本章的另一个主要内容是机电元件的数学模型举例和由元件构建系统模型的方法。

2.1 机电一体化系统设计概述

2.1.1 机电一体化系统设计的描述

从现代设计方法的观念看，“设计”就是一个信息系统，输入的是需求，输出的是设计结果。工程设计的内容是根据科学技术的原理，创造性地将需求转化为具体的产品（硬件或软件）模型，并提出具体的实现方案。从系统工程的观点分析，设计是一个由时间、逻辑和方法组成的三维系统，如图 2-1 所示。时间维——描述按时间排列的设计目标流程；逻辑维——解决问题的逻辑步骤，是在设计的工作流程中的每一个阶段内所要进行的工作内容和遵循的思维程序；方法维——设计过程的各种思维方法、工作方法和涉及的相关领域知识。设计过程中的每一个行为可以反映为此三维空间中的一个点。本课程以机电一体化系统的设计工作流程为主要线索，介绍机电一体化产品的正向设计方法。

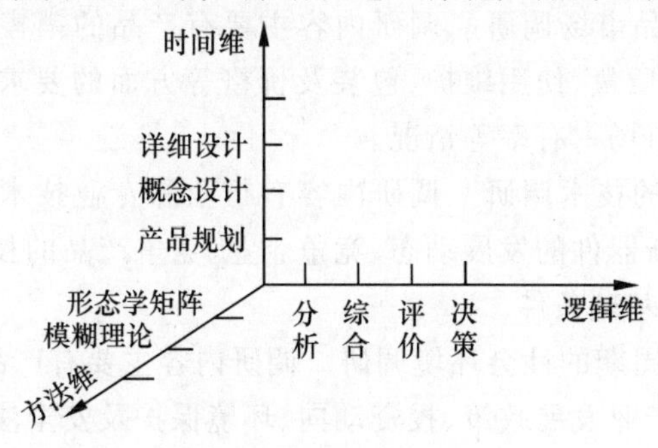

图 2-1 三维系统图示

2.1.2 设计工作流程

一个全新的机电一体化产品的正向设计和开发过程大体可以分为产品规划、概念设计和详细设计三个阶段，如图 2-2 所示。

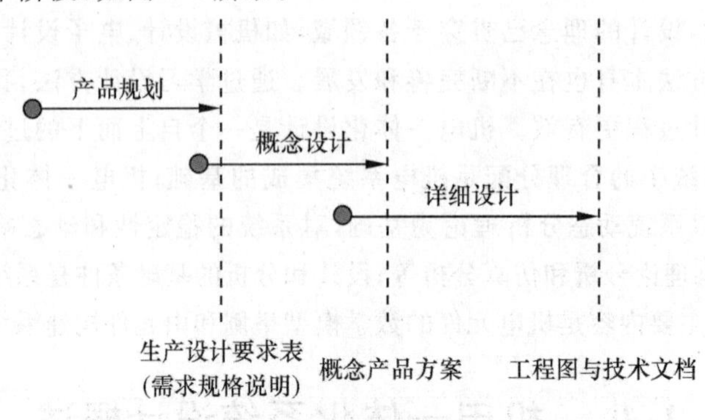

图 2-2 产品设计阶段示意图

1. 产品规划阶段

产品规划阶段包括需求分析、市场预测、技术可行性分析，最后确定设计参数及设计制约条件，提出设计要求，作为设计、评价和决策的依据。

1) 需求分析

需求分析从需求识别开始，要将用户需求转化为技术要求。认识需求是一种创造性工作，设计师应深入实际、细致观察、敏锐捕捉市场的需求，并及时完成产品的开发和试制工作。在项目管理中，有一些建立起用户需求和技术要求联系的工具，如问题理解表和质量功能配置(quality function deployment，QFD)。

2) 市场预测

市场预测是产品的前期调研工作。调研可分为以下三种。

(1) 面向用户的产品市场调研　调研内容主要有产品的销售对象的可能销售量，用户对产品的功能、性能、质量、使用维护、包装及价格等方面的要求。此外，还应了解竞争产品的种类、优缺点和市场占有率等情况。

(2) 面向产品设计的技术调研　调研内容有行业和专业技术的发展动态，相关理论的研究成果和新材料、新器件的发展动态，竞争企业、竞争产品的技术特点分析等。此外，还要了解本单位的生产基础条件。

(3) 面向产品生命周期的社会环境调研　调研内容主要有产品生产和目标市场所在地的经济技术政策(如产业发展政策、投资动向、环境保护及安全法规等)，产品的种类、规模及分布，社会的风俗习惯，社会人员构成状况及消费水平、消费心理和购买能力等。

通过调研，应确定开发产品的必要性、种类和生命周期，预测产品的技术水平、经济效益、社会效益等，确定用户对产品的功能、性能、质量、外观和价格等方面的要求，以形成产品的初步概念，然后进行技术可行性分析。

3）技术可行性分析

技术可行性分析的内容包括以下几个方面。

（1）关键技术和技术路线　研究本产品需要的关键技术，指明产品实现的技术路线和技术标准。例如，一个新概念的汽车，采用什么样的发动机技术，采用什么样的控制总线技术，采用什么样的人机接口技术等。

所使用的关键技术一般应该是比较成熟的，成本和技术风险容易控制。如果要采用比较前沿的新技术，则需要在市场和成本方面多作考虑。

（2）可选技术方案　同样的产品可能有多种技术方案可选择。设计人员必须根据一定的准则，从中选择一个最合适的方案，或将这些方案进行折中。这里的技术方案只是一个比较粗略的技术方案或技术路线。

（3）主要性能指标及技术规格的可行性　产品的性能指标及技术规格对产品的成本和市场竞争能力至关重要。性能指标和技术规格越高，产品的成本就越高，价格也就越高。但市场竞争能力不完全由其技术性能决定，还与其价格、品牌等许多因素有关。用户往往追求性能价格比高的产品。

所以，制定产品的规格和性能指标需要综合考虑各方面的因素，突出产品的特色，力争做到高性能、低价格。在制定主要性能指标和技术规格时还要充分参考竞争对手的产品及发展趋势，制定最合理的参数。

性能指标和技术规格不能盲目攀高，要立足现有技术条件，使产品与竞争对手拉开距离，同时为新产品的推出保留一定的余地。

（4）主要技术风险　综合分析产品功能、技术规格及性能指标实现的可能性，分析产品开发、生产中可能存在的各种问题和风险，以及这些问题和风险的解决和规避方法。如果不充分考虑这些问题和风险，则产品开发时间可能延长，从而错过市场最佳时机，或者使产品的成本过高，或者使产品的质量和成品率低，或者必须大规模地更换生产设备，等等。

必须提前对这些问题进行充分评估，使产品开发和生产能顺利进行。

（5）成本分析　根据所制定的产品技术规格和技术路线，综合分析产品的成本，包括技术成本（如使用专利技术、研究成本等）、原材料成本、制造成本、人力成本等，为产品的立项提供决策支持。

（6）结论及建议　根据产品的成本分析和技术风险分析，对产品的技术规格、性能指标和市场定位等参数提出修改建议，确定产品是否立项。

产品立项应给出生产设计要求表，表中所列要求分为特征指标、优化指标和寻常指标，即包括新产品的功能要求、技术规格、性能指标、成本控制目标等。各项要求应尽可能量化，并按重要程度分出等级。

2. 概念设计阶段

概念设计至今没有明确的定义，从设计工作流程看，它处于产品规划阶段和详细设计阶段之间，输入的是产品规划的结果——生产设计要求表，输出的是总体方案。机电一体化系统总体方案包括产品外观和结构布置方案、产品部件或子系统划分及设计目标、各部件或子系统的接口设计等内容，并包含详细设计任务书、验收规范及进度计划。

1）产品外观和结构布置方案

作为机电一体化产品，产品的外观对销售来说非常重要。另外，只有确定了产品的外观方案（外观形式、外部尺寸等），才能开始产品的结构设计。在总体设计阶段，进行结构设计时需要确定产品内部结构的形式和布置方案，并确定内部各装配部件的主要外部尺寸。

2）产品部件或子系统划分及设计目标

在机电一体化系统的概念设计中，根据产品功能或技术架构对产品的功能性部件或子系统进行划分，并确定各部件或子系统的功能规格和性能指标等设计目标。

3）各部件或子系统的接口设计

包括各部件或子系统间的接口规范，如信号传输协议、电气规范、各部件的尺寸及装配形式、各部件的布局位置、运动部件的输出转速和功率等。

4）制定详细设计任务书、验收规范及进度计划

机电一体化系统概念设计是根据产品生命周期各个阶段的要求，进行产品功能创造、功能分解及功能和子功能的结构设计；进行满足功能和结构要求的工作原理求解；进行实现功能结构的工作原理总体方案构思和系统化设计。

3. 详细设计阶段

根据详细设计任务书，对各零部件进行详细设计，确定各零部件的形状、尺寸、材料等参数，设计控制软件，设计电子、电气系统的电路，选用合适的元件，绘制详细的零件图、装配图等工程图，编写详细的设计技术资料。详细设计还包括制定产品制造工艺和质量检验规范等内容。

详细设计必须按照总体的要求进行，在设计过程中还可能伴随着许多的实验研究和零部件的试制，以确定相关参数。

2.2 产品功能分析和设计

产品规划阶段要明确产品的功能，确定完成其功能的子系统构成。功能是产品的核心价值，史蒂夫·乔布斯说过，“其实设计是针对产品的实际功能，你必须用心去体会这一切。”机电一体化系统设计应该首先在功能设计上实现机电一体化，即考虑一定实现类型的物理限制和条件，在闭合作用链中各系统单元和谐交互，机电协同完成系统的功能。

2.2.1 产品功能及其功能模型

功能从不同的角度看有不同的理解，在价值工程中(GB/T 8223.1—2009)定义为对象能够满足某种需求的效用或属性。产品的功能指产品技术系统的用途或所具有的特定工作能力；从系统的角度看，它是对一个产品的输入与期望输出之间的那种清晰和可重复关系的描述，独立于任何特殊形式之外。也就是说，功能是效用或属性，但它并不附着在某种效用的实现或具备特定属性的结构上。从组成产品的各个子系统或者组件的角度看，功能是对其他系统或组件的特定输出。机电一体化系统(产品)功能可以理解为使用功能，从用户的角度看，就是使用该产品要达到的效用(目的)，是实现面向机械的产品任务；从设计的角度看，它是产品研发的预设目的。产品的功能是通过需求分析，明确所设计的产品要解决什么问题，设计该产品的目的。

1. *产品功能定义*

一般而言，功能定义是“就对象功能的内容和本质属性进行准确而简洁的表述”。功能定义是概念设计阶段的关键工作，不仅是产品设计的依据，而且是功能评价和分析的依据。产品功能是对产品最简单的描述，通常只用一个动词或一个动宾词来表达，如复印、车削、起重、喷釉等。

产品功能定义要遵循以下原则：

(1)简洁、明了、准确，保证设计的目标清晰；

(2)合理抽象，合理地拓展和控制设计的空间。

2. *产品功能模型*

Schneider 认为系统具有特定的性质。一是结构原理。系统由一些部件组成，各部分之间存在相互关系并与周围环境有关。系统与周围环境通过描述系统能量、质量及信息状态的物理量相互影响。二是分解原理。系统由一些部件组成，这些部件可进一步分解为很多相互作用的子部件。如果详细检查，会发现子部件有一定的复杂性或一般的系统特征。

功能树模型是将产品功能进行逐层分解为分功能、子功能直至功能元，它们可以与实现该功能的结构部件或零件对应。一般产品功能树模型如图 2-3 所示。

功能元：功能的基本单位。一般系统的基本功能元有物理功能元、逻辑功能元和数学功能元。

物理功能元反映系统中能量、物料、信号变化的物理基本动作。常用的有转变—复原、放大—缩小、连接—分离、传导—绝缘存储—提取。

逻辑功能元主要用于控制功能、依据逻辑关系的决策。包括“与”“或”“非”三元逻辑动作。

数学功能元反映数学的基本动作，主要用于信息的处理。包括“加”和“减”、“乘”和“除”、“乘方”和“开方”、“积分”和“微分”。

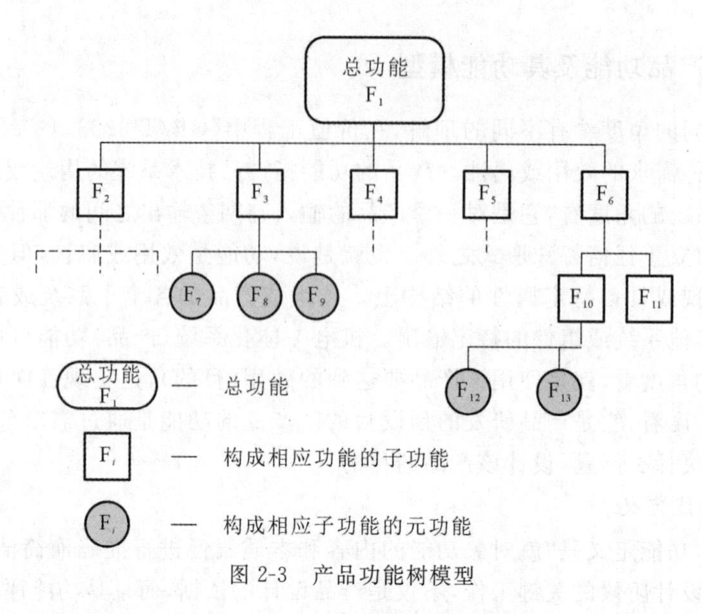

图 2-3 产品功能树模型

机电一体化产品的功能元包括动力功能元、传动功能元、控制功能元、构造功能元和执行功能元等。各功能元可以建立起功能实现载体的目录。例如，动力功能元的功能载体有电动机、汽轮机、内燃机、泵、空压机等。

子功能是实现分功能的下位功能单元。在价值工程中，功能树中的单元分为上位功能、下位功能和同位功能。仅为下位功能的是末位功能，对应的是功能元。仅为上位功能的是总功能(产品功能)。

产品功能可以分为主要功能、基本功能、辅助功能和附加功能。

主要功能:反映产品主要需求的预设有用功能，是产品创建或设计的目的，功能载体是产品本身。是功能树里的总功能。

基本功能:保证完成主要功能的功能，功能载体是系统中与系统作用对象直接作用的系统组件。在功能树里作为分功能存在。

辅助功能:保证完成基本功能的功能，功能载体是系统或超系统中的组件，与系统作用对象之间没有直接的联系。在功能树中也可作为分功能存在。

附加功能:产品或组件所产生的预设功能以外的有用功能，作用于超系统组件。

2.2.2 机电一体化系统功能分析与分解

常见的功能分解方法有功能分析系统技术(function analysis system technology, FAST)法与去除和操作程序(the subtract and operate procedure)法。把总功能分解成若干个子功能，从而创建功能树。功能树可以表达出功能的层级关系和逻辑、因果关系，不能详细表达出各子功能之间的复杂联系和相互作用，但是对产品概念设计而言有利于界定各子系统功能性能指标和输入输出接口的定义。

一般来说，按照机电一体化系统的功能结构划分，执行功能对应系统的基本功能，计测功能、动力功能、控制功能、构造功能和人机交互功能属于辅助功能。

下面以喷釉机器人为例，说明机电一体化系统的功能分析与分解。

喷釉工艺是陶瓷釉浆施釉法的一种，是利用压缩空气将釉浆通过喷枪或喷釉机喷成雾状，使之黏附于坯体上，要求坯体表面釉层厚度一致，颗粒均匀。这种方法适用于大型、薄壁及形状复杂的坯体。喷釉机器人是实现喷釉工艺自动化的机电一体化系统。

喷釉机器人的物质输入是釉浆、坯体。输出的是在规定表面上黏附规定厚度釉料的坯体，如图 2-4 所示。

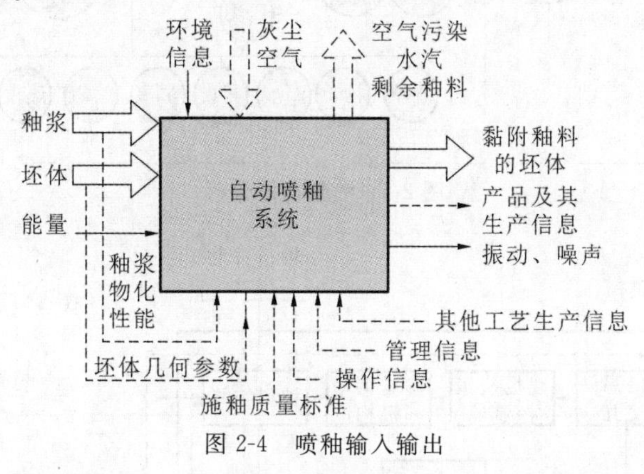

图 2-4 喷釉输入输出

主功能可以归为自动喷釉。基本功能是喷釉和喷头的移动(喷头与坯体之间的相互运动)。辅助功能有计测功能、动力功能、控制功能、人机交互功能和构造功能。实现喷釉功能需要釉浆雾化、持续提供釉浆和回收釉浆及保护环境。

这里仅对基本功能和辅助功能中的计测功能进行分析，得到图 2-5。特别要说明的是这仅是参考结果，图 2-5 中的虚线是计测功能元对其他功能元状态的检测关系。

从该分析中可以看出功能分解是无结构化的分析过程，进一步可以形成功能结构图。根据基本功能，可以设计三个执行单元：喷釉单元、移动单元和釉料输送单元。

按照相对独立的功能实现增加了坯体输送单元，得到图 2-6 所示的自动喷釉功能结构框图。

功能分解中，功能元的确定与设计的层次相关。系统设计时，独立的执行单元可以作为功能元。例如，在自动喷釉系统设计时，雾化可以作为功能元存在。如果设计一个雾化器，雾化就是它的基本功能，实现雾化需要的其他功能则需要进一步分解。

功能分解后，需要综合，将功能与结构联系起来，功能结构框图是一种较好的表达方式。

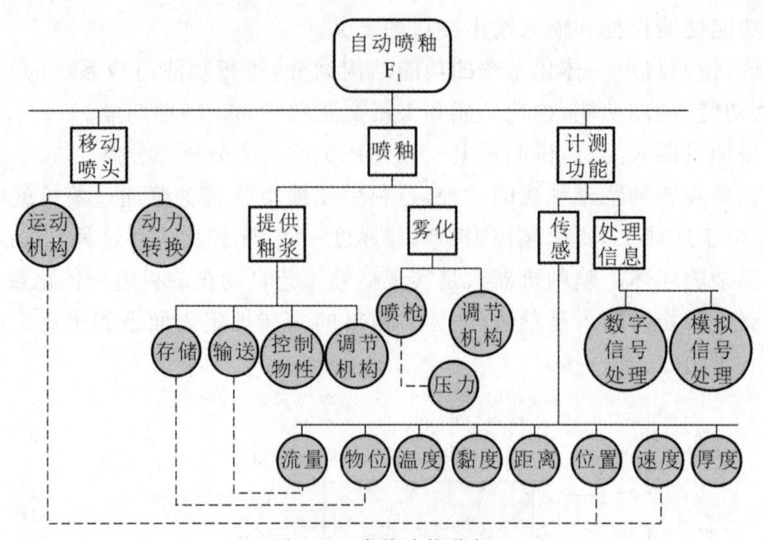

图 2-5　喷釉功能分析

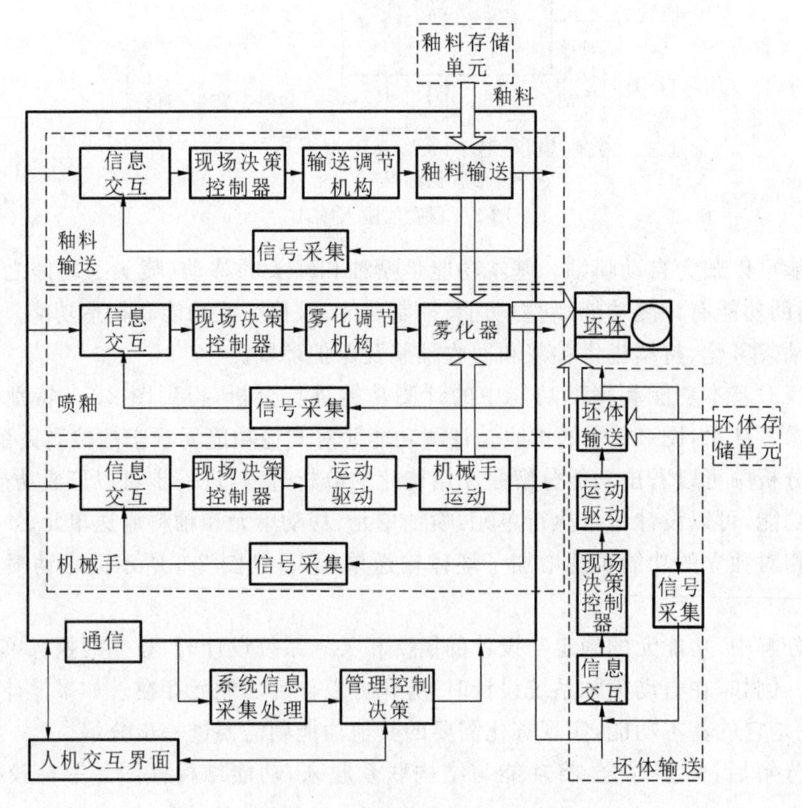

图 2-6　自动喷釉功能结构框图

2.3 性能指标及分配方法

产品规划阶段结束后，产品的性能指标已明确，其后的设计任务围绕这些指标展开。机电一体化产品性能是各子系统性能的综合反映，对不同的设计方案来说，各子系统对性能的影响程度不同。因此，在设计过程中，性能指标是由上至下分配的。在分配过程中，子系统又常常按功能单元进行划分。要保证设计方案最优，合理分配性能指标是关键。

2.3.1 使用要求与性能指标

从产品使用要求的角度看，性能指标可划分为功能性指标、经济性指标和安全性指标等三类。

1. 功能性指标

功能性指标定义产品在预定的寿命期间内有效地实现预期的全部功能要求，包括功能范围、精度指标、可靠性指标和维修性指标等。

(1) 功能范围　这是指产品的适用范围。一般来讲，通用产品的适用范围广，市场覆盖面也大。但产品的结构复杂，开发和制造成本将增加；反之，专用产品市场小，但开发周期短，成本低。

(2) 精度指标　产品实现其规定功能的准确程度是衡量产品质量的重要指标之一。精度是指实现某规定功能的各组成环节误差的综合，因此精度分配是产品设计的关键之一。

(3) 可靠性指标　这是指产品在规定的条件下和规定的时间内，完成规定功能的能力。只有在规定时间内和规定条件下，各子系统(各零部件或元器件)均不失效，能完成规定功能，整个产品才能满足可靠性要求。因此协调各组成系统的可靠性是方案优化的关键。

(4) 维修性指标　这是指当设备发生故障后，排除故障、恢复原有功能的难易程度，通过维修度和平均修复时间等来评定。维修度是指可修复设备在规定条件下和规定时间内，完成规定修复任务的概率。

2. 经济性指标

经济性指标反映了用户获得所需功能和性能的产品需要付出的费用，对生产者来说，则是完成产品生产制造的成本。生产者和用户都希望在获得相同产品的同时，其成本(费用)越低越好。对用户来说，成本包括购置和使用费用。

(1) 购置费用　影响产品成本的主要因素有开发、生产和管理成本等。降低成本是生产者和用户的共同要求。在设计阶段中降低产品成本的方法有：结构简化、零部件(元器件)标准化、设计精确化和新型化。

(2) 使用费用　它是在产品使用过程中体现出来的，包括运行和维修费用。一般采取如下设计方法降低使用费用：提高产品自动化程度；选用节能部件(元器件)；合理确定维修周期。

3. 安全性指标

安全性指标需要根据产品特点来确定，它既指产品在运行过程中对操作者和周围其他人员的人身安全的危害程度，又指产品本身因其他原因受损坏的可能性。

2.3.2 优化设计与性能指标

机电一体化系统的各项指标通常分散在各子系统中，或者说它们相互关联、共同影响系统性能。通过优化的方法把系统的性能指标参数分配到各子系统中，为子系统的设计提出具体目标，这是机电一体化系统自上而下设计的常用方法。

与通用的优化设计方法相同，优化设计模型包括设计变量、优化目标和约束等三部分。

从设计的角度划分性能指标，有特征指标、优化指标和寻常指标三类，它们在设计中的限定作用不同。

(1) 特征指标　决定产品功能和基本性能的指标，是设计中必须满足的指标，构成机电系统优化模型的约束。

(2) 优化指标　又可称为评价指标，是用来进行方案比较的指标，其限定作用弱于特征指标，可作为机电系统优化模型的优化目标。

(3) 寻常指标　作为常规要求的指标，一般不定量描述且不出现在优化设计模型中，只需用常规设计方法进行保证。

特征指标和优化指标的划分应根据其在设计中的限定强度来定。例如，对机床的数控改造设计，通常把经济性指标作为强限定，当作特征指标，改造后的精度则可作为优化的目标。新型号机床的设计则相反，常以精度为特征指标，而以经济性指标为优化指标。

2.3.3 性能指标分配

性能指标分配的目的是，合理限定各子系统对总体性能指标的影响程度，这是系统整体优化的保障。

在进行性能指标分配时，首先要把对某项性能指标可能产生作用的各子系统全部列出。由于机电系统方案的多样性，各子系统的形式不同，因此必须逐一列出它们的作用形式。这些内容包括相关设计参数、设计参数受到的特征指标约束、设计参数对优化指标的影响等三个方面。

下面以车床刀架进给系统的设计为例，说明指标分配过程。

某开环控制车床刀架进给系统如图 2-7 所示。刀架最大走刀速度 $v_{\max} = 14$ mm/s，最大定位误差 $\delta_{\max} = 16$ μm。本设计的优化目标是系统的成本(结构形式和可靠性等影响因素忽略)。

步骤 1　分析原因，确定各环节的设计参数。

设计参数确定准则：综合考虑，以减少优化计算工作量；独立变化，以构成正交设计空

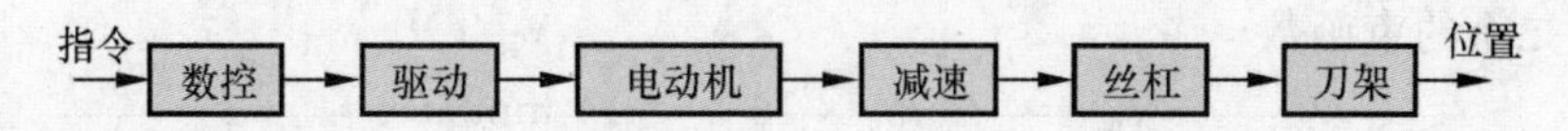

图 2-7　开环控制车床刀架进给系统框图

间；影响设计指标及所列参数必须是完备的。

根据以上准则，选取各环节的参数如表 2-1 所示。

表 2-1　刀架进给系统各组成环节误差及对应成本

组成环节	指　标	A	B	C	D
刀架	床鞍移动直线度 /μm	4	6	8	10
	成本 / 千元	10	5	2	1
丝杠螺母副	传动误差 /μm	0.5	1	2	4
	成本 / 千元	5	3	2	1.2
减速器	齿轮传动误差 /μm	1	1.2	2	2.5
	成本 / 千元	0.6	0.6	0.3	0.3
控制环节	最小脉冲当量 /μm	3	7	—	—
	成本 / 千元	3	2	—	—

表 2-1 中，对刀架环节将床身各部分的影响都列在了其中，将刀架相对主轴轴线的径向位置误差作为定位误差。床身影响定位误差的主要因素可归结为床鞍在水平面内移动的直线度。直线度等级与生产成本之间的关系如表 2-1 所示。

控制环节包括数控装置、驱动装置和步进电动机三部分。在这里精度主要取决于执行元件 —— 步进电动机的精度。步进电动机在不同载荷作用下，其转子的实际位置对理论位置的偏移角不同，在正常运行的情况下，该偏移角不超过 ± 0.5 个步距角。此外，虽然数控装置的运算精度可达到很高，但步进电动机的控制指令是以脉冲为单位的，因此数控装置仍会产生步距角的舍入误差。这样数控环节可能产生的总误差为步距角，同时步距角要转换成刀架运动方向上的脉冲当量。其最小脉冲当量就体现了定位精度、走刀速度、系统的控制和执行方案，并且与成本相关。

其他各环节选取参数的方式与此相似。参数有代表性，不仅与特征要求 —— 精度，而且与设计目标 —— 控制成本直接相关。

步骤 2　建立约束方程和目标方程。

根据设计要求的特征指标，构建约束函数的过程如下。

系统总体精度 $P = \sum_{i=1}^{4} p_i$，下标 i 为环节标号；p_i 为第 i 个环节的精度。由设计要求可知总体精度必须小于 16 μm，即

$$P = \sum_{i=1}^{4} p_i < 16\ \mu\text{m} \tag{2-1}$$

最大走刀速度 $v_{\max} = f_{\max}\delta_{\text{p}} \times 10^{-3}$ mm/s，其中，$f_{\max}$ 为最高运行频率，δ_{p} 为脉冲当量，

则得到第二个约束函数

$$v_{\max} = f_{\max}\delta_{\mathrm{p}} \times 10^{-3} < 14\ \mathrm{mm/s} \tag{2-2}$$

系统成本为 $G = \sum_{i=1}^{4} g_i$，下标 i 为环节标号；g_i 为第 i 个环节的成本。设计要求成本最低，即寻找一个方案，满足约束条件，使 G 最小。目标函数为

$$\min G = \min\{G_i, (i = 1, 2, \cdots, n)\} \tag{2-3}$$

式中：i 为不同设计方案的编号。

步骤 3　求解，形成可行的最优方案。

可以看出，方案中的各变量的取值是离散的，具体的优化方法可使用正交网格法。本案例比较简单，只要在可行方案中选取成本最小方案即可，不需要进一步迭代寻优。根据表 2-1，列出部分可行方案和总成本如表 2-2 所示。

表 2-2　部分可行方案和总成本

可行方案	刀架	丝杠	减速器	数控	总定位误差 / μm	总成本 / 千元
1	B	B	C	B	16	10.3
2	C	D	A	A	16	6.8
3	D	C	A	A	16	6.6
4	C	C	C	A	15	7.3
5	B	C	A	B	16	9.6

通过指标分配，确定各环节结构形式或性能指标，为各环节的细节设计提供依据。

2.4　机电一体化系统的建模和仿真

2.4.1　概述

机电一体化系统既是一个交叉、综合的复杂系统，又是一个动态的系统。对于该动态系统，可以从机电系统动力学的角度出发，根据系统行为描述进行建模（即建立系统的动力学方程或动态模型）。建模后，就可以按分析对象和目的的不同，采用合适的系统分析方法对问题进行求解，以便对机电一体化系统进行评估或目标优化，从而保证机电一体化系统的设计更为合理和完善。机电产品设计和开发的实际过程是一个交互过程，在概念设计和细节设计过程中需要不断地进行验证和修改，如图 2-8 所示。

在设计过程中采用仿真分析，仿真的基础是机电系统的仿真模型。仿真模型建立过程如图 2-9 所示。建模过程可分成概念模型和执行（仿真）模型的建立两个阶段。

第一阶段：定义模型的应用范围，在系统分析的基础上建立概念模型，并采用谓词、方程、关系或自然规律等形式表达。

第二阶段：建立执行模型，包括一系列指令，用以描述系统对外部激励的响应。可由人

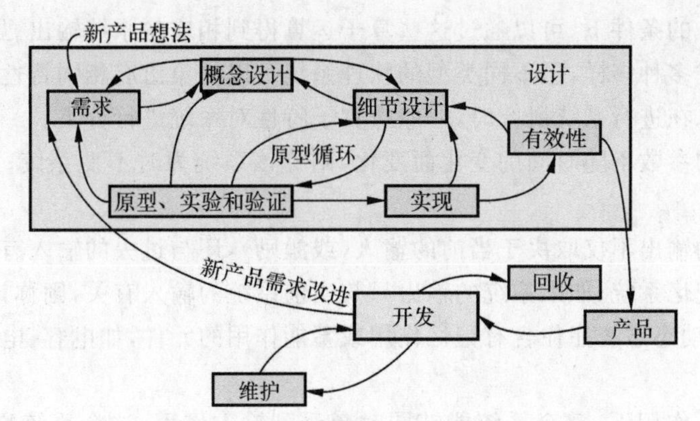

图 2-8 机电产品设计开发的交互过程

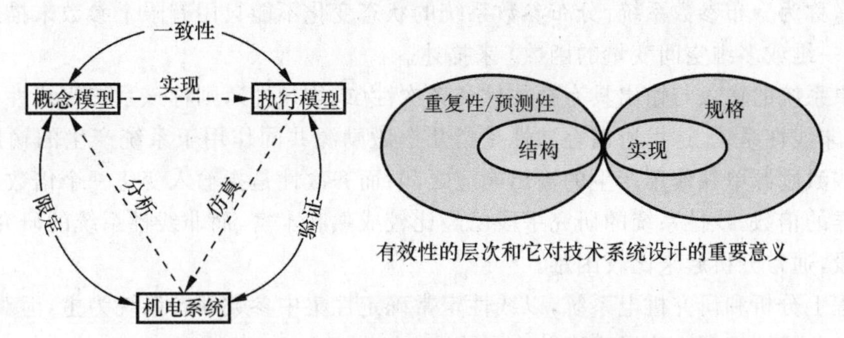

图 2-9 机电系统设计分析验证过程模型

工和计算机处理这些指令，计算机处理则称为计算机仿真。通过仿真处理可解决大数据量、大规模的复杂问题。

必须保证概念模型和执行模型的一致性，那么验证仿真模型的有效性，即能反映真实的机电系统。模型的有效性评价分重复性、预测性和结构有效性三个方面，它们对机电系统设计有十分重要的意义，评价方法的研究是该领域研究的热点前沿。

本书主要介绍概念模型中的数学模型。机电系统数学模型的建立与设计过程相反，它是一个自下而上的过程。首先，建立子系统和基本元件的数学模型，即用数学方程和逻辑的集合来描述真实的物理子系统和基本元件行为过程；然后，依据子系统和元件之间的关系组成系统整体模型。

2.4.2 数学模型

系统数学模型通常由输入和输出满足的一种运算法则或一组运算法则组成，表述系统的输入和输出关系。输入和输出的关系式在概念上可表示为

$$y_i = L_i(x_1, x_2, \cdots, x_r),\ i = 1,2,\cdots,m \tag{2-4}$$

式中：L_i—— 在给定输入条件下计算输出的法则，称为系统算子(或简称“算子”)。

在给定输入的条件下，可以通过这些算子运算得到相应的系统输出。虽然机电系统的物理特性和形式多种多样，但不同类型的物理系统可以抽象出有相同特性的算子（可参见基本元件模型）。在进行系统研究时，一般按算子特性对系统进行分类。

如果系统的参数不随时间的变化而变化，则称该系统为时不变系统；否则，称为时变系统。

如果系统的输出不仅取决于当前的输入（或激励），还与过去的输入有关，则称该系统是动态系统或记忆系统；如果系统的输出只与当前系统的输入有关，则称该系统为即时系统或静态系统。动态系统往往含有记忆作用或蓄能作用的元件，如电容、电感、弹性元件和惯性元件等。

如果在输入作用下，整个系统能够同时感受到输入作用，这个系统称为集中参数系统；反之，称为分布参数系统。分布参数系统的状态变化不能只用有限个参数来描述，而必须用场（一维或多维空间变量的函数）来描述。

如果系统的输入与输出具有叠加性和齐次性（或均匀性），则称该系统为线性系统；反之，称为非线性系统。这里所谓叠加性是指几个激励源共同作用于系统产生的输出响应，等于这些激励源单独作用产生的输出响应之和；而齐次性是指输入变化一个倍数，输出也变化同样的倍数。线性系统的研究手段已经比较成熟和丰富，而非线性系统的研究还处于探索阶段，通常分析起来比较困难。

工程上分析和研究机电系统，以线性定常确定性集中参数动态系统为主，但对有关机械对象的非线性问题也给予适当关注。

2.4.3 基本元件模型

表 2-3 中列出了用微分方程表达的部分机械、电气、流体和热传导的基本物理元件的数学模型。

表 2-3 部分基本元件的数学模型

机械移动元件	模型	$f(t)=m\dfrac{\mathrm{d}^2x(t)}{\mathrm{d}t^2}$	$f(t)=D\left[\dfrac{\mathrm{d}x_1(t)}{\mathrm{d}t}-\dfrac{\mathrm{d}x_2(t)}{\mathrm{d}t}\right]$	$f(t)=K[x_1(t)-x_2(t)]$
	元件	质量：m	阻尼：阻尼系数 D	弹簧：刚度系数 K
	示图	m　$f(t)$　$x(t)$	$f(t)$　$x_2(t)$　$f(t)$　$x_1(t)$	$f(t)$　$x_2(t)$　$f(t)$　$x_1(t)$

续表

机械转动元件	模型	$M=J\dfrac{d^2\theta}{dt^2}$	$M=D\left[\dfrac{d\theta_1}{dt}-\dfrac{d\theta_2}{dt}\right]$	$M=K[\theta_1-\theta_2]$
	元件	转动惯量:J	阻尼:阻尼系数 D	轻质弹簧:弹性系数 K
	示图	J θ M	D θ2 M θ1 M	θ2 M θ1 M
电路元件	模型	$i(t)=\dfrac{1}{R}u(t)$	$i(t)=\dfrac{1}{L}\int u(t)dt$	$i(t)=C\dfrac{du(t)}{dt}$
	元件	电阻:R	电感:L	电容:C
	示图	i(t) R	i(t) L	i(t) C
气动和液压元件	模型	—	气体 / 液体 $q=\dfrac{1}{R}(p_1-p_2)$	气体:$q=C\dfrac{dp}{dt}$ 液体:$q=C\dfrac{dh}{dt}$
	元件	—	气阻 / 液阻:R	气容 / 液容:容量系数 C
	示图	—	q p1 p2	p q p1 p2 q p∝h
热传导元件	模型	—	$\Phi=\dfrac{1}{R}(T_1-T_2)$	$Q=C\dfrac{dT}{dt}$
	元件	—	热阻:热阻系数 R	热容:C
	示图	—	Φ T1 R T2	Q C T

注:表格中的相关符号定义:$f(t)$— 力;M— 力矩;i— 电流;q— 流量;Φ— 热量;$x(t)$— 位移;θ— 转角;u— 电压;p— 压力;h— 液位;T— 温度。

近似方法主要有以下几种。

(1) 忽略影响小的因素　例如,在分析飞机运动时,可将光压、地球磁场等因素忽略不计；但分析空间飞行器运动时，忽略上述因素则可能导致错误结果。

（2）不考虑对所研究对象无影响的环境条件　例如，在分析车辆内仪表盘的振动时，可假设车辆运动与仪表盘的振动无关。

（3）将分布参数作为集中参数处理　如电气长传输线，其电阻、电容和电感是沿导线长度均匀分布的，当电路本身的长度 l 与电流或电压的波长 λ 之间有 $\lambda \geqslant l$ 时，便可将上述电路分布参数作为集中参数处理。

（4）在可能情况下，将物理参数均看成恒定的。

（5）线性化　物理系统通常是非线性的，但在一定范围内，可将非线性系统线性化。例如在含有磁性材料的系统中，假设其运行在磁性非饱和区，这样可用常微分方程代替偏微分方程，求解将容易得多。

（6）忽略不确定因素和噪声　系统参数的值和一些测量数据可能含有不确定因素，例如不同时间测量的数据可能有不大的差异。如果差异在容差之内，就可视为数据不变。噪声是一种随机输入量，它会影响系统行为，但在很多情况下，它是可以抑制的。若不考虑上述因素，就可避免用统计方法，而采用常规方法进行处理就便利多了。

2.4.4　机电系统建模举例

本节以他励直流电动机模型建立为例，介绍线性系统建模的基本方法。电动机是机电一体化系统，如图2-10所示。图中框架 $abcd$ 为电动机转子，其产生的力矩大小与磁通量和电枢电流的大小有关，整个电动机系统包含了电动势平衡和力矩平衡两大关系。建立微分方程是建立电动机的输入和输出关系，先写出系统中的基本方程。

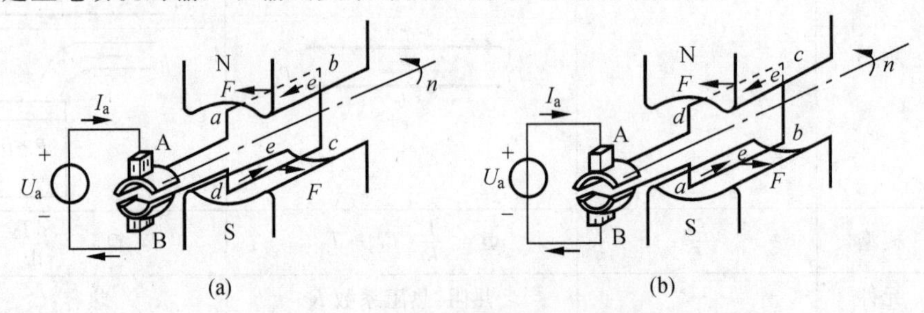

图 2-10　他励直流电动机结构示意图

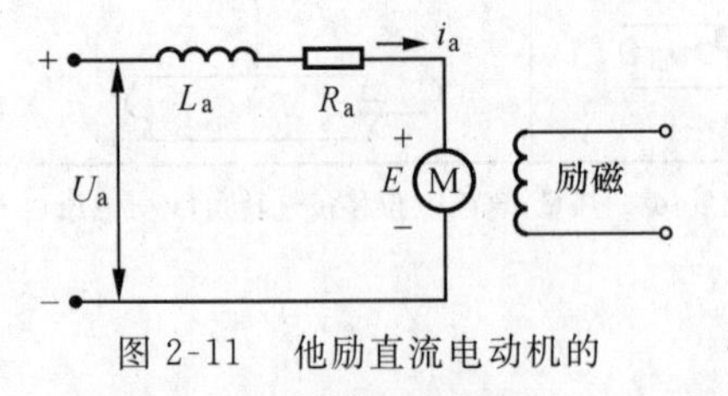

图 2-11　他励直流电动机的等效电路图

他励直流电动机的等效电路如图 2-11 所示。

电动势平衡方程式为

$$U_a = R_a i_a + L_a \frac{\mathrm{d}i_a}{\mathrm{d}t} + E \tag{2-5}$$

式中：U_a——电动机电枢电压；

E——电动机旋转时在电枢上产生的反电动势；

i_a—— 电枢电流；

R_a—— 电枢回路电阻；

L_a—— 电枢回路电感。

力矩平衡方程式为

$$T_m = T_L + T_g \tag{2-6}$$

式中：T_m—— 电动机原动力矩；

T_L—— 电动机负载力矩；

T_g—— 惯性力矩。

进一步写出电能和机械能相互联系的关系式。运动电子切割磁力线产生洛伦兹力，导体切割磁力线产生反电动势，有

$$E = K_\omega \Phi \omega_m \tag{2-7}$$

$$T_m = K_T \Phi i_a \tag{2-8}$$

式中：Φ—— 磁通量；

ω_m—— 电动机转速；

K_ω、K_T—— 常数，与电动机结构相关。

式(2-7)和式(2-8)表明了直流电动机中电量与机械量之间的关系。当励磁电流恒定时，$K_\omega \Phi$ 和 $K_T \Phi$ 都是常数。令 $C_e = K_\omega \Phi$，$C_M = K_T \Phi$，式(2-7)和式(2-8)可写为

$$E = C_e \omega_m \tag{2-9}$$

$$T_m = C_M i_a \tag{2-10}$$

惯性力矩与电动机及其连接的机械转动部件的转动惯量和角加速度成正比。转动惯量用实用的飞轮转矩 GD^2 表示，单位为 N·m²；转速和角速度成正比，单位为 r/min；转矩单位为 N·m。则惯性力矩可表示为

$$T_g = \frac{GD^2}{375} \frac{d\omega_m}{dt} \tag{2-11}$$

将式(2-11)、式(2-10)代入式(2-6)，得

$$C_M i_a = T_L + \frac{GD^2}{375} \frac{d\omega_m}{dt} \tag{2-12}$$

式(2-5)、式(2-9)、式(2-10)和式(2-12)是电动机的四个基本方程。

1. 他励直流电动机调速方程

从直流电动机调速的角度，可以进一步用微分方程来描述直流电动机输出转速和电枢输入电压之间的关系。

将式(2-9)代入式(2-5)，可得

$$U_a = R_a i_a + L_a \frac{di_a}{dt} + C_e \omega_m \tag{2-13}$$

利用式(2-12) 和式(2-13) 消去 i_a，得

$$\frac{L_a}{C_e C_M} \cdot \frac{GD^2}{375} \cdot \frac{d^2\omega_m}{dt^2} + \frac{R_a}{C_e C_M} \cdot \frac{GD^2}{375} \cdot \frac{d\omega_m}{dt} + \omega_m = \frac{U_a}{C_e} - \frac{1}{C_e C_m}\left(L_a \frac{dT_L}{dt} + R_a T_L\right)$$

再令

$$k = \frac{R_a}{C_e C_M}, \quad \tau_j = \frac{L_a}{R_a}, \quad \tau_i = \frac{GD^2}{375} \cdot k$$

则得直流电动机的调速方程为

$$\tau_i \tau_j \frac{d^2\omega_m}{dt^2} + \tau_i \frac{d\omega_m}{dt} + \omega_m = \frac{U_a}{C_e} - k\left(T_L + \tau_j \frac{dT_L}{dt}\right) \tag{2-14}$$

式中：$\frac{1}{C_e}$—— 电动机的放大倍数；

τ_j—— 电枢回路的电气时间常数；

τ_i—— 电动机的机械时间常数。

在式(2-14) 这个二阶常微分方程中，有两个输入：负载力矩和电枢电压。对电动机的调速性能进行研究时，通常将负载力矩视为扰动，简化后，$T_L = 0$，则有

$$\tau_i \tau_j \frac{d^2\omega_m}{dt^2} + \tau_i \frac{d\omega_m}{dt} + \omega_m = \frac{U_a}{C_e} \tag{2-15}$$

2. 直流电动机的电流微分方程

如果将研究重点放在电枢电流和负载力矩，以及电压变化率之间的关系上，可以在式(2-12) 和式(2-13) 中消去 ω_m，得到电流微分方程

$$\tau_i \tau_j \frac{d^2 i_a}{dt^2} + \tau_i \frac{di_a}{dt} + i_a = \frac{\tau_i}{R_a} \cdot \frac{dU_a}{dt} + \frac{T_L}{C_M} \tag{2-16}$$

3. 直流电动机的系统框图

直流电动机系统的方框图也可以根据式(2-5)、式(2-12)、式(2-9) 和式(2-10) 得到。

对式(2-5)、式(2-12)、式(2-9) 和式(2-10) 进行拉普拉斯变换，有

$$U_a(s) = (R_a + L_a s) i_a(s) + E(s) \tag{2-17}$$

$$T_m(s) = T_L(s) + \frac{GD^2}{375}\omega_m(s)s \tag{2-18}$$

$$E(s) = C_e \omega_m(s) \tag{2-19}$$

$$T_m(s) = C_M i_a(s) \tag{2-20}$$

对式(2-17) 至式(2-20) 做简单处理后，画出各自对应的框图，如图 2-12 所示。

以上各环节按输入、输出关系连接起来，就得到他励直流电动机的系统框图，如图 2-13 所示。

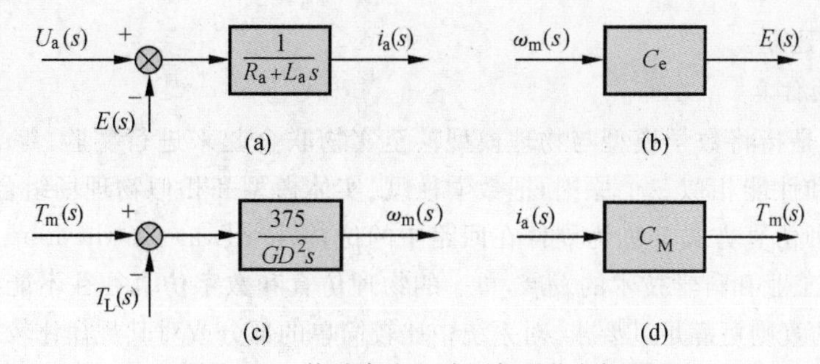

图 2-12　他励直流电动机各环节方框图

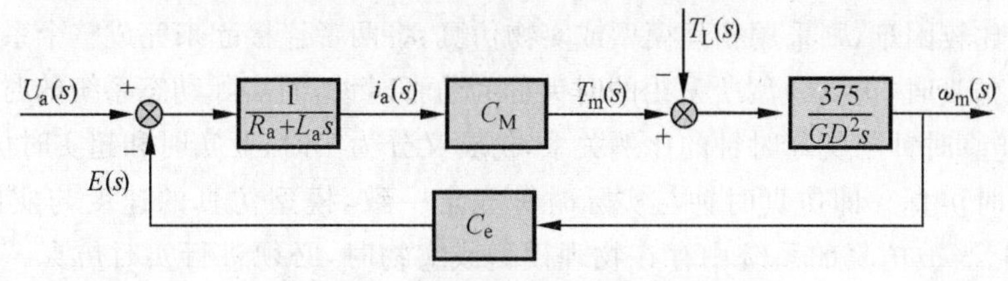

图 2-13　他励直流电动机系统框图

2.4.5　系统仿真的类型和一般流程

在机电系统的分析、综合与设计过程中，常常需要对系统的特性进行实验。实验有两种方式：在实际系统或在模型上进行。出于安全性、经济性等各类原因，大多时候不宜或不易在实际系统上进行。因此在模型上进行实验（仿真）是一种普遍的做法。

根据模型的物理属性，系统仿真的方式有物理仿真、数学仿真和半实物仿真。

1. 物理仿真

按照真实系统的物理性质构造系统的物理模型，并在物理模型上进行实验的过程称为物理仿真。这种方式主要是运用几何相似、环境相似条件，构成物理模型进行仿真。采用物理仿真的主要原因可能是原物理系统较昂贵，或是无法实现的物理场，或者原物理系统的复杂性难以用数学模型描述。

物理仿真的优点是直观、形象，也称为“模拟”；物理仿真的缺点是模型改变困难，实验条件限制较多，投资较大。

2. 数学仿真

对实际系统进行抽象，并将其特性用数学关系加以描述，得到系统的数学模型，再对数学模型进行实验的过程称为数学仿真。计算机技术的发展为数学仿真创造了条件，也称为计算机仿真。即将物理系统全部用数学模型来描述，并把数学模型变换为仿真模型，在计算机上进行实验。

数学仿真的优点是方便、灵活、经济；数学仿真的缺点是受限于系统建模技术，即系统数学模型不易建立。

3. 半实物仿真

这种方式是指将数学模型与物理模型甚至实物联合起来进行实验。综合运用几何相似、环境相似和性能相似三个原则，把数学模型、实体模型和相似物理场组合在一起，构成仿真系统。这种仿真方式又称为硬件在回路中的仿真(hardware in the loop simulation)。

由于现代工业和科学技术的发展，单一的物理仿真和数字仿真往往不能满足研究的要求，而半实物仿真则可满足其要求。对系统中比较简单的部分或对其规律比较清楚的部分建立数学模型，并在计算机上实现；对比较复杂的部分或对规律尚不十分清楚的系统，其数学模型的建立比较困难，则采用物理模型或实物仿真。将两者连接起来完成整个系统的实验。

在系统仿真时，仿真模型所采用的时钟称为仿真时钟，而实际动态系统的时钟称为实际时钟。根据仿真时钟与实际时钟的比例关系，仿真又分为实时、亚实时和超实时仿真三种。

(1) 实时仿真　即仿真时钟与实际时钟完全一致，模型仿真的速度与实际系统运行的速度相同。当被仿真的系统中存在物理模型或实物时，必须进行实时仿真。

(2) 亚实时仿真　即仿真时钟慢于实际时钟，模型仿真的速度慢于实际系统运行的速度，这种仿真也称为离线仿真。在对系统进行设计分析过程中，仿真多为亚实时仿真。

(3) 超实时仿真　即仿真时钟快于实际时钟，模型仿真的速度快于实际系统的速度。

从系统模型的特性角度看，仿真可分为连续系统仿真和离散事件系统仿真。连续系统是指系统状态随时间连续变化的系统，连续系统是本书的重点研究对象。应该注意的是，离散时间变化模型中的差分模型属于连续系统仿真范畴。离散事件系统是指在某些随机时间点上，系统状态发生离散变化的系统。

离散事件系统与连续系统的主要区别在于：状态变化发生在随机时间点上，这种引起状态变化的行为称为“事件”，因而这类系统是由事件驱动的；“事件”往往发生在随机时间点上，也称为随机事件，因而一般都具有随机特性；系统的状态变量往往是离散变化的；系统的动态特性很难用人们所熟悉的数学方程形式来描述；研究与分析的主要目标是系统行为的统计性能而不是行为的点轨迹。

连续系统的计算机亚实时和实时仿真基本可以满足机电系统仿真的工程需求。

系统仿真的一般步骤如图 2-14 所示，相关步骤的内容如下。

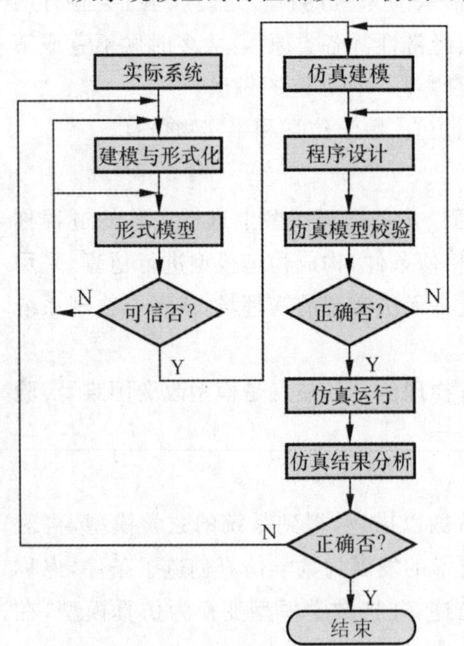

图 2-14　系统仿真的一般步骤

建模与形式化:确定模型的边界,对模型进行形式化处理。

仿真建模:选择合适的算法,确定算法的稳定性、计算精度和计算速度。

程序设计:将仿真模型用计算机能执行的程序来描述,程序中要包括仿真实验的要求、仿真运行参数、控制参数和输出要求。

仿真模型校验:程序调试,检验所选仿真算法是否合理,检验模型计算的正确性(verification)。

仿真运行:对模型进行实验。

仿真结果分析:对系统性能做出评价,进行模型可信性检验(validation),只有可信的模型才能作为仿真的基础。

2.4.6 小结

机电系统的数学形式不是唯一的。对于线性系统既可采用微分方程,也可以采用频域的表达方式 —— 传递函数。采用传递函数的形式,更容易生成系统框图,对系统的理解更直观。

研究目的不同,所得到的微分方程形式也不一样。如本节例子中,基于不同的研究目的,分别得到了直流电动机的调速方程和电流方程。

系统建模过程是描述一个系统特性方程的推导和表达过程,在系统建模时,要求使用相关工程学科中的基本定律来推导方程。一般来说,各个定律的运用是简单、直接的,然而对耦合系统如由机电、热电或流体力学组成的系统来说,组合这些方程通常是比较困难的。系统基本方程可以通过基于模拟的方法生成。

2.5 系统的分析方法

建立了机电系统数学模型后,便可以对系统性能进行分析。在经典的控制理论中,常用时域分析法、根轨迹法或频域分析法来分析线性系统。这些方法有各自不同的特点和适用范围,但是相比较而言,时域分析法是一种直接在时间域中对系统进行分析的方法,具有直观、准确的优点,并且可以提供系统时间响应的全部信息。这些分析方法的基本原理在“自动控制原理”课程中有详细的论述,本节仅概要介绍各种方法的应用。

虽然,机电系统种类繁多,不同类型的系统对性能的要求各有不同,但无论哪一种系统,在已知系统的结构和参数时,关注的都是在某种典型输入信号下,系统被控量变化的全过程。对被控量变化的全过程的基本要求是一致的,可归纳为稳定性、快速性和准确性。

稳定性是保证系统正常工作的先决条件。一个稳定的系统,其被控量偏离期望值的初始偏差应随时间的增加而逐渐减小,最终趋于零。

快速性是对系统被控量回到稳定状态过程的描述,主要是指这个过程所需的时间和被控量出现的最大偏离量。

准确性是指系统达到稳态时，其被控量的值与期望值的一致性。由于系统结构、外作用形式，以及摩擦、间隙等非线性因素的影响，被控量的稳态值与期望值之间会有误差存在，这种误差称为稳态误差。稳态误差是衡量系统精度的重要指标。

2.5.1 时域的响应函数分析

在系统的输入端给定标准信号，以从信号输入开始到系统输出恢复稳定的整个输出变化的过程为考察对象，这个输出变化的过程可用响应曲线来表示。

标准信号主要有单位阶跃信号和单位脉冲信号。在进行机电系统理论分析时多采用单位阶跃信号作为标准输入信号。单位阶跃信号定义为

$$u(t)=\begin{cases}0, & t<0\\1, & t\geqslant 0\end{cases}$$

一个稳定的系统，其响应曲线在时间上分为过渡过程和稳态过程。

过渡过程是指系统在典型信号输入作用下，系统输出量从初始状态到最终状态的响应过程。这个过程除提供系统稳定性信息外，还可以提供响应速度及阻尼情况等信息，这些信息用动态指标描述。

稳态过程是指系统在典型信号输入作用下，当时间 t 趋于无穷时，系统输出量的表现方式。它表征系统输出量最终复现输入量的程度，提供系统有关稳态误差的信息，这些信息用稳态指标描述。

图 2-15 所示为线性系统的稳态和动态指标对应于单位阶跃信号的响应曲线，并以稳态值为比较单位。

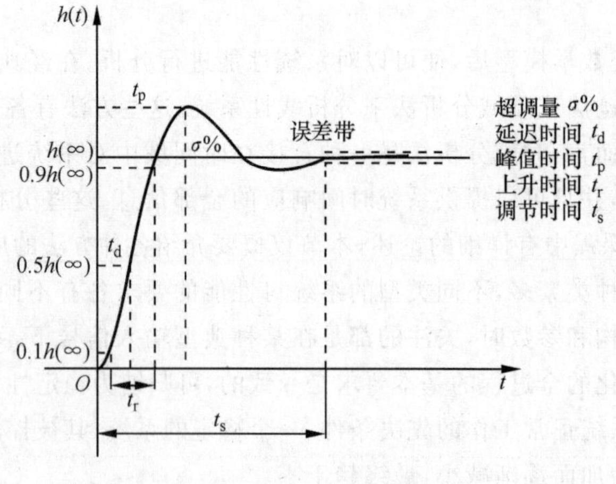

图 2-15　线性系统单位阶跃响应

(1) 上升时间 t_r　指响应从终值的 10 % 上升到终值的 90 % 所需的时间；对于有振荡的系统，也可以定义为响应从零第一次上升到终值所需的时间。上升时间是系统响应速度的一种度量，上升时间越短，响应速度越快。

(2) 延迟时间 t_d　指响应第一次达到其终值一半所需的时间。

(3) 峰值时间 t_p　指响应超过其终值到达第一个峰值所需的时间。

(4) 调节时间 t_s　指响应到达并保持在终值 ±5 % 内所需的时间。

(5) 超调量 $\sigma\%$　指响应的最大偏离量 $h(t_p)$ 与终值 $h(\infty)$ 之差的百分比，即

$$\sigma\% = \frac{h(t_p) - h(\infty)}{h(\infty)} \times 100\ \% \tag{2-21}$$

(6) 衰减度 ψ　指响应在过渡过程中振荡衰减的速度，定义为

$$\psi = \frac{h(t_p) - h_1}{h(t_p)} \tag{2-22}$$

h_1 是出现峰值一个周期后 $h(t)$ 的数值。如果 ψ 接近 1，表示衰减快，系统稳定性能好；反之，系统稳定性能差。

(7) 振荡次数 N　指在调整时间内，输出量在稳态值上下摆动的次数（上下往复为一次）。

(8) 静差　又称稳态误差，是指过渡过程结束后剩余的偏差。

2.5.2　传递函数法

静差是反映系统静态特性的重要指标，是指系统过渡过程终了时，被调量偏离原值（或给定值）的偏差。静差并不计元件的死区、零点漂移、老化等原因造成的永久性偏差，仅指原理上由扰动或给定值变化所引起的偏差。能把偏差消除为零的称为无差系统，反之称为有差系统。

从传递函数的角度讨论系统静差，静差可分为扰动静差和给定静差。前者用来描述恒值系统，扰动一般以阶跃信号为代表。后者用来描述随动系统，给定值分为三类：一是阶跃给定，对应的静差称为给定位置静差；二是给定值呈线性变化，保持一定的变化率，对应的静差称为速度静差；三是给定值保持一定的加速度，对应的静差称为给定加速度静差。

1. 扰动静差

考虑扰动的一般性动态框图，如图 2-16 所示。$D(s)$ 为扰动象函数，在恒值系统中，输入给定 $U(s) = 0$，则输出 $Y(s)$ 表示扰动对输出的影响，记为 $Y_d(s)$。此时系统中除 $W_s(s)$ 外均可看成一体。

记 $W_1(s) = G_1(s)G_2(s)$，可以得到相应的恒值系统，得到系统相对于扰动的传递

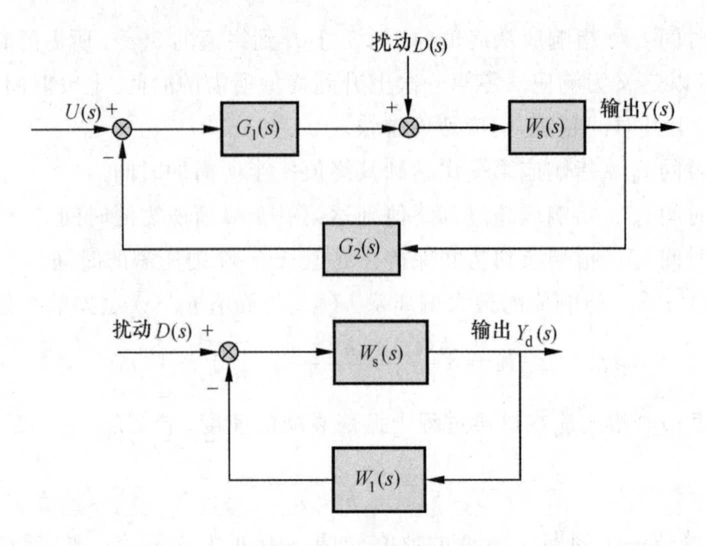

图 2-16　扰动系统动态框图

函数为

$$W_d(s)=\frac{Y_d(s)}{D(s)}=\frac{W_s(s)}{1+W_s(s)W_1(s)} \tag{2-23}$$

因此，单纯在扰动作用下恒值系统输出的象函数为

$$Y_d(s)=D(s)W_d(s)$$

其反变换 $y_d(t)$ 就是系统偏差，当 $t\to\infty$ 时，即为稳态值。当输入为阶跃扰动时，稳态值即为静差 e_d。

$$e_d=\lim_{s\to 0}W_d(s)=\lim_{s\to 0}\frac{W_s(s)}{1+W_s(s)W_1(s)} \tag{2-24}$$

对于本章介绍的他励直流电动机模型，可得其在负载扰动作用下输出的象函数为

$$Y_d(s)=D(s)W_d(s)=D(s)\frac{\dfrac{375}{GD^2}\cdot\dfrac{1}{s}}{1+\dfrac{C_M C_e}{R_a+L_a s}\cdot\dfrac{375}{GD^2}\cdot\dfrac{1}{s}}$$

$$=\frac{k(1+\tau_j s)s}{1+\tau_i(1+\tau_j s)s}D(s)$$

经拉普拉斯反变换后，即得到在负载扰动下，电动机的输出过程，当 $t\to\infty$ 时，得到它的稳态误差。

当 $D(s)=1/s$ 时，系统输出为

$$Y_d(s)=\frac{k(1+\tau_j s)s}{1+\tau_i(1+\tau_j s)s}D(s)=\frac{k(1+\tau_j)}{1+\tau_i(1+\tau_j s)s}$$

经反变换后，得到时域输出为

$$y_{\mathrm{d}}(t)=L^{-1}[Y_{\mathrm{d}}(s)]$$

2. 给定静差

给定静差的系统动态框图如图 2-17 所示，得

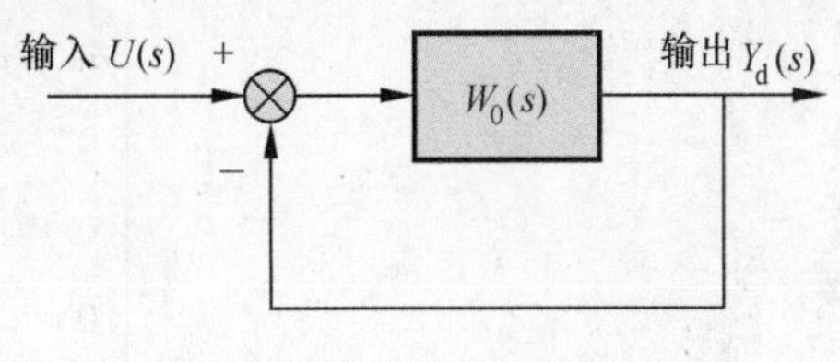

图 2-17　给定静差的系统动态框图

$$E(s)=U(s)-Y(s)=U(s)\left[\frac{1}{1+W_0(s)}\right]$$

给定静差 e 的一般表达式为

$$e=\lim_{s\to 0}sE(s)=\lim_{s\to 0}sU(s)\left[\frac{1}{1+W_0(s)}\right] \tag{2-25}$$

典型信号输入不同，所得到的给定静差不同。

对于图 2-16 所示的一般模型，其给定静差为

$$E(s)=U(s)\frac{1}{1+G_1(s)G_2(s)W_{\mathrm{s}}(s)}$$

对于 2.4.4 节中的他励直流电动机模型，可得其给定静差表达式为

$$E(s)=\frac{\tau_{\mathrm{i}}(1+\tau_{\mathrm{j}}s)s}{\tau_{\mathrm{i}}(1+\tau_{\mathrm{j}}s)s+1}U(s)$$

当 $U(s)=1/s$ 时，系统静态误差为

$$E(s)=\frac{\tau_{\mathrm{i}}(1+\tau_{\mathrm{j}}s)}{\tau_{\mathrm{i}}(1+\tau_{\mathrm{j}}s)s+1}$$

时域输出可用拉普拉斯反变换获得。

2.5.3　系统稳定性等性能指标的判定方法

由自动控制原理对线性系统进行稳定性分析可知：根据系统的传递函数的极点和零点的性质，可以分析出系统的时域特性，并由此研究系统的稳定性。系统的传递函数的零点影响对应时域函数(单位脉冲响应)的幅度和相位，而极点则影响其函数形式或响应曲线的波形。

线性系统稳定的充分必要条件是：闭环系统特征方程的所有根均具有负实部；或者说，闭环传递函数的极点均严格位于左半 s 平面。

根据这个充分必要条件判别系统的稳定性，需要求出系统的全部特征根。对于高阶系统，求解的工作量巨大，因此采用间接判定的方法。

1. 胡尔维茨稳定判据

设线性系统的特征方程为

$$D(s)=a_0s^n+a_1s^{n-1}+\cdots+a_{n-1}s+a_n=0\quad(a_0>0) \tag{2-26}$$

则线性系统稳定的充分必要条件是:在特征方程中,各项系数所构成的主行列式

$$\Delta_n = \begin{vmatrix} a_1 & a_3 & a_5 & \cdots & 0 & 0 \\ a_0 & a_2 & a_4 & \cdots & 0 & 0 \\ 0 & a_1 & a_3 & \cdots & 0 & 0 \\ 0 & a_0 & a_2 & \cdots & 0 & 0 \\ 0 & 0 & a_1 & \cdots & 0 & 0 \\ 0 & 0 & a_0 & \cdots & 0 & 0 \\ \vdots & \vdots & \vdots & & \vdots & \vdots \\ 0 & 0 & 0 & \cdots & a_n & 0 \\ 0 & 0 & 0 & \cdots & a_{n-1} & 0 \\ 0 & 0 & 0 & \cdots & a_{n-2} & a_n \end{vmatrix}$$

及其顺序主子式 $\Delta_i(i = 1,2,\cdots,n-1)$ 全部为正,即

$$\Delta_1 = a_1 > 0$$

$$\Delta_2 = \begin{vmatrix} a_1 & a_3 \\ a_0 & a_2 \end{vmatrix} > 0$$

$$\Delta_3 = \begin{vmatrix} a_1 & a_3 & a_5 \\ a_0 & a_2 & a_4 \\ 0 & a_1 & a_3 \end{vmatrix} > 0$$

$$\vdots$$

$$\Delta_{n-1} > 0$$

当系统特征方程的次数较高时,计算工作量很大,这时可以考虑采用劳斯稳定判据来判别系统的稳定性。

2. 劳斯稳定判据

劳斯稳定判据可做成劳斯表格的形式。表 2-4 所示的劳斯表的前两行由系统特征方程的系数直接构成,表中第一行由特征方程的第 1,3,5,… 项系数组成,第 2 行由第 2,4,6,… 项系数组成。以后各行的数值按表 2-4 所示逐行计算,凡在运算过程中出现空位,均置为零,这种过程一直进行到第 n 行为止,第 $n+1$ 行仅第一列有值,且正好等于特征方程的最后一项系数 a_n。表 2-4 中系数排列呈上三角形。

按照劳斯稳定判据,由特征方程所表征的线性系统稳定的充分必要条件是:劳斯表中第一列各值严格为正,如出现小于零的数值,系统就不稳定;且第一列各系数符号的改变次数,代表特征方程的正实部根的数目。

表 2-4 劳斯表

s^n	a_0	a_2	a_4	a_6	…
s^{n-1}	a_1	a_3	a_5	a_7	…
s^{n-2}	$c_{13}=\dfrac{a_1a_2-a_0a_3}{a_1}$	$c_{23}=\dfrac{a_1a_4-a_0a_5}{a_1}$	$c_{33}=\dfrac{a_1a_6-a_0a_7}{a_1}$	c_{43}	…
s^{n-3}	$c_{14}=\dfrac{c_{13}a_3-a_1c_{23}}{c_{13}}$	$c_{24}=\dfrac{c_{13}a_5-a_1c_{33}}{c_{13}}$	$c_{34}=\dfrac{c_{13}a_7-a_1c_{43}}{c_{13}}$	c_{44}	…
s^{n-4}	$c_{15}=\dfrac{c_{14}c_{23}-c_{13}c_{24}}{c_{14}}$	$c_{25}=\dfrac{c_{14}c_{33}-c_{13}c_{34}}{c_{14}}$	$c_{35}=\dfrac{c_{14}c_{43}-c_{13}c_{44}}{c_{14}}$	c_{45}	…
⋮	⋮	⋮	⋮		
s^2	$c_{1,n-1}$	$c_{2,n-1}$			
s^1	$c_{1,n}$				
s^0	$c_{1,n+1}=a_n$				

劳斯稳定判据在本质上与胡尔维茨判据是一致的。在线性系统中，劳斯稳定判据主要用来判断系统的稳定性。如果系统不稳定，这种方法并不能直接指出使系统稳定的方法；如果系统稳定，劳斯稳定判据也不能保证系统具备满意的动态性能。

s 左半平面上系统特征根的位置与虚轴之间有一定的距离，这个距离称为稳定度。用新变量 $s_1=s+a$ 代入原系统特征方程，则得到一个以 s_1 为变量的新特征方程，再应用劳斯稳定判据去判断其稳定性，可确定系统的所有特征值是否都满足稳定度要求。

3. 奈奎斯特稳定判据

系统特征方程在复平面左半部的根称为左根，在复平面右半部的根称为右根，在虚轴上的根称为虚根，在坐标原点的根称为零根。奈奎斯特稳定判据为：若开环特征方程只有左根、零根和虚根，没有右根，则闭环系统稳定的充分必要条件是当频率 ω 由 0 变到 ∞ 时，开环幅相频率特性 $W_0(\mathrm{j}\omega)$ 曲线不包围 $(-1,\mathrm{j}0)$ 点；若开环特征方程有 p 个右根，则闭环系统稳定的充分必要条件是当 ω 由 0 变到 ∞ 时，$W_0(\mathrm{j}\omega)$ 曲线逆时针包围 $(-1,\mathrm{j}0)$ 点 $p/2$ 圈。

利用奈奎斯特稳定判据，既可根据系统开环幅相频率特性 $W_0(\mathrm{j}\omega)$ 曲线的形状来判定系统是否稳定，又能根据它判定系统的稳定程度。

衡量系统稳定程度的度量称为稳定裕量，或称为稳定储备。稳定裕量有幅值裕量和相位裕量之分。

在复平面上绘出系统幅相频率特性曲线，再画一个单位圆。其中特性曲线与单位圆的交点对应的频率为穿越频率。从圆心至 ω_c 作一条直线，从负实轴到此直线的夹角 γ 就是相位裕量，即开环幅相频率特性的幅值 $|W_0(\mathrm{j}\omega)|=1$ 时，其相角 ϕ_0 与 $-180°$ 之间的差值，

或者说，相位裕量是向量 $W_0(j\omega_c)$ 与负实轴之间的夹角，即

$$\gamma = 180^\circ - |\phi(\omega_c)| \tag{2-27}$$

对应的频率 ω_c 又称为截止频率。

若 $\gamma > 0$，则表明系统是稳定的。越大表示系统离稳定边界越远，稳定性也越好。

若 $\gamma = 0$，则系统的 $W_0(j\omega)$ 穿过 $(-1, j0)$ 点，处于稳定边界。

若 $\gamma < 0$，则表明系统的 $W_0(j\omega)$ 包围 $(-1, j0)$ 点，系统不稳定。

幅值裕量又称为增益裕量或幅值储备，用 k_π 表示。在复平面上，系统开环频率特性曲线与负实轴交点对应的频率为 ω_π，此时 $W_0(j\omega)$ 的模 $|W_0(j\omega)|$ 越小，表示离稳定边界越远，系统稳定性越好。幅值裕量 k_π 定义为

$$k_\pi = \frac{1}{|W_0(j\omega_\pi)|} \tag{2-28}$$

可见，若 $k_\pi > 1$，则表明 $W_0(j\omega)$ 未包围 $(-1, j0)$ 点，系统是稳定的。

若 $k_\pi = 1$，则 $W_0(j\omega)$ 穿过 $(-1, j0)$ 点，系统处于稳定边界。

若 $k_\pi < 1$，则系统不稳定。

一般要求，系统的相位裕量 $\gamma > (30^\circ \sim 45^\circ)$，幅值裕量 $k_\pi > (2 \sim 3)$。

2.6 知识扩展

机电一体化系统应用领域广泛，系统设计所遇到的问题复杂多变，要求我们在机电一体化系统设计中掌握先进的设计方法，更快地开发出具有自主知识产权的机电一体化产品。随着科技的发展，现代设计方法和理念也不断推陈出新，比如并行工程、绿色设计、虚拟产品设计和反求技术等。

并行工程是一种以降低产品全生命周期成本，增强易制造性，缩短上市周期和增强市场竞争能力为目标的，把产品（系统）的设计、制造及其相关过程作为一个有机的整体进行综合（并行）协调的模式。并行工程的设计强调产品的全生命周期，各相关部门的技术人员共同构成设计组，研发设计和生产筹备有机地结合在一起，适于换代快、批量不大的产品开发。

在并行工程的基础上发展出了绿色设计。绿色设计就是在新产品的开发阶段就考虑在其整个生命周期内对环境的影响，从而减少对环境的污染、资源的浪费。

虚拟产品设计则是基于虚拟现实技术的新一代计算机辅助设计，为设计人员构建了一个基于多媒体的、交互的渗入式或嵌入式的三维计算机辅助设计环境，可简化和缩短产品模型的建立过程，提高设计的有效性。

反求技术是吸收先进技术的系列分析方法和应用技术的组合。反求技术包括设计反求、工艺反求、管理反求等各个方面。以先进产品的实物、软件（如图样、程序、技术文件等）

或影像(如图片、照片等)作为研究对象,应用现代设计的理论方法及材料学和有关专业知识,进行系统的分析研究,探索并掌握其关键技术,进而开发出同类产品。

这些设计方法仍在不断发展的过程中,有兴趣的读者可以关注国内外的设计方法研究机构和网站的进展。而新方法往往在现代大型的企业中得到重视和应用,读者在学习阶段应掌握设计方法的技术手段和理论本质。

习　题

2-1　机电一体化产品开发的三个阶段是什么?简述每个阶段所要完成的任务。

2-2　机电一体化产品有哪些类型的性能指标?

2-3　试绘制题 2-3 图所示系统的方框图。已知 $\theta_i(t)$为输入转角,$\theta_o(t)$为输出转角,K_1、K_2 为扭簧刚度,J_1、J_2 为转动惯量,$T_1(t)$、$T_2(t)$为转矩,D 为黏性阻尼系数。

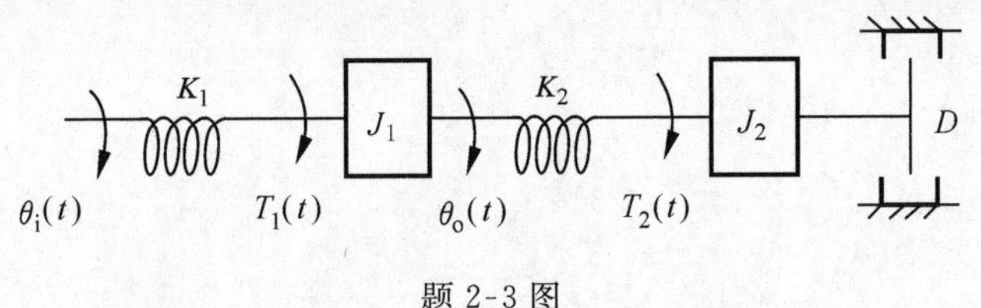

题 2-3 图

2-4　系统的时域性能指标有哪些?

2-5　试求题 2-5 图所示系统的传递函数。输入为 X_i,输出为 X_o。

2-6　试求题 2-6 图所示系统的传递函数。输入为 u_i,输出为 u_o。

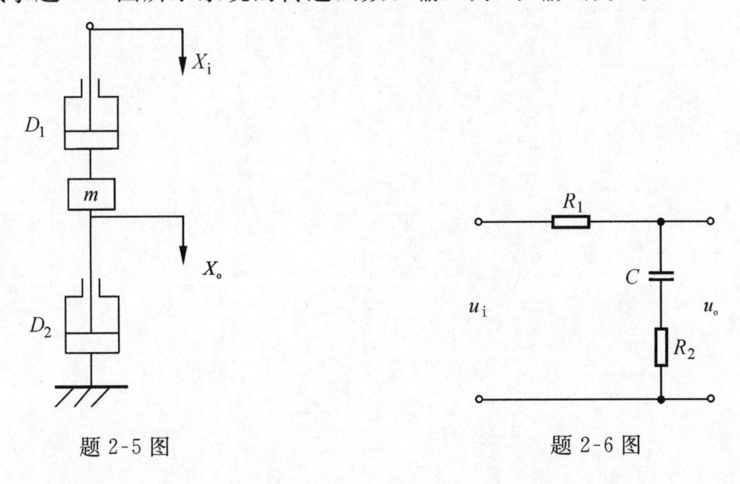

题 2-5 图　　　　题 2-6 图

2-7　设某系统的特征方程为

$$s^4+2s^3+3s^2+4s+3=0$$

试利用劳斯稳定判据判断系统的稳定性。

2-8　试证明:如果控制系统的扰动是一个阶跃函数,那么只要在扰动作用点前有一个积分器,就可以消除阶跃扰动引起的稳态误差。

2-9　系统仿真的步骤有哪些?

第3章　机械系统设计

机电一体化系统中的机械部分一般由机械传动及支承部件组成。为确保机械部分的执行精度和工作稳定性，在设计中，常提出无间隙、低摩擦、低惯量、高刚度等要求。如何达到上述要求是本章要讨论的内容之一。

机电一体化系统中的机械传动机构不仅是转速和转矩的变换器，而且还是伺服系统的一部分。如何根据伺服控制的要求进行选择设计，以满足整个机械部分良好的伺服性能也是本章要讨论的内容。

3.1　机械系统设计概述

3.1.1　机电一体化机械系统的特点

机电一体化系统的机械系统主要用来实现执行和构造两大功能。在整个机电一体化系统中，机械部分的惯性和阻力最大，直接影响系统整体的精度和动态特性。为适应机电一体化产品的整体要求，对其机械部分有以下要求。

(1) 高精度　机械系统的精度如果不满足要求，那么机电一体化产品的其他系统的精度再高都不能保证系统能完成其预定的机械操作。在满足技术经济指标的前提下，高精度是机械系统的首要特征。

(2) 高刚度　采用高刚度的支承或架体，以减小产品本体的振动，降低噪声；为高精度的执行机构提供良好的支承，保证执行精度。例如，在设计中选用复合材料，提高刚度和强度，减小质量，缩小体积，使结构紧密化。在各种结构设计中采用预紧的方式提高结构刚度，如轴系的两端轴向预紧、滚珠丝杠副和滚动导轨副的预紧等。

(3) 低摩擦　导向和转动支承部分采用低摩擦阻力部件，以降低机械系统的阻力，提高系统的快速响应性。例如，在机电一体化产品中的导向支承多采用滚动导向或动(静)压导向支承。

(4) 良好的稳定性　机械系统受外界环境变化的影响小，抗干扰能力强。如采用隔振措施，最大限度地隔离系统外部的振动；采用无间隙传动，减小反向死区，提高传动的稳定性。

为确保机械系统的精度，提高其快速响应性和工作稳定性，在设计中提出了无间隙、低摩擦、低惯量、高刚度、高谐振频率、适当的阻尼比等要求。

3.1.2 机械系统的组成

机电一体化机械系统在功能上可以分为传动、导向和执行三大机构。

（1）传动机构　传统的机械传动是一种把动力机产生的运动和动力传递给执行机构的中间装置，它是一种扭矩和转速的变换器，其目的是使动力机与负载之间在扭矩和转速上得到合理的匹配。在机电一体化系统中，普遍采用计算机控制和具有动力、变速与执行等多重功能的伺服电动机。伺服电动机在很大程度上代替了机械传动中的变速机构来完成伺服变速功能，大大简化了传动链。因此机电一体化系统中的机械传动装置也不再仅仅是转矩和转速的变换器，已成为伺服系统的组成部分，必须根据伺服控制的要求进行选择和设计。例如，在数控机床的设计中，把机械传动部分放在电动机调速系统中统一考虑，以提高整个系统的动态特性。

传动机构除了要满足传动精度的要求外，还要满足小型、高速、低噪声和高可靠性的要求。

（2）导向机构　它不仅要支承、固定和连接系统中的其他零部件，还要保证这些零部件之间的相互位置要求和相对运动的精度要求，为机械系统中各运动装置能安全、准确地完成其待定方向的运动提供保障。除此之外，导向机构还是伺服系统的组成部分。

（3）执行机构　它是最终完成操作任务的部分。执行机构根据操作指令的要求在动力源的带动下，完成预定的操作。不同的任务需求，需要不同的机构，但与传统的执行机构相比，机电一体化系统简化了机械执行机构，有利于充分发挥计算机的协调和控制功能。

本章主要介绍传动和导向机构的设计计算方法，以及高精度机械的精度设计方法。

3.2 机械传动部件设计

机械传动系统包括各类齿轮传动副、丝杠螺母副、带传动副等各种线性传动部件以及连杆机构、凸轮机构等非线性传动部件。机电系统中多采用集成的伺服传动部件，结构紧凑，维修方便。齿轮传动机构多采用行星齿轮传动，相应的设计可参考相关的机械设计教程和手册。本书主要介绍线性传动部件中的丝杠螺母副和带传动副的设计计算。

3.2.1 滚珠螺旋传动设计

滚珠螺旋传动是在丝杠和螺母滚道之间放入适量的滚珠，使螺纹间产生滚动摩擦。丝杠转动时，带动滚珠沿螺纹滚道滚动；螺母上装有反向器，与螺纹滚道构成滚珠的循环通道。为使滚珠与滚道之间无间隙甚至有过盈配合，可设置预紧装置。为延长工作寿命，可设置润滑件和密封件。

滚珠螺旋传动与滑动螺旋传动或其他直线运动副相比，有以下特点。

（1）传动效率高　一般滚珠丝杠副的传动效率达85％～98％，为滑动丝杠副的3～4倍。

（2）运动平稳　滚动摩擦因数接近常数，启动时与工作时的摩擦力矩差别很小，启动时无冲击，低速时无爬行。

（3）能够预紧　预紧后可消除间隙产生过盈，提高接触刚度和传动精度，同时增加的摩擦力矩相对不大。

（4）工作寿命长　滚珠丝杠螺母副的摩擦表面具有高硬度（58～62 HRC）、高精度，工作寿命较长，精度保持性好，其工作寿命为滑动丝杠副的4～10倍，甚至更高。

（5）定位精度和重复定位精度高　由于滚珠丝杠副摩擦力小、温升小、无爬行、无间隙，通过预紧进行预拉伸的热膨胀补偿，因此可达到较高的定位精度和重复定位精度。

（6）同步性好　用几套相同的滚珠丝杠副同时传动几个相同的运动部件，可较好地实现同步运动。

（7）可靠性高　润滑密封装置结构简单，维修方便。

（8）不自锁　用于竖直传动时，必须在系统中附加自锁或制动装置。

（9）成本较高　由于滚珠丝杠副的结构复杂，故制造成本较高，其价格往往以长度mm为单位计算。

1. 滚珠丝杠副的结构类型

1）螺纹滚道法向截面形状

螺纹滚道法向截面形状有单圆弧和双圆弧两种，如图3-1所示。滚道沟曲率半径R与滚珠直径D_W之比为$R/D_W=0.52\sim0.56$。单圆弧形滚道要有一定的径向间隙，使实际接触角$\alpha\approx45°$。双圆弧形滚道的理论接触角$\alpha\approx38°\sim45°$，实际接触角随径向间隙和载荷而变。

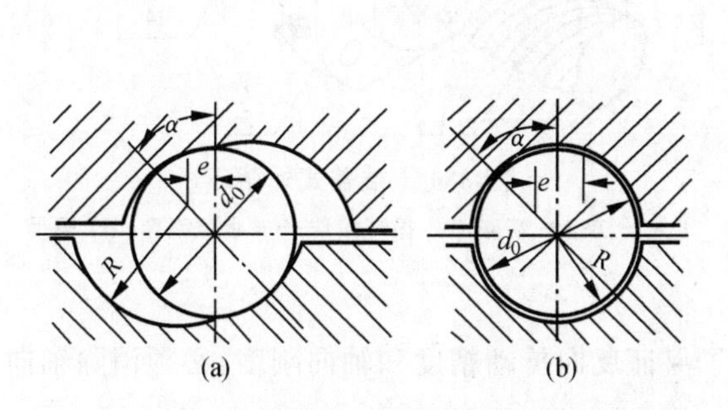

图3-1　滚珠螺旋传动的螺纹滚道法向截面形状

（a）双圆弧形　（b）单圆弧形

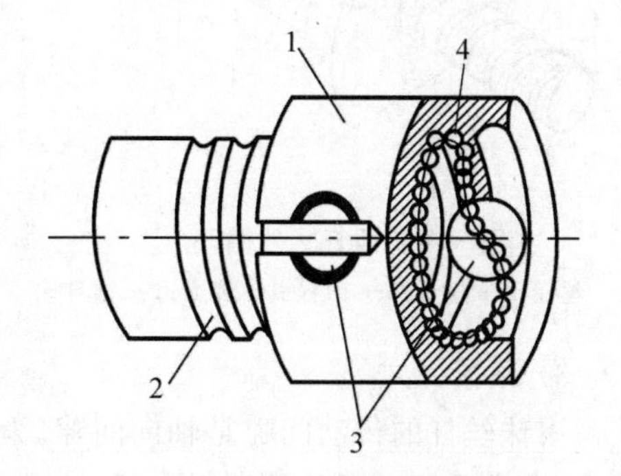

图3-2　内循环

1—螺母；2—丝杠；3—反向器；4—滚珠

2）滚珠循环方式

（1）内循环　滚珠在循环过程中始终与丝杠的表面接触，这种循环称为内循环。如图3-2所示，在螺母孔内接通相邻滚道的反向器，引导滚珠越过丝杠的螺纹外径进入相邻滚道，形成一个循环回路。一般在一个螺母上装有2～4个均匀分布的反向器，称为2～4列。内循环结构回路短、摩擦小、效率高、径向尺寸小，但精度要求高；否则误差对循环的流畅性和传动平稳性有影响。图3-2中的反向器为圆形且带凸键，不能浮动，称为固定式反向器。若反向器为圆形，可在孔中浮动，外加弹簧片令反向器压向滚珠，称为浮动式反向器，可以做到无间隙有预紧，刚度较高，回珠槽进出口自动对接，通道流畅，摩擦特性好，但制造成本较高。

（2）外循环　滚珠在循环过程中，有一段会离开丝杠表面，这种循环称为外循环。图3-3所示为插管式外循环。回程引导装置两端插入与螺纹滚道相切的孔内，引导滚珠进出弯管，形成一个循环回路，再用压板将回程引导装置固定。可做成多列，以提高承载能力。采用插管式外循环方式时，滚珠螺旋装置结构简单、制造容易，但径向尺寸大，且弯管两端的管舌耐磨性和抗冲击性能差。若在螺母外表面上开槽与切向孔连接，代替弯管，则为螺旋槽式外循环，此类滚珠螺旋装置径向尺寸较小，但槽与孔的接口为非圆滑连接，滚珠经过时易产生冲击。若在螺母两端加端盖，端盖上开槽引导滚珠沿螺母上的轴向孔返回，则为端盖式外循环，如图3-4所示。后两种外循环结构紧凑，但滚珠所经接口处要连接光滑，且坡度不能太大。

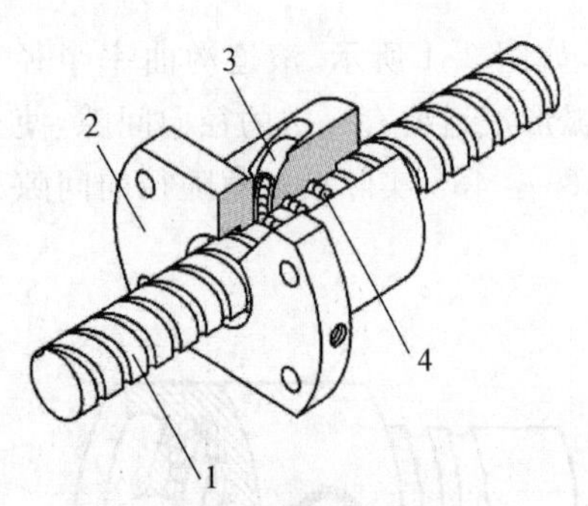

图3-3　插管式外循环

1—丝杠；2—螺母；3—回程引导装置；4—滚珠

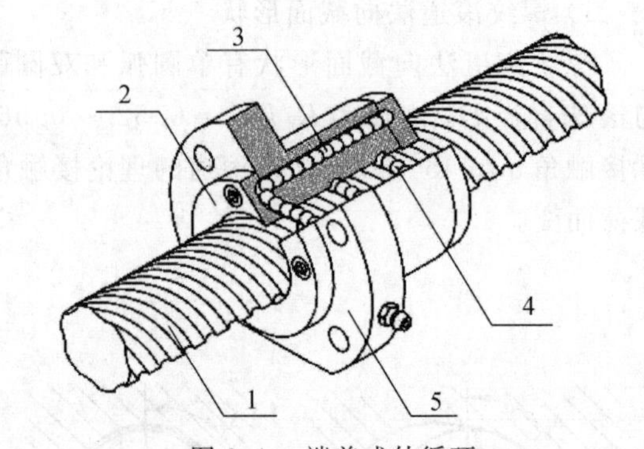

图3-4　端盖式外循环

1—丝杠；2—端盖；3—循环滚珠；4—承载滚珠；5—螺母

3）预紧方式

滚珠丝杠的传动间隙是轴向间隙。为了保证反向传动精度和轴向刚度，必须消除轴向间隙。通常采用以下几种预紧方式。

（1）单螺母变位导程预紧(B)　如图3-5所示，仅仅是在螺母中部对其导程增加一个预压量Δ，以达到预紧的目的。

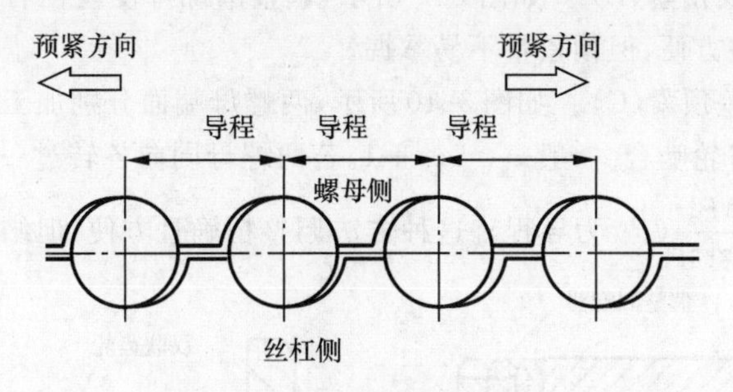

图 3-5　单螺母变位导程预紧

(2) 单螺母增大钢球直径预紧(Z)　为了补偿滚道的间隙，设计时将滚珠的尺寸适当增大，产生预紧力。滚道截面须为双圆弧，预紧力不可太大，结构最简单，但预紧力大小不能调整，如图 3-6 所示。为了提高工作性能，可以在承载滚珠之间加入间隔钢球，如图 3-7 所示。

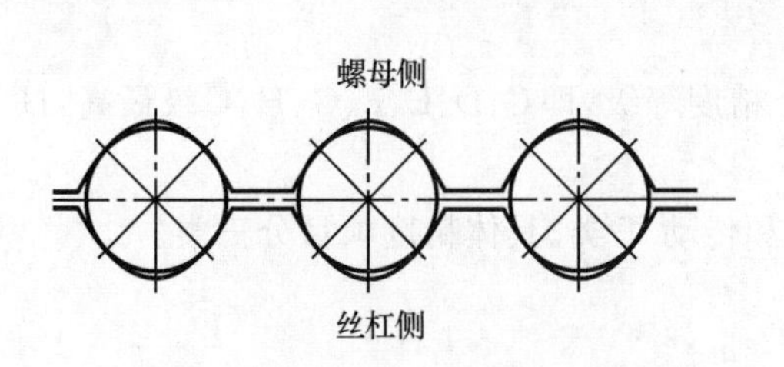

图 3-6　单螺母增大钢球直径预紧

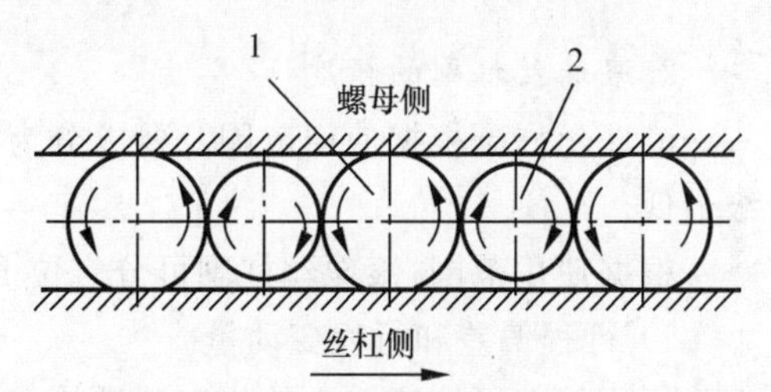

图 3-7　加入间隔钢球

1— 承载滚珠；2— 间隔滚珠

(3) 双螺母垫片预紧(D)　如图 3-8 所示，修磨垫片厚度，使两螺母的轴向距离改变。根据垫片厚度不同分成两种形式，当垫片较厚时即产生预拉应力，而当垫片较薄时即产生预压应力，以消除轴向间隙。后一种形式下垫片预紧刚度高，但调整不便，不能随时调隙预紧。

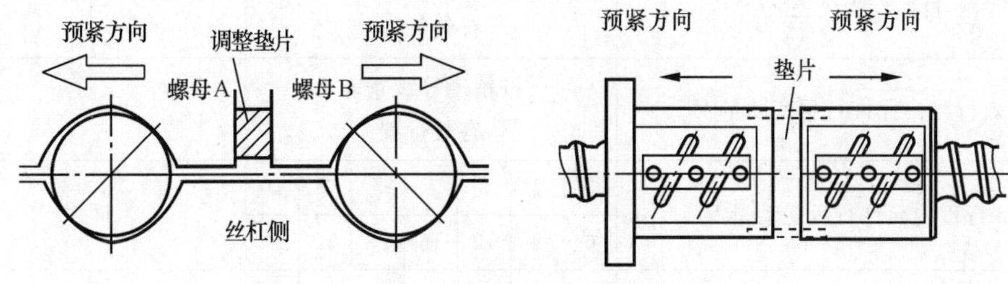

图 3-8　双螺母垫片预紧

(4) 双螺母螺纹预紧(L)　如图 3-9 所示，调整圆螺母使丝杠右螺母向右，产生拉伸预紧。这种方法调整方便，但预紧量不易掌握。

(5) 双螺母齿差预紧(C)　如图 3-10 所示，两螺母端面分别加工出齿数为 z_1、z_2 的内齿圈，分别与双联齿轮啮合。一般 $z_2 = z_1 + 1$。若两螺母同向各转过一个齿，则两螺母的相对轴向位移为 $\delta = \dfrac{P_h}{z_1 z_2}$（$P_h$ 为导程）。这种方法调整精确且方便，但结构较复杂。

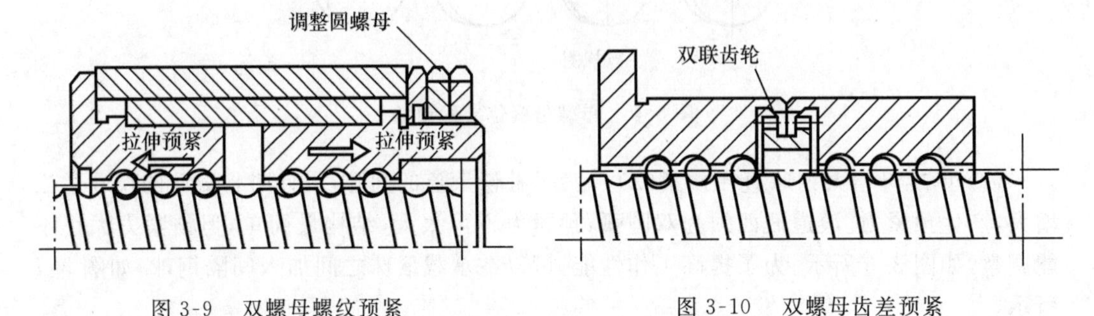

图 3-9　双螺母螺纹预紧　　　　图 3-10　双螺母齿差预紧

2. 滚珠丝杠副的精度

滚珠丝杠副根据使用范围及要求分为六个精度等级，即 C、D、E、F、G、H，C 级最高，H 级最低。

根据使用范围，滚珠丝杠副可分定位 P 类和传动 T 类。具体精度项目分三类。

1) 行程偏差和行程变动量

行程偏差可按表 3-1 的规定逐项检验。

表 3-1　行程偏差检验项目

项目	P类							T类
	检验要求							
有效行程 l_u 内行程补偿值 C	用户规定							$C=0$
目标行程公差 e_p	按精度等级查表 有效行程							同左
有效行程内允许行程变动量 V_{up}	按精度等级查表 有效行程							—
300 mm 行程内允许行程变动量 $V_{300p}/\mu m$	1	2	3	4	5	7	10	同左
	6	8	12	16	23	52	210	
2π 弧度内允许行程变动量 $V_{2\pi p}/\mu m$	1	2	3	4	5	7	10	—
	4	5	6	7	8	—	—	

有效行程 l_u 按下式计算：

$$l_u=(l_1-2l_e)\ \mathrm{mm}$$

式中：l_1—— 丝杠螺纹全长；

l_e—— 余程，如表 3-2 所示。

表 3-2 导程与余程

基本导程 P_{h0}/mm	2.5	3	4	5	6	8	10	12	16	20
余程 l_e/mm	10	12	16	20	24	32	40	45	50	60

2）跳动和位置公差

跳动和位置公差项目有：滚珠丝杠螺纹外径对丝杠螺纹轴线的径向圆跳动；滚珠丝杠支承轴颈对丝杠螺纹轴线的径向圆跳动；滚珠丝杠轴颈对支承轴颈的径向圆跳动；滚珠丝杠支承轴颈肩面对丝杠螺纹轴线的圆跳动；有预加载荷的滚珠螺母安装端面对螺纹轴线的圆跳动；有预加载荷的滚珠螺母安装直径对丝杠螺纹轴线的径向圆跳动；有预加载荷的滚珠螺母定位面对丝杠螺纹轴线的平行度等。按规定的测试方法、精度等级，从有关标准表中可查得公称直径、多次测量间隔、螺母直径等参数的允差。

3）性能检验

性能检验项目有动态预紧转矩极限偏差、轴向接触刚度等。按规定的测试方法、精度等级，有关参数从相应的标准表中可求得允差。

3. 滚珠丝杠副的尺寸与代号

按我国专业标准《滚珠丝杠副　第 2 部分：公称直径和公称导程　公制系列》(GB/T 17587.2—1998) 和 ISO 有关文件，滚珠丝杠副的各种尺寸参数代号如图 3-11 及表 3-3 所示。循环方式代号如表 3-4 所示。滚珠丝杠的公称直径和基本导程的参数系列及其组合如表 3-5 所示。各种类型滚珠丝杠副的螺母安装连接尺寸及其配合精度可查我国专业标准《滚珠丝杠副　滚珠螺母　安装连接尺寸》(JB/T 9893—1999)。

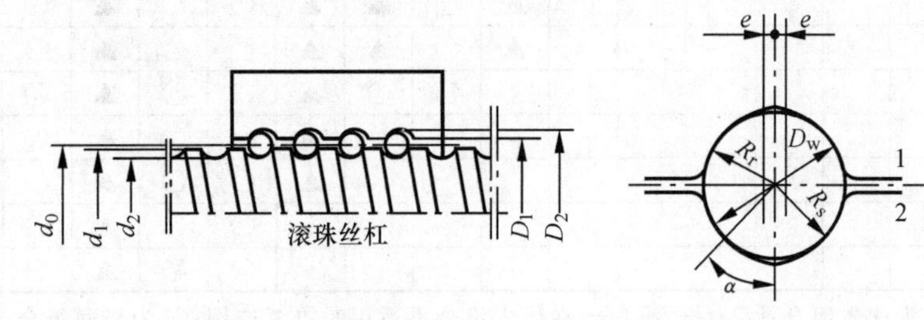

图 3-11　尺寸代号

表 3-3　参数代号

参数名称	代号	参数名称	代号
公称直径	d_0	滚珠直径	D_W
导程	P	螺母螺纹内径	D_1
基本导程	P_h	螺母螺纹底径	D_2
丝杠螺纹外径	d_1	滚道圆弧偏心距	e
丝杠螺纹底径	d_2	丝杠滚道圆弧半径	R_S
螺纹全长	l	螺母滚道圆弧半径	R_r
接触角	α		

表 3-4　循环方式代号

<table>
<tr><th colspan="3">循环方式</th><th>代号</th></tr>
<tr><td rowspan="2">内循环</td><td colspan="2">浮动式反向器</td><td>F</td></tr>
<tr><td colspan="2">固定式反向器</td><td>G</td></tr>
<tr><td rowspan="3">外循环</td><td rowspan="2">插管式</td><td>埋入</td><td>CM</td></tr>
<tr><td>凸出</td><td>CT</td></tr>
<tr><td colspan="2">螺旋槽式</td><td>L</td></tr>
</table>

表 3-5　滚珠丝杠副公称直径和基本导程的参数系列及其组合

公称直径 d_0/mm	基本导程 P_h/mm														
	1	2	2.5	3	4	5	6	8	10	12	16	20	25	32	40
6	○	○	▲												
8	○	○	▲	○											
10	○	○	▲	○	○	▲	○								
12		○	▲	○	○	▲	○	○	▲	○					
16		○	▲	○	○	▲	○	○	▲	○	○				
20				○	□	▲	○	○	▲	○	○	▲			
25					○	▲	○	○	▲	○	○	▲	○		
32					□	▲	□	○	▲	○	○	▲	○	○	
40						▲	□	○	▲	□	○	▲	○	○	▲
50						▲	□	▲	▲	○	○	▲	○	○	▲
63						▲	○	▲	▲	□	○	▲	○	○	▲
80							○	○	▲	○	○	▲	○	○	▲
100									▲	○	○	▲	○	○	▲
125									▲	○	○	▲	○	○	▲
160										○	○	▲	○	○	▲
200										○	○	▲	○	○	▲

注:表中▲为优先组合;□为推荐组合,在优先组合不适用时推荐选用;○为普通组合,在优先组合和推荐组合不适用时选用。

根据结构、规格、精度和螺纹旋向等特征，滚珠丝杠副的型号按下列格式编写。

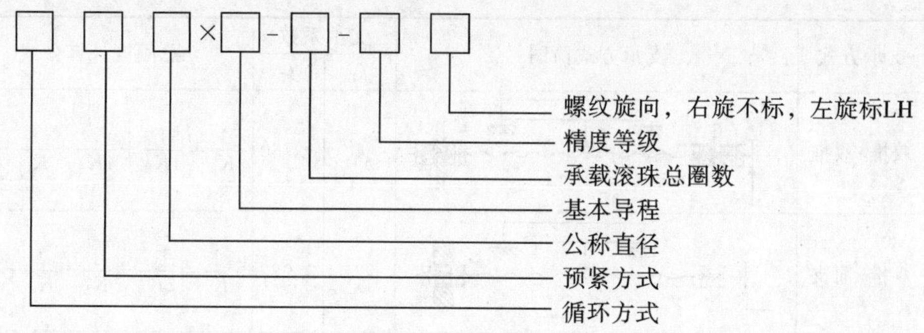

如 CMD25×5-3-D/1500×1350 表示滚珠丝杠副为插管埋入式，法兰直筒组合双螺母垫片预紧，公称直径为 25 mm，基本导程为 5 mm，螺纹旋向为右旋，承载滚珠总圈数为 3 圈，精度等级为 D 级，丝杠全长为 1 500 mm，螺纹全长为 1 350 mm。

4. 滚珠丝杠的支承结构形式

滚珠丝杠的支承作用主要是约束丝杠的轴向窜动，其次才是径向约束。

1）单支承形式

(1) 双向推力固定(F)　可供双向圆锥滚子轴承或两个单向圆锥滚子轴承反向成组使用；可供双向推力角接触球轴承或两个单向推力角接触球轴承反向成组使用；可供双向推力球轴承或两个单向推力球轴承反向成组使用；可用于滚针和推力滚子轴承组合或 60°接触角的推力角接触球轴承组合。

(2) 轴向游动简支(S)　可用于深沟球轴承、圆柱滚子轴承等。

(3) 单向推力(J)　可用于单向圆锥滚子轴承、单向推力角接触球轴承等。

(4) 自由端(O)　对轴向和径向均无约束。

2）两端支承形式

(1) 两端固定(双推-双推，F-F)　这种形式下轴向刚度最高，预拉伸安装时，预加载荷较小，轴承使用寿命较长，适用于高速、高刚度、高精度的场合。但这种形式结构复杂，工艺困难，成本最高。

(2) 一端固定、一端游动(双推-简支，F-S)　这种形式轴向刚度不高，与螺母位置有关，双推端可预拉伸安装，适用于中速、精度较高的长丝杠。

(3) 两端均为单向推力(单推-单推，J-J)　这种形式轴向刚度较高，预拉伸安装时，预加载荷较大，轴承寿命比采用双推-双推形式时的低，适用于中速、精度高的场合，并可用双推-单推组合。

(4) 一端固定、一端自由(双推-自由，F-O)　这种形式轴向刚度低，双推端可预拉伸安装，适用于中小载荷与低速场合，更适用于竖直安装条件、短丝杠。

表 3-6 所示为四种支承组合方式的特性比较。

表 3-6　四种支承组合方式的特性比较

序号	支承方式	支承方式简图	支承系数 f_1	支承系数 f_2	总刚度计算公式
1	双推-双推		4	4.730	$\frac{1}{K_e}=\frac{1}{4K_B}+\frac{1}{4K_S}+\frac{1}{K_C}+\frac{1}{K_M}$
2	双推-简支		2	3.927	$\frac{1}{K_e}=\frac{1}{2K_B}+\frac{1}{K_S}+\frac{1}{K_C}+\frac{1}{K_M}$
3	单推-单推		1	3.142	$\frac{1}{K_e}=\frac{1}{2K_B}+\frac{1}{4K_S}+\frac{1}{K_C}+\frac{1}{K_M}$
4	双推-自由		0.25	1.875	同双推-简支

5. 滚珠丝杠副的选择计算

设计滚珠丝杠副的已知条件是：工作载荷 F(N) 或平均工作载荷 F_m(N)、使用寿命 L'_h(h)、丝杠的工作长度（或螺母的有效行程）l(m)、丝杠的转速 n（平均转速 n_m 或最大转速 n_{max}）(r/min)，以及滚道硬度和运转情况。

设计步骤及方法如下。

(1) 载荷 F_C(N) 的计算。

$$F_C = K_F K_H K_A F_m$$

式中：K_F—— 载荷系数，按表 3-7 选取；

K_H—— 硬度系数，按表 3-8 选取；

K_A—— 精度系数，按表 3-9 选取；

F_m—— 平均工作载荷(N)。

表 3-7　载荷系数

载荷性质	无冲击平稳运转	一般运转	有冲击和振动运转
K_F	1～1.2	1.2～1.5	1.5～2.5

表 3-8　硬度系数

滚道实际硬度 /HRC	≥58	55	50	45	40
K_H	1.0	1.11	1.56	2.4	3.85

表 3-9 精度系数

精度等级	C、D	E、F	G	H
K_A	1.0	1.1	1.25	1.43

(2) 额定动载荷计算值 C'_a(N) 的计算。

$$C'_a = F_C \sqrt{\frac{n_m L'_h}{1.67 \times 10^4}}$$

(3) 根据 C'_a 值从滚珠丝杠副系列中选择所需要的规格，使所选规格的丝杠副的额定动载荷 C_a 值等于或大于 C'_a，并列出其主要参数值。

(4) 验算传动效率、刚度及工作平稳性是否满足要求，如不能，则应另选其他规格并重新验算。

对于低速($n \leqslant 10$ r/min) 传动，只按额定静载荷计算即可。

例 3-1 试设计一数控铣床工作台进给用滚珠丝杠副。已知平均工作载荷 $F_m =$ 3 800 N，丝杠工作长度 $l = 1.2$ m，平均转速 $n_m = 100$ r/min，最大转速 $n_{max} = 10\ 000$ r/min，使用寿命 $L'_h = 15\ 000$ h左右，丝杠材料为 CrWMn 钢，滚道硬度为 58 ~ 62 HRC，传动精度 $\sigma = 0.03$ mm。

解 ① 求计算载荷 F_C。

由题中条件，查表取 $K_F = 1.2$，$K_H = 1.0$，且数控铣床工作台应取D级精度，取 $K_A = 1.0$，故

$$F_C = K_F K_H K_A F_m = 1.2 \times 1.0 \times 1.0 \times 3\ 800\ \text{N} = 4\ 560\ \text{N}$$

② 计算额定动载荷计算值 C'_a。

$$C'_a = F_C \sqrt{\frac{n_m L'_h}{1.67 \times 10^4}} = 4\ 560 \times \sqrt{\frac{100 \times 15\ 000}{1.67 \times 10^4}}\ \text{N} \approx 20\ 422\ \text{N}$$

③ 根据 C'_a 选择滚珠丝杠副。

假设选用 FC1 型号，按滚珠丝杠副的额定动载荷 C_a 等于或稍大于 C'_a 的原则，查表 3-10，选如下型号规格。

FC1-5006-3，$C_a = 21\ 379$ N

FC1-5008-2.5，$C_a = 22\ 556$ N

考虑各种因素选用 FC1-5006-3。由表 3-10 得丝杠副的有关数据如下。

公称直径：$d_0 = 50$ mm

导程：$P = 6$ mm

螺旋角：$\lambda = 2°11'$

滚珠直径：$D_W = 3.969$ mm

滚道半径：$R_S = 0.52 D_W = 0.52 \times 3.969\ \text{mm} = 2.064$ mm

偏心距：$e = 0.07\left(R_S - \frac{D_W}{2}\right) = 0.07 \times \left(2.064 - \frac{3.969}{2}\right)\ \text{mm} = 5.6 \times 10^{-3}$ mm

丝杠内径：$d_2 = d_0 + 2e - 2R_S = (50 + 2 \times 5.6 \times 10^{-3} - 2 \times 2.064)\ \text{mm} = 45.88$ mm

表 3-10　汉江机床厂 C1 型滚珠丝杠

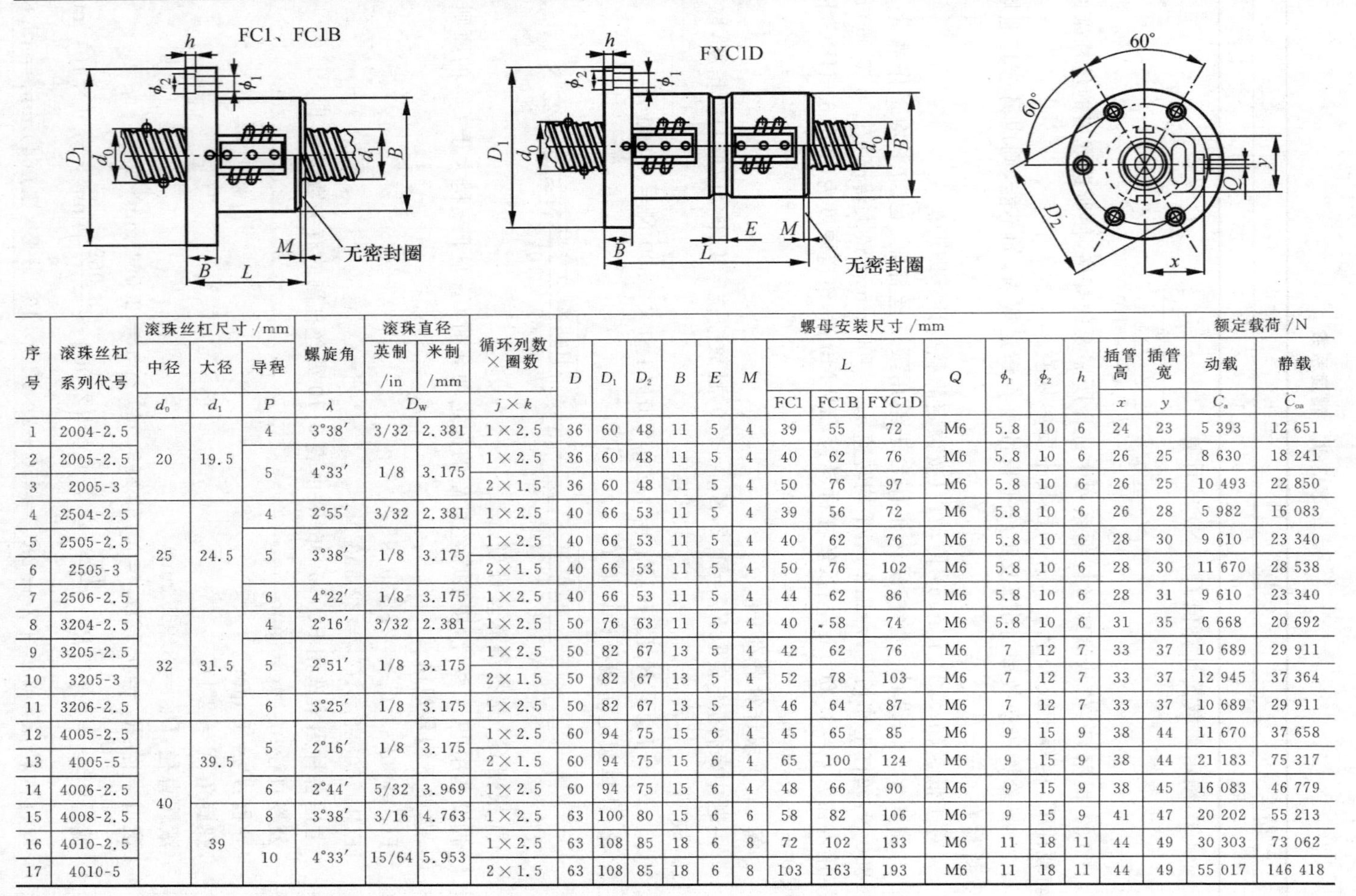

序号	滚珠丝杠系列代号	滚珠丝杠尺寸 /mm 中径 d_0	大径 d_1	导程 P	螺旋角 λ	滚珠直径 D_W 英制 /in	米制 /mm	循环列数×圈数 $j\times k$	螺母安装尺寸 /mm D	D_1	D_2	B	E	M	L FC1	L FC1B	L FYC1D	Q	ϕ_1	ϕ_2	h	插管高 x	插管宽 y	额定载荷 /N 动载 C_a	静载 C_{oa}
1	2004-2.5	20	19.5	4	3°38′	3/32	2.381	1×2.5	36	60	48	11	5	4	39	55	72	M6	5.8	10	6	24	23	5 393	12 651
2	2005-2.5			5	4°33′	1/8	3.175	1×2.5	36	60	48	11	5	4	40	62	76	M6	5.8	10	6	26	25	8 630	18 241
3	2005-3							2×1.5	36	60	48	11	5	4	50	76	97	M6	5.8	10	6	26	25	10 493	22 850
4	2504-2.5	25	24.5	4	2°55′	3/32	2.381	1×2.5	40	66	53	11	5	4	39	56	72	M6	5.8	10	6	26	28	5 982	16 083
5	2505-2.5			5	3°38′	1/8	3.175	1×2.5	40	66	53	11	5	4	40	62	76	M6	5.8	10	6	28	30	9 610	23 340
6	2505-3							2×1.5	40	66	53	11	5	4	50	76	102	M6	5.8	10	6	28	30	11 670	28 538
7	2506-2.5			6	4°22′	1/8	3.175	1×2.5	40	66	53	11	5	4	44	62	86	M6	5.8	10	6	28	31	9 610	23 340
8	3204-2.5	32	31.5	4	2°16′	3/32	2.381	1×2.5	50	76	63	11	5	4	40	58	74	M6	5.8	10	6	31	35	6 668	20 692
9	3205-2.5			5	2°51′	1/8	3.175	1×2.5	50	82	67	13	5	4	42	62	76	M6	7	12	7	33	37	10 689	29 911
10	3205-3							2×1.5	50	82	67	13	5	4	52	78	103	M6	7	12	7	33	37	12 945	37 364
11	3206-2.5			6	3°25′	1/8	3.175	1×2.5	50	82	67	13	5	4	46	64	87	M6	7	12	7	33	37	10 689	29 911
12	4005-2.5	40	39.5	5	2°16′	1/8	3.175	1×2.5	60	94	75	15	6	4	45	65	85	M6	9	15	9	38	44	11 670	37 658
13	4005-5							2×1.5	60	94	75	15	6	4	65	100	124	M6	9	15	9	38	44	21 183	75 317
14	4006-2.5			6	2°44′	5/32	3.969	1×2.5	60	94	75	15	6	4	48	66	90	M6	9	15	9	38	45	16 083	46 779
15	4008-2.5			8	3°38′	3/16	4.763	1×2.5	63	100	80	15	6	6	58	82	106	M6	9	15	9	41	47	20 202	55 213
16	4010-2.5		39	10	4°33′	15/64	5.953	1×2.5	63	108	85	18	6	8	72	102	133	M6	11	18	11	44	49	30 303	73 062
17	4010-5							2×1.5	63	108	85	18	6	8	103	163	193	M6	11	18	11	44	49	55 017	146 418

续表

序号	滚珠丝杠系列代号	滚珠丝杠尺寸/mm			螺旋角	滚珠直径		循环列数×圈数	螺母安装尺寸/mm													插管高	插管宽	额定载荷/N	
		中径	大径	导程		英制/in	米制/mm		D	D_1	D_2	B	E	M	L			Q	ϕ_1	ϕ_2	h			动载	静载
		d_0	d_1	P	λ	D_W		$j\times k$							FC1	FC1B	FYC1D					x	y	C_a	C_{oa}
18	5006-3	50	49.5	6	2°11′	5/32	3.969	2×1.5	71	110	90	15	6	4	62	90	116	M8×1	9	15	9	44	55	21 379	72 277
19	5008-2.5		49	8	2°55′	3/16	4.763	1×2.5	75	118	95	18	6	6	61	85	109	M8×1	11	18	11	47	56	22 556	69 825
20	5010-2.5			10	3°38′	15/64	5.953	1×2.5	75	118	95	18	6	8	73	103	133	M8×1	11	18	11	50	58	33 638	93 166
21	5010-5							2×2.5	75	118	95	18	6	8	103	163	193	M8×1	11	18	11	50	58	60 999	186 234
22	5012-2.5			12	4°22′	9/32	7.144	1×2.5	80	132	105	22	8	10	87	123	159	M8×1	13.5	22	13	54	61	45 308	114 055
23	6308-3	63	62	8	2°19′	3/16	4.763	2×1.5	90	132	110	18	6	6	74	114	138	M8×1	11	18	11	55	69	29 715	110 034
24	6310-2.5			10	2°53′	15/64	5.953	1×2.5	90	138	112	22	6	8	77	107	137	M8×1	13.5	22	13	57	71	36 776	118 174
25	6310-5							2×2.5	90	138	112	22	6	8	107	167	197	M8×1	13.5	22	13	57	71	66 785	236 446
26	6312-2.5			12	3°28′	9/32	7.144	1×2.5	90	138	112	22	6	10	87	123	159	M8×1	13.5	22	13	59	73	50 113	145 437
27	8010-2.5	80	79	10	2°16′	15/64	5.953	1×2.5	105	156	130	22	6	8	77	107	137	M8×1	13.5	22	13	65	87	40 895	150 635
28	8010-5							2×2.5	105	156	130	22	6	8	107	167	197	M8×1	13.5	22	13	65	87	74 435	301 369
29	8012-2.5		78.5	12	2°44′	9/32	7.144	1×2.5	110	158	132	22	8	10	87	123	159	M8×1	13.5	22	13	69	90	55 899	187 313
30	10012-3	100	98.5	12	2°11′	9/32	7.144	2×1.5	130	193	160	25	8	10	110	—	202	M8×1	17.5	28	17	79	109	74 042	294 210
31	10016-3			16	2°55′	3/8	9.525	2×1.5	140	202	170	28	10	14	128	—	238	M8×1	17.5	28	17	87	112	96 108	437 392
32	10020-3			20	3°28′	3/8	9.525	2×1.5	140	202	170	28	10	16	147	—	277	M8×1	17.5	28	17	87	112	96 108	437 392

④ 稳定性验算。

(a) 由于一端轴向固定的长丝杠在工作时可能会失稳，因此在设计时应验算其安全系数 S，其值应大于丝杠副传动结构的允许安全系数[S]（见表 3-11）。

丝杠不发生失稳的最大载荷称为临界载荷 F_{cr}(N)，其计算公式为

$$F_{cr} = \frac{\pi^2 EI_a}{(\mu l)^2}$$

式中：E 为丝杠材料的弹性模量，对于钢，$E = 206$ GPa；l 为丝杠工作长度(m)；I_a 为丝杠危险截面的轴惯性矩(m^4)；μ 为长度系数（见表 3-11）。

依题意，$I_a = \frac{\pi d_2^4}{64} = \frac{3.14 \times (0.045\ 88)^4}{64}\ m^4 = 2.17 \times 10^{-7} m^4$

取 $\mu = 2/3$，则

$$F_{cr} = \frac{(3.14)^2 \times 206 \times 10^9 \times 2.17 \times 10^{-7}}{\left(\frac{2}{3} \times 1.2\right)^2}\ N = 6.88 \times 10^5\ N$$

安全系数 $S = \frac{F_{cr}}{F_m} = \frac{6.88 \times 10^5}{3.8 \times 10^3} = 181.1$，查表 3-11，$[S] = 3 \sim 4$。$S > [S]$，丝杠是安全的，不会失稳。

表 3-11 稳定性系数

安装方式	一端固定、一端自由(F-O)	一端固定、一端游动(F-S)	两端固定(F-F)
[S]	3 ～ 4	2.5 ～ 3.3	—
μ	2	2/3	—
f_c	1.875	3.927	4.730

注：μ— 长度系数；f_c— 临界转速系数。

(b) 高速长丝杠工作时可能产生共振，因此需验算其不会发生共振的最高转速 —— 临界转速 n_{cr}。要求丝杠的最大转速 $n_{max} < n_{cr}$。

临界转速 n_{cr}(r/min) 的计算公式为

$$n_{cr} = 9\ 910\ \frac{f_c^2 d_2}{(\mu l)^2}$$

式中：f_c 为临界转速系数（见表 3-11）。本题取 $f_c = 3.927$，$\mu = 2/3$，则

$$n_{cr} = 9\ 910 \times \frac{(3.927)^2 \times 0.045\ 88}{\left(\frac{2}{3} \times 1.2\right)^2}\ r/min \approx 10\ 956\ r/min$$

$n_{cr} > n_{max} = 10\ 000$ r/min，所以丝杠工作时不会产生共振。

(c) 滚珠丝杠副还受 $d_0 n$ 值的限制，通常要求 $d_0 n < 7 \times 10^4$ mm · r/min。

$$d_0 n = 50 \times 100\ mm \cdot r/min = 5 \times 10^3\ mm \cdot r/min < 7 \times 10^4\ mm \cdot r/min$$

所以该丝杠副工作稳定。

⑤ 刚度验算。

滚珠丝杠在工作负载 F(N) 和转矩 T(N·m) 共同作用下，每个导程的变形量 Δl_0(m) 为

$$\Delta l_0 = \pm\frac{PF}{EA} \pm \frac{P^2 T}{2\pi G J_c}$$

式中：A—— 丝杠面积，$A = \frac{1}{4}\pi d_2^2$(m²)；

J_c—— 丝杠的极惯性矩，$J_c = \frac{1}{32}\pi d_2^4$(m⁴)；

P—— 导程；

G—— 丝杠的切变模量，对钢来说，$G = 83.3$ GPa；

T—— 转矩(N·m)，其计算式为

$$T = F_m \frac{d_0}{2}\tan(\lambda+\rho)$$

式中：ρ—— 摩擦角，其正切函数值为摩擦因数；

F_m—— 平均工作负载。

本例取摩擦因数为 $\tan\rho = 0.0025$，则得 $\rho = 8'40''$。

$$T = 3\,800 \times \frac{50}{2} \times 10^{-3} \times \tan(2°11' + 8'40'')\ \text{N·m} \approx 3.8\ \text{N·m}$$

按最不利的情况取(其中 $F = F_m$)

$$\Delta l_0 = \frac{PF}{EA} + \frac{P^2 T}{2\pi G J_c} = \frac{4PF}{\pi E d_2^2} + \frac{16 P^2 T}{\pi^2 G d_2^4}$$

$$= \left[\frac{4\times 6\times 10^{-3}\times 3\,800}{3.14\times 206\times 10^9\times 0.045\,88^2} + \frac{16\times(6\times 10^{-3})^2\times 3.8}{3.14^2\times 83.3\times 10^9\times 0.045\,88^4}\right]\text{m}$$

$$\approx 6.742\times 10^{-2}\ \mu\text{m}$$

则丝杠在工作长度上的弹性变形所引起的导程误差为

$$\Delta l = l\frac{\Delta l_0}{P} = 1.2\times\frac{6.742\times 10^{-2}}{6\times 10^{-3}}\ \mu\text{m} \approx 13.48\ \mu\text{m}$$

通常要求丝杠的导程误差 Δl 应小于其传动精度的 1/2，即

$$\Delta l < \frac{1}{2}\sigma = \frac{1}{2}\times 0.03\ \text{mm} = 0.015\ \text{mm} = 15\ \mu\text{m}$$

该丝杠的 Δl 满足上式，所以其刚度可满足要求。

⑥ 效率验算。

滚珠丝杠副的传动效率为

$$\eta = \frac{\tan\lambda}{\tan(\lambda+\rho)} = \frac{\tan(2°11')}{\tan(2°11' + 8'40'')} = 0.939$$

η 要求在 90 % ～95 %，所以该丝杠副合格。

经上述计算验证，FC1-5006-3 各项性能均符合题目要求，故可选用(见表 3-10)。

3.2.2 其他传动机构

1. 同步带传动

同步带传动是综合了带传动、齿轮传动和链传动特点的一种新型传动。如图 3-12 所示，带的工作表面制有带齿，它与制有相应齿形的带轮相啮合，用来传递运动和动力。

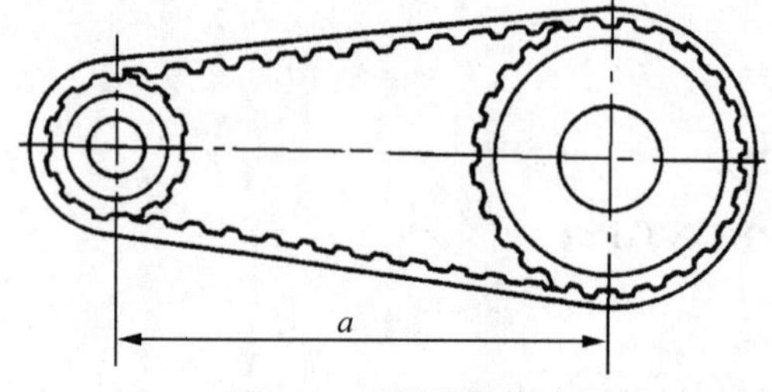

图 3-12 同步带传动

同步带是 1940 年由美国尤尼罗尔(Uniroyal)橡胶公司开发的，1946 年辛加公司把同步带用于缝纫机针和缠线管的同步传动上，取得显著效益，后来同步带传动被逐渐引用到其他机械传动上。

与一般带传动相比较，同步带传动具有如下特点：

(1) 传动比准确，传动效率高；

(2) 工作平稳，能吸收振动；

(3) 不需润滑，耐油、水、高温、腐蚀，维护保养方便；

(4) 中心距要求严格，安装精度要求高；

(5) 制造工艺复杂，成本高。

同步带的分类及应用如表 3-12 所示。本节主要介绍梯形齿同步带传动。

表 3-12 同步带的分类及应用

分类方法	种类	应用	标准
按用途分	一般工业用同步带传动(梯形齿同步带传动)	主要用于中、小功率的同步带传动，如各种仪器、计算机、轻工机械等	ISO 标准、各国国家标准
	大转矩同步带传动(圆弧齿同步带传动)	主要用于重型机械，如运输机械(飞机、汽车)、石油机械和机床、发电机等的传动	尚无 ISO 标准和各国国家标准，仅限于各国企业标准
	特种规格的同步带传动	根据某种机器特殊需要而采用的特殊规格同步带传动，如工业缝纫机用、汽车发动机用等	汽车同步带有 ISO 标准和各国标准。日本有缝纫机同步带标准

续表

分类方法	种类		应用	标准
按用途分	特殊用途的同步带	耐油性同步带	用于经常粘油或浸在油中传动的同步带	尚无标准
		耐热性同步带	用于环境温度在 90 ℃ 以上的场合	
		高电阻同步带	用于要求传动带电阻大于 6 MΩ 的场合	
		低噪声同步带	用于大功率、高速但要求低噪声的场合	
按规格分	模数制：同步带主要参数是模数 m，根据模数来确定同步带的型号及结构参数		20 世纪 60 年代用于日、意、苏联等国，后逐渐被节距制取代，目前仅俄罗斯及东欧各国使用	各国国家标准
	节距制：同步带主要参数是带齿节距 p_b，按节距大小，相应带、轮有不同尺寸		世界各国广泛采用	ISO 标准、各国国家标准

1）同步带的结构、主要参数和规格

（1）结构和材料　同步带一般由带背和包布层、承载绳、带齿组成。在以氯丁橡胶为基体的同步带上，其齿面还覆盖了一层尼龙包布。同步带结构如图 3-13 所示。

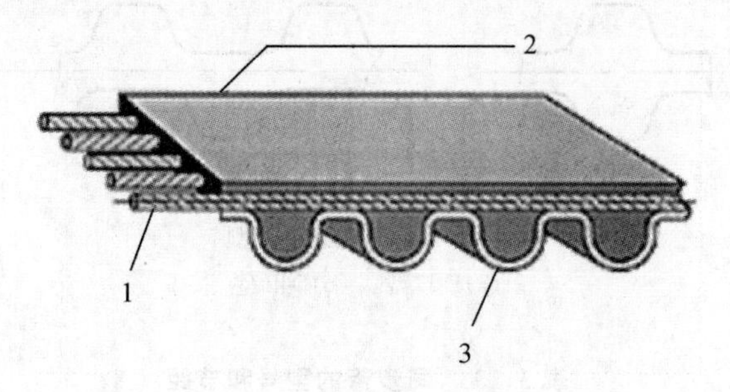

图 3-13　同步带的结构

1— 承载绳；2— 带背和包布层；3— 带齿

承载绳用于传递动力，同时保证带的节距不变。因此承载绳应有较高的强度和较小的伸长率。目前常用的材料有钢丝、玻璃纤维、芳香族聚酰胺纤维（简称芳纶）。

带齿是直接与带轮啮合并传递扭矩的，因此不仅要求有高的抗剪强度和耐磨性，而且要求有高的耐油性和耐热性。用于连接、包覆承载绳的带背，在运转过程中要承受弯曲应力，因此要求带背有较高的韧度和良好的耐弯曲疲劳的能力，以及与承载绳黏结良好。带背和带齿一般采用相同材料制成，常用的有聚氨酯橡胶和氯丁橡胶两种材料。

包布层仅用于以氯丁橡胶为基体的同步带，它可以增加带齿的耐磨性，提高带的抗拉强度，一般用尼龙丝织成。

(2) 主要参数和规格　同步带的主要参数是带齿的节距 p_b，如图 3-14 所示。由于承载绳在工作时间内长度不变，因此承载绳的中心线被规定为同步带的节线，并以节线长度 L_p 作为其公称长度。同步带上相邻两齿对应点沿节线度量的距离称为带的节距 p_b。

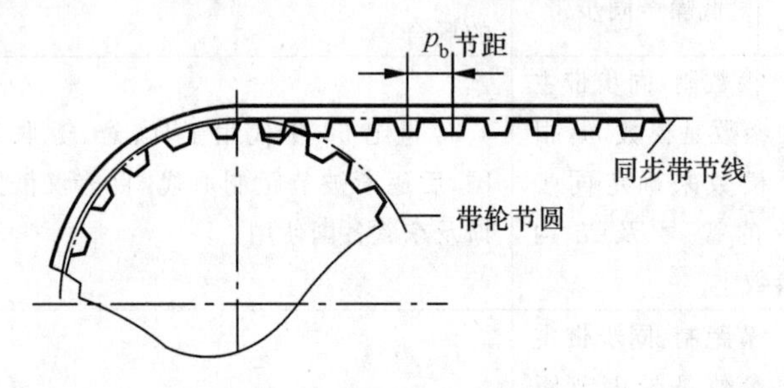

图 3-14　同步带主要参数

国家标准《同步带传动　节距型号 MXL、XXL、XL、L、H、XH 和 XXH 同步带尺寸》(GB/T 11616—2013) 对同步带型号、尺寸作了规定。同步带有单面齿（仅一面有齿）和双面齿（两面都有齿）两种形式。双面齿又按齿排列的不同，分为 DⅠ 型（对称齿形）和 DⅡ 型（交错齿形），如图 3-15 所示。两种形式的同步带均按节距不同分为七种规格，如表 3-13 所示。

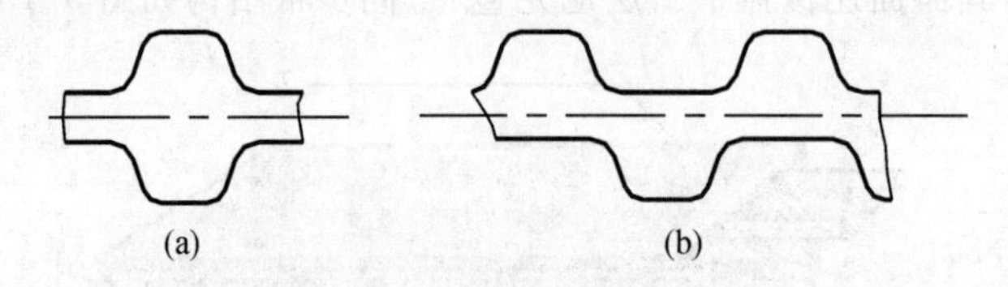

图 3-15　双面齿类型

(a)DⅠ 型　(b)DⅡ 型

表 3-13　同步带的型号和节距

型　　号	MXL	XXL	XL	L	H	XH	XXH
节距 p_b/mm	2.032	3.175	5.080	9.525	12.700	22.225	31.750

(3) 同步带的标记　同步带的标记包括长度代号、型号、宽度代号，双面齿同步带还应再加上符号 DⅠ 或 DⅡ，标记示例如下。

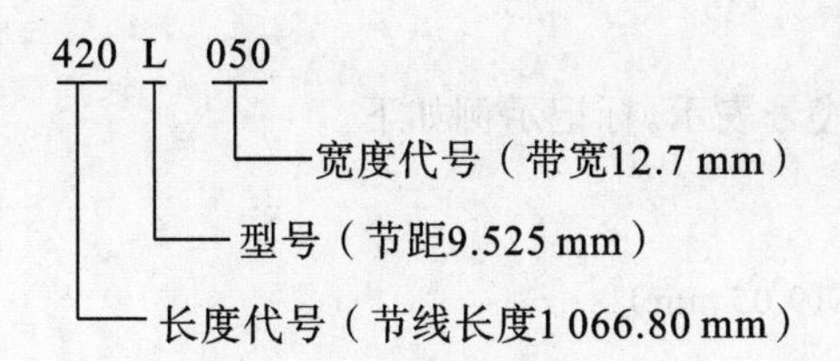

800 DI H 300

——宽度代号（带宽76.2 mm）

——型号（节距12.700 mm）

——双面齿带型代号（对称齿形）

——长度代号（节线长度2 030 mm）

2）同步带轮的结构和规格

（1）同步带轮的结构、材料。

同步带轮的结构如图 3-16 所示。为防止工作带脱落，一般在小带轮两侧装有挡圈。同步带轮材料一般采用铸铁或钢，高速、小功率时可采用塑料或轻合金。

（2）同步带轮的参数和尺寸规格。

① 齿形　与梯形齿同步带相匹配的带轮，其齿形有直线形和渐开线形两种。直线齿形在啮合过程中与带齿工作侧面有较大的接触面积，齿侧载荷分布较均匀，从而提高了带的承载能力和使用寿命。渐开线齿形的齿槽形状随带轮齿数而变化，齿数较多时，齿廓近似直线。这种齿形的优点是有利于带齿的啮入，其缺点是齿形角变化较大，在齿数少时，易影响带齿的正常啮合。

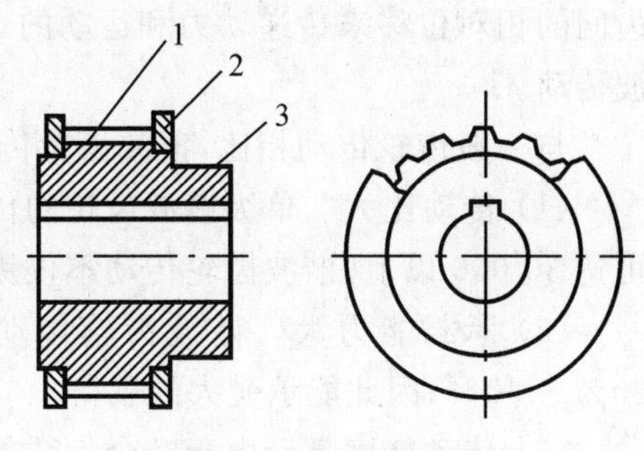

图 3-16　同步带轮

1— 齿圈；2— 挡圈；3— 轮毂

② 齿数　在传动比一定的情况下，带轮齿数越少，传动结构越紧凑，但齿数过少，工作时同时啮合的齿数减少，易造成带齿承载过大而被剪断。此外，还会因为带轮直径减小，造成与之啮合的带产生弯曲疲劳破坏。有关国家标准规定的小带轮许用最少齿数如表 3-14 所示。

表 3-14　小带轮许用最少齿数

小带轮转速 /(r/min)	许用最少齿数						
	MXL	XXL	XL	L	H	XH	XXH
	(2.032)	(3.175)	(5.080)	(9.525)	(12.700)	(22.225)	(31.750)
900 以下	10	10	10	12	14	22	22
900 ～ 1 200 以下	12	12	10	12	16	24	24
1 200 ～ 1 800 以下	14	14	12	14	18	26	26
1 800 ～ 3 600 以下	16	16	12	16	20	30	—
3 600 ～ 4 800 以下	18	18	15	18	22	—	—

③ 带轮的标记　国家标准 GB/T 11361—2018 对带轮的尺寸及规格作了规定，该标准规定的同步带轮与 GB/T 11616—2013 中的同步带相配套。与带一样有 MXL、XXL、

XL、L、H、XH、XXH 七种规格。

带轮的标记由带轮齿数、带的型号和带宽代号表示，标记示例如下。

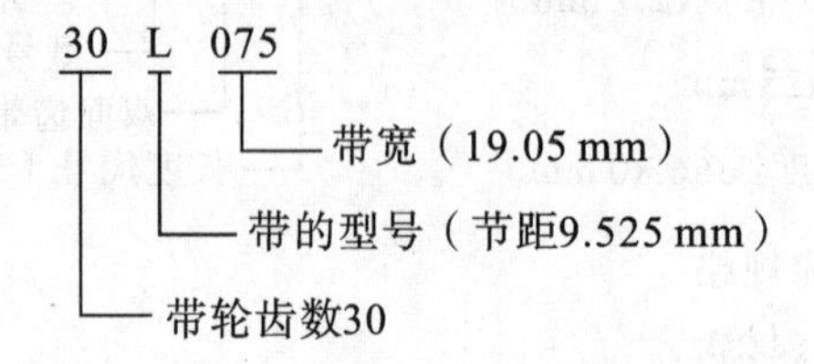

2. 谐波齿轮传动

谐波齿轮传动是一种新型传动，它是依靠柔性齿轮所产生的可控制弹性变形波，引起齿间的相对位移来传递动力和运动的。柔轮的变化波形是一个基本对称的谐波，故称为谐波传动。

与一般齿轮传动相比，谐波齿轮传动具有如下优点。

(1) 传动比大　单级谐波齿轮的传动比为 50 ～ 500，多级和复式传动的传动比更大，可达 30 000 以上。谐波齿轮传动不仅用于减速，还可用于增速。

(2) 承载能力大　谐波齿轮传动中同时啮合的齿数多，可达柔轮或刚轮齿数的 30％ ～40％，因此能承受大的载荷。

(3) 传动精度高　由于啮合齿数较多，因而误差得到均化；同时，通过调整，齿侧间隙较小，回差较小，因而传动精度高。

(4) 可以向密封空间传递运动或动力　当柔轮被固定后，它既可以作为密封传动装置的壳体，又可以产生弹性变形，即完成错齿运动，从而达到传递运动或动力的目的。因此，它可以用来驱动在高真空、有原子辐射或其他有害介质的空间中工作的传动机构。这一特点是现有其他传动机构所无法比拟的。

(5) 传动平稳　基本上无冲击振动。这是由于齿的啮入与啮出按正弦规律变化，无突变载荷和冲击，磨损小，无噪声。

(6) 传动效率较高　单级传动的效率一般在 69％ ～ 96％ 的范围内。

(7) 结构简单、体积小、质量小。

谐波齿轮传动由于具备上述优点，因此在机电一体化系统中得到了广泛的应用。如用于机器人、无线电天线伸缩器、手摇式谐波传动增速发电机、雷达、射电望远镜、卫星通信地面站天线的方位和俯仰传动机构、电子仪器仪表、精密分度机构、小侧隙和零侧隙传动机构等。

谐波齿轮传动的缺点如下。

(1) 柔轮和波发生器制造复杂，需专门设备，成本较高。

(2) 传动比的下限值较高。

(3) 不能做成交叉轴和相交轴的结构。

1）谐波齿轮传动的工作原理

如图 3-17 所示，谐波齿轮传动主要由波发生器、柔轮和刚轮组成。柔轮具有外齿，刚轮具有内齿，它们的齿形为三角形或渐开线形。其齿距 p 相等，但齿数不同，刚轮的齿数 z_g 比柔轮的齿数 z_r 多。柔轮的轮缘极薄，刚度很小，在未装配前，柔轮是圆形的。由于波发生器的直径比柔轮内圆的直径略大，因此当波发生器装入柔轮的内圆时，就会迫使柔轮变形，呈椭圆形。在椭圆长轴的两端（图中 A 点、B 点），刚轮与柔轮的轮齿完全啮合；而在椭圆短轴的两端（图中 C 点、D 点），两轮的轮齿完全分离；长短轴之间的齿则处于半啮合状态，即一部分正在啮入、一部分正在脱出。

图 3-17 所示的波发生器有两个触头，称为双波发生器。其刚轮与柔轮的齿数相差为 2，周长相差 2 个齿距的弧长。若采用三波发生器，则刚轮和柔轮的齿数差为 3。

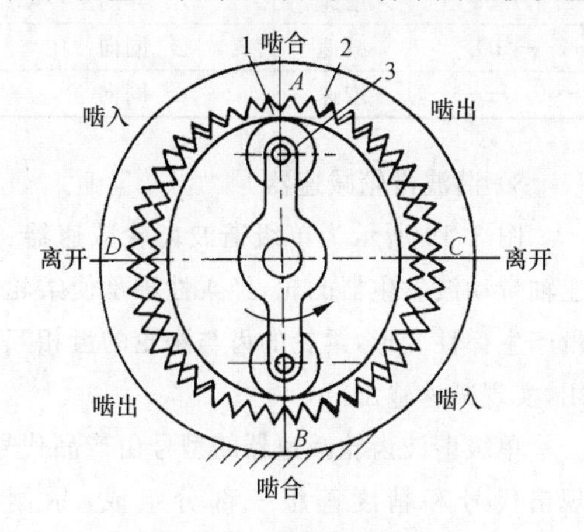

图 3-17　谐波齿轮传动

1— 柔轮；2— 刚轮；3— 波发生器

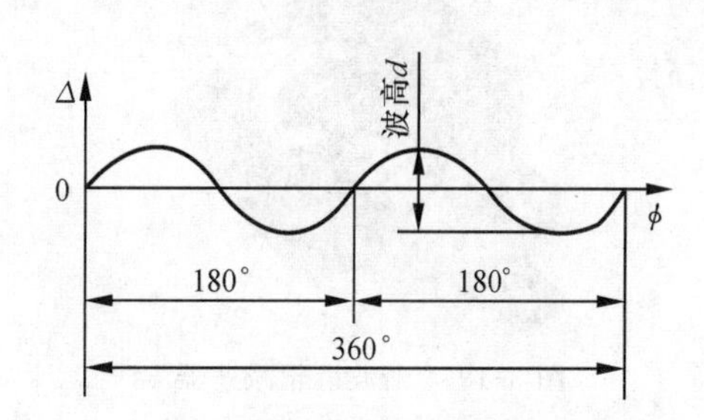

图 3-18　柔轮（双波）变形的波形

当波发生器转动时，迫使柔轮的长短轴的方向随之发生变化，柔轮与刚轮上的齿依次进入啮合。柔轮和刚轮在节圆处的啮合过程，如同两个圆环的纯滚动一样，它们在任一瞬间转过的弧长都必须相等。对于双波传动，由于柔轮比刚轮的节圆周长短了两个齿距弧长，因此柔轮在啮入和啮出的一转中，就必然相对于刚轮在圆周方向错过两个齿距弧长，这样柔轮就相对于刚轮沿着波发生器相反的方向转动。当波发生器沿逆时针方向旋转 45° 时，将迫使柔轮和刚轮相对移动 1/4 个齿距；当波发生器转过 180° 时，两者相对移动 1 个齿距。当波发生器连续运转时，柔轮上任何一点的径向变形量 Δ 是随转角 ϕ 变化的变量，其展开图为一正弦波，如图 3-18 所示。

谐波齿轮传动正是借助柔轮的这种弹性变形波来实现轮齿间的啮合和相对运动的。波发生器旋转一周过程中，柔轮每一点变形的次数称为波数，以 n 表示。波数等于刚轮与柔轮的齿数差，即

$$n = z_g - z_r$$

2）谐波齿轮的传动比计算

在谐波齿轮传动中，刚轮、柔轮和波发生器这三个基本构件，其中任何一个都可作为主动件，而其余两个中，一个作为从动件，一个作为固定件。因此，单级谐波齿轮传动的传动比可按表 3-15 计算。

表 3-15　单级谐波齿轮传动的传动比

构件			传动比计算公式	功能	输入与输出运动的方向关系
固定	输入	输出			
刚轮	波发生器	柔轮	$z_r/(z_g - z_r)$	减速	异向
刚轮	柔轮	波发生器	$(z_g - z_r)/z_r$	增速	异向
柔轮	波发生器	刚轮	$z_g/(z_g - z_r)$	减速	同向
柔轮	刚轮	波发生器	$(z_g - z_r)/z_g$	增速	同向

图 3-19　谐波齿轮减速器

1— 刚轮；2— 波发生器；3— 柔轮

3）谐波齿轮减速器

图 3-19 所示为单级谐波齿轮减速器。高速轴带动波发生器凸轮，经柔性轴承使柔轮的齿产生弹性变形，柔轮的齿与刚轮的齿相互作用，实现减速输出。

单级谐波齿轮减速器的型号由产品代号、规格代号和精度等级三部分组成，示例如下。

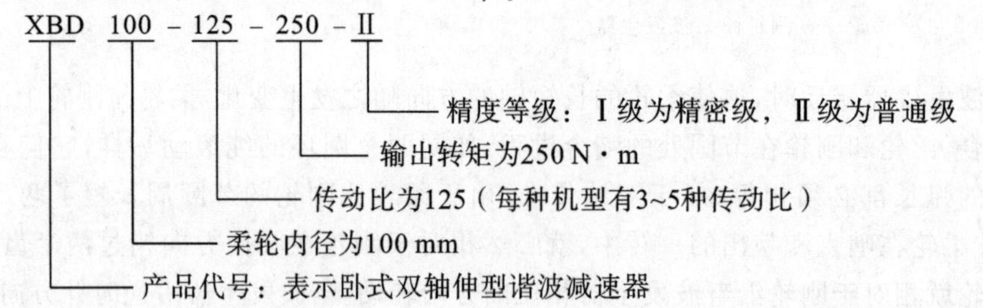

各种规格的谐波齿轮减速器的有关参数和技术指标可参见标准 GB/T 14118—1993。

3.3　支承部件设计

常用的支承部件主要有轴承、导轨和机身（或基座）等。它们的精度、刚度、抗振性、热稳定性等因素直接影响伺服系统的精度、动态特性和可靠性。因此，机电一体化系统对支承部件的要求是：精度高、刚度高、热变形小、抗振性好、可靠性高，并且有良好的摩擦特性和结构工艺性。

3.3.1 回转运动支承设计

1. 概述

回转运动支承主要指滚动轴承，动、静压轴承，磁轴承等各种轴承。它的作用是支承作回转运动的轴或丝杠。随着刀具材料和加工自动化的发展，主轴的转速越来越高，变速范围也越来越大，如中型数控机床和加工中心的主轴最高转速可达到5 000～6 000 r/min，甚至更高。内圆磨床为了达到足够的磨削速度，磨削小孔的砂轮主轴转速已高达240 000 r/min。因此，机电一体化系统对轴承的精度、承载能力、刚度、抗振性、寿命、转速等提出了更高的要求，也逐渐出现了许多新型结构的轴承。

机电一体化系统中常用的轴承及其特点如表3-16所示。

表3-16 机电一体化系统中常用的轴承及其特点

种类性能	滚动轴承		静压轴承	动压轴承	磁轴承
	一般滚动轴承	陶瓷轴承			
精度	一般，在预紧无间隙时较高（1～1.5 μm）	同滚动轴承，1 μm	高，液体静压轴承可达0.1 μm，气体静压轴承可达0.02～0.12 μm，精度保持性好	较高，单油楔0.5 μm，双油楔0.08 μm	一般，1.5～3 μm
刚度	一般，预紧后较高，并取决于所用轴承形式	不及一般滚动轴承	液体静压轴承高，气体静压轴承较低	液体动压轴承较高	不及一般滚动轴承
抗振性	较差，阻尼比$\xi=0.02\sim0.04$	同滚动轴承	好	较好	较好
速度性能	用于低、中速，特殊轴承可用于较高速	用于中、高速，热导率低，不易发热	液体静压轴承可用于各种速度，气体静压轴承可用于超高速（80 000～160 000 r/min）	用于高速	用于高速（30 000～50 000 r/min）
摩擦损耗	较小，$\mu=0.002\sim0.008$	同滚动轴承	小	启动时较大	很小
使用寿命	疲劳强度较低	较长	长	长	长

续表

种类性能	滚动轴承		静压轴承	动压轴承	磁轴承
	一般滚动轴承	陶瓷轴承			
制造难易	轴承生产专业化、标准化	比滚动轴承难	自制，工艺要求高。需供油或供气系统	自制，工艺要求高	较复杂
使用维修	简单，用油脂润滑	较难	液体静压轴承的供油系统清洁较难。气体静压轴承的供气系统清洁度要求高，但使用维修容易	比较简单	较难
成本	低	较高	较高	较高	高

2. 滚动轴承

1）标准滚动轴承

标准滚动轴承的尺寸规格已标准化、系列化，由专门生产厂大量生产。使用时，主要根据刚度和转速来选择。如有要求，则还应考虑其他因素，如承载能力、抗振性和噪声等。

近年来，为适应各种不同的要求，还开发了不少用于机电一体化系统的新型轴承，下面仅介绍其中的两种。

(1) 空心圆锥滚子轴承　图 3-20 所示为双列和单列空心圆锥滚子轴承。一般将双列（见图 3-20(a)）的轴承用于前支承，单列（见图 3-20(b)）的轴承用于后支承，配套使用。

这种轴承与一般圆锥滚子轴承不同之处在于：滚子是中空的，保持架则是整体加工的，它与滚子之间没有间隙，工作时润滑油的大部分将被迫通过滚子中间的小孔，以便冷却最不易散热的滚子，润滑油的另一部分则在滚子与滚道之间通过，起润滑作用。此外，中空的滚子还具有一定的弹性变形能力，可吸收一部分振动。双列轴承的两列滚子数目相差一个，使两列的刚度变化频率不同，以抑制振动。单列轴承外圈上的弹簧用于预紧。这两种轴承的外圈较宽，因此与箱体孔的配合可以松一些。箱体孔的圆度和圆柱度误差对外圈滚道的影响较小。这种轴承用油润滑，故常用于卧式主轴。

(2) 陶瓷滚动轴承　陶瓷滚动轴承的结构与一般滚动轴承相同，目前常用的陶瓷材料为 Si_3N_4。陶瓷轴承与钢轴承材料的特性如表 3-17 所示。由于陶瓷的热导率低、不易发热、硬度高、耐磨，因而：在采用油脂润滑的情况下，轴承内径在 25～100 mm 时，主轴转速可达 8 000～15 000 r/min；在油雾润滑的情况下，轴承内径在 65～100 mm 时，主轴转速可达 15 000～20 500 r/min；轴承内径在 40～60 mm 时，主轴转速可达 20 000～30 000 r/min。陶瓷滚动轴承主要用于中、高速运动的主轴的支承。

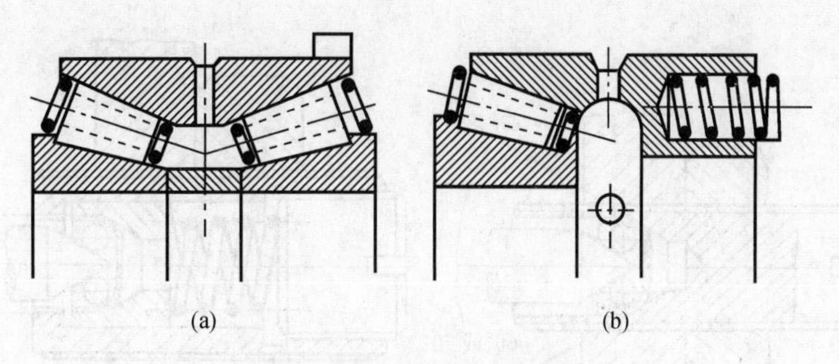

图 3-20 空心圆锥滚子轴承

(a) 双列空心圆锥滚子轴承 (b) 单列空心圆锥滚子轴承

表 3-17 陶瓷轴承与钢轴承材料的特性

项 目	陶瓷(Si_3N_4)	钢 球	比 值
密度 /(g/cm^3)	3.21	7.85	0.41
线膨胀系数 /(1/℃)	3.2×10^{-6}	12.5×10^{-6}	0.26
纵向弹性系数 /MPa	$3.2\times10^4(3.14\times10^4)$	$2.1\times10^4(2.06\times10^4)$	1.52
泊松比	0.26	0.30	0.87
热导率 /(W/(m·K))	20 ～ 35	41.87	—
硬度(常温下)/HBW	1 800 ～ 2 000	700 ～ 800	—
耐热温度 /℃	800	120	—
耐蚀性	大	小	—
磁性	非磁性	非磁性	—

2) 非标准滚动轴承

当对轴承有特殊要求而又不可能采用标准滚动轴承时，就需根据使用要求自行设计非标准滚动轴承。

(1) 微型滚动轴承 图 3-21 所示为微型向心推力轴承，它具有杯形外圈，$D\geqslant1.1$ mm，但没有内环，锥形轴颈直接与滚珠接触，由弹簧或螺母调整轴承间隙。

当 $D>4$ mm 时，可有内环，如图 3-22(a) 所示，采用碟形垫圈来消除轴承间隙。图 3-22(b) 所示的轴承内环可以与轴一起从外环和滚珠中取出，装拆比较方便。

(2) 密珠轴承 密珠轴承是一种新型的滚动摩擦支承，它由内、外圈和密集于两者间并具有过盈配合的钢珠组成。它有两种形式，如图 3-23 所示，即径向轴承(见图 3-23(a))和推力轴承(见图 3-23(b))。密珠轴承的内外滚道和止推面分别是形状简单的外圆柱面、内圆柱面和平面，在滚道间密集地安装有滚珠。滚珠在其尼龙保持架的空隙中近似以多头

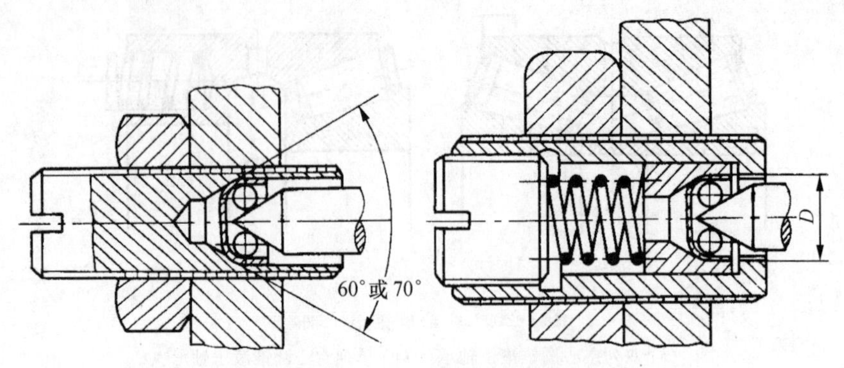

图 3-21　微型向心推力轴承

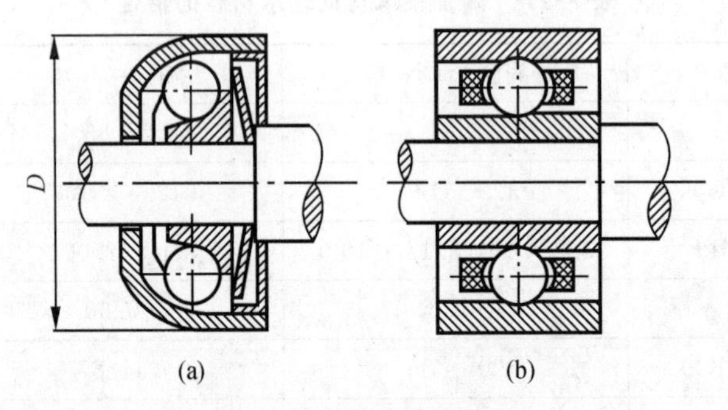

图 3-22　微型滚动轴承

(a) 用碟形垫圈来消除轴承间隙　(b) 轴承内环可与轴一起取出

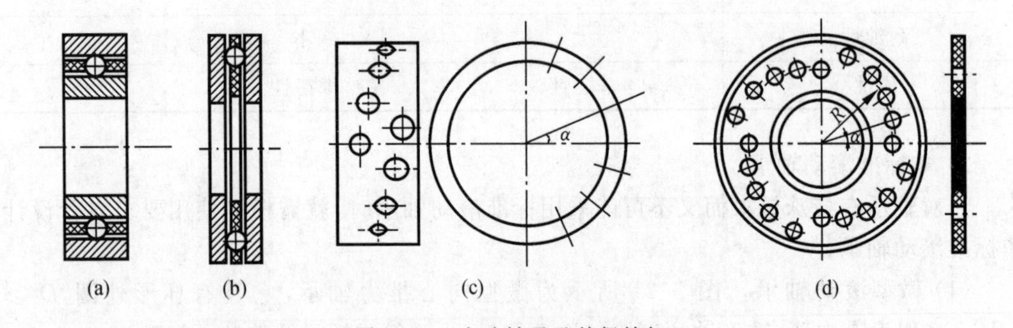

图 3-23　密珠轴承及其保持架

(a) 径向轴承　(b) 推力轴承　(c) 径向轴承保持架　(d) 推力轴承保持架

螺旋线的形式排列，如图 3-23(c)、(d) 所示。每个滚珠公转时均沿着自己的滚道滚动而互不干扰，以减少滚道的磨损。密集的滚珠还有助于减小滚珠几何误差对主轴轴线位置的影响，具有误差平均效应，有利于提高主轴精度。滚珠与内、外圈之间保持 0.005 ～ 0.012 mm 的预加过盈量，以消除间隙，增加刚度，提高轴的回转精度。

3. 静压轴承

静压轴承是流体摩擦支承的基本类型之一，它是在轴颈与轴承之间充有一定压力的液体或气体，将转轴浮起并承受负荷的一种轴承。

按支承承受负荷方向的不同，静压轴承常可分为向心轴承、推力轴承和向心推力轴承三种形式。

1）液体静压轴承

液体静压系统由静压装置、节流器和供油装置三部分组成(见图 3-24)。

液体静压向心轴承的工作原理如图 3-25(a)所示，在图 3-25(b)所示的轴承内圆柱面上，对称地开有 4 个矩形油腔，油腔与油腔之间开有回油槽，油腔与回油槽之间的圆弧面称为周向封油面，轴承两端面和油腔之间的圆弧面称为轴向封油面。轴装入轴承后，轴承封油面与轴颈之间有适量间隙。

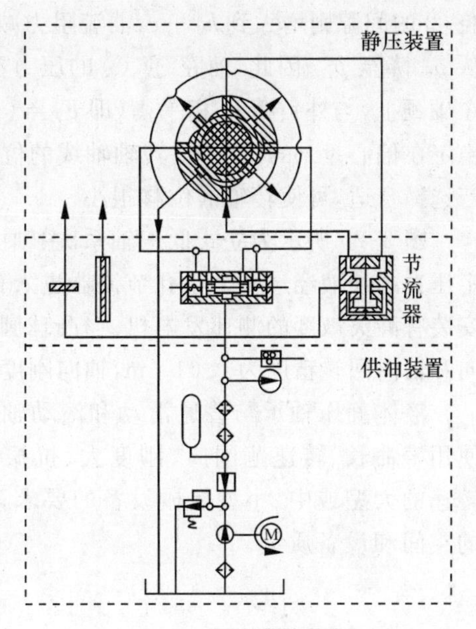

图 3-24　静压支承系统的组成

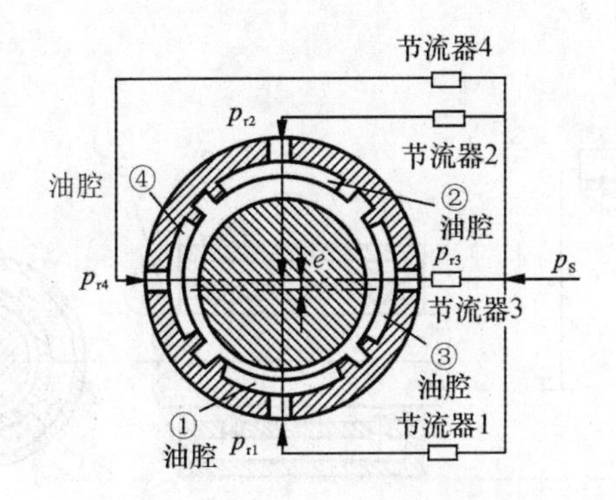

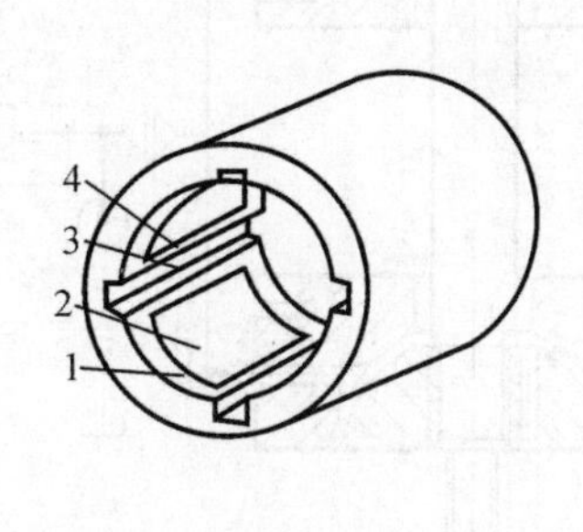

图 3-25　液体静压向心轴承的工作原理

1— 轴向封油面；2— 油腔；3— 回油槽；4— 周向封油面

液压泵输出的压力油通过 4 个节流器后，油压降至 p_r，压力油分别流进各节流器所对应的油腔，在油腔内形成静压，从而使轴颈和轴承表面被油膜分开，然后经封油面上的间隙和回油槽流回油池。

空载时，由于各油腔与轴颈间的间隙 h_0 相同，4 个油腔的压力均为 p_{r0}，此时，转轴受到各油腔的油压作用而处于平衡状态，轴颈与轴承同心(忽略转轴部件的自重)。

当支承受到外负荷 F_r 作用时，轴颈沿负荷方向产生微量位移 e。于是，油腔 ① 的间隙

减小为 h_0-e，油流阻力增大，由于节流器的调压作用，油腔①的压力从 p_{r0} 升高到 p_{r1}；油腔②的间隙则增大到 h_0+e，油流阻力减小；同样由于节流器的调压作用，油腔②的压力从 p_{r0} 降至 p_{r2}。因此，油腔①、②的压力不等而形成压力差 $\Delta p=p_{r1}-p_{r2}$，该压力差作用在轴颈上，与外负荷 F_r 相平衡（即 $F_r=(p_{r1}-p_{r2})A_e$，A_e 为油腔的有效承载面积），使轴颈稳定在偏心量 e 的位置上。转轴轴线的位移量 e 的大小与支承和节流器的参数选择有关，若选择合适，可使转轴的位移很小。

图 3-26 所示为立式低速轴系。主轴由两对球轴承支承，每对轴承有 8 个油腔。具有一定压力的油液经过 8 个小孔节流器进入轴承油腔。主轴由下端的力矩电动机驱动，主轴上安装有高灵敏度的测速发电机。当凸球圆度为 0.05 μm，供油压力为 1 MPa 时，主轴的径向和轴向回转精度为 0.01 μm，轴向刚度为 160 N/μm，径向刚度为 100 N/μm。

液体静压轴承与普通滑动和滚动轴承相比有以下特点：摩擦阻力小、传动效率高、使用寿命长、转速范围广、刚度大、抗振性好、回转精度高；能适应不同负荷，满足不同转速的大型或中、小型机械设备的要求；但需有一套可靠的供油装置，将增大设备占用的空间和设备质量。

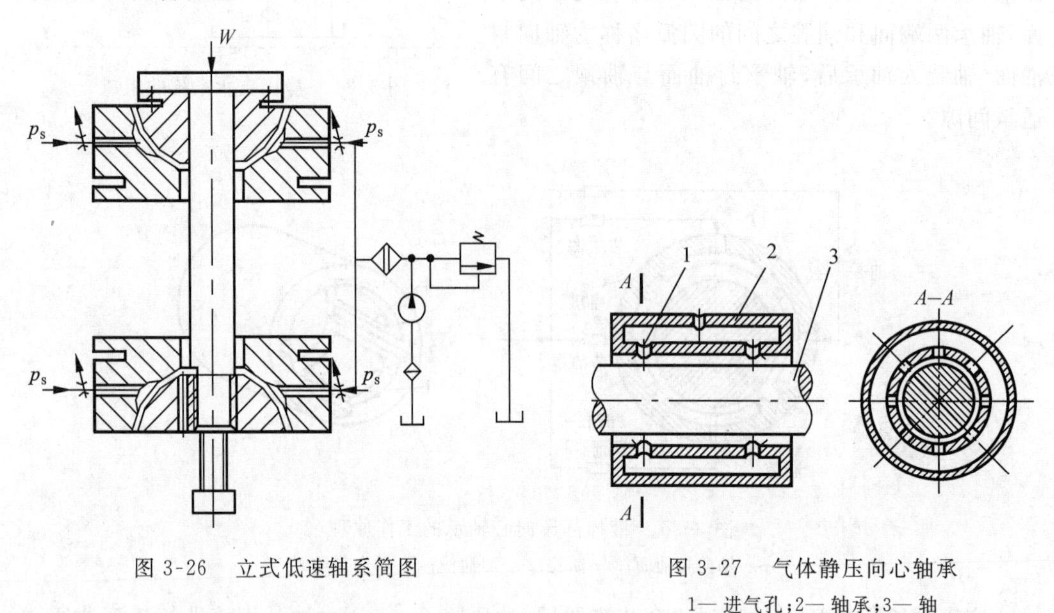

图 3-26　立式低速轴系简图

图 3-27　气体静压向心轴承

1—进气孔；2—轴承；3—轴

2）气体静压轴承

图 3-27 所示为气体静压向心轴承简图。由专门的供气装置输出的压缩气体进入轴承的圆柱容腔，并通过沿轴承圆周均匀分布、与端面有一定距离的两排进气孔（又称节流孔），进入轴与轴承之间的间隙，然后沿轴向流至轴承端部，并由此排入大气。气体静压轴承的工作原理与液体静压轴承相同。

图 3-28 所示为美国超精车床的球轴承。主轴的右端固定着直径为 70 mm、长为 60 mm 的凸球。具有一定压力的气体从凹球 10、11 的 12 个小孔节流器(其直径为 0.3 mm) 进入球轴承间隙(12 μm),使主轴浮起,并承受一定的轴向和径向载荷。主轴左端是长27 mm、直径为 22 mm 的圆柱径向轴承,气体同样通过 12 个小孔节流器进入轴承间隙(18 μm)。当主轴转速为 200 r/min 时,主轴径向振摆为 0.03 μm,轴向窜动为 0.01 μm,径向刚度为25 N/μm,轴向刚度为 80 N/μm。当用金刚石刀具加工铝和铜件时,可获得 Ra0.01 ～ 0.02 μm 的无划痕镜面。

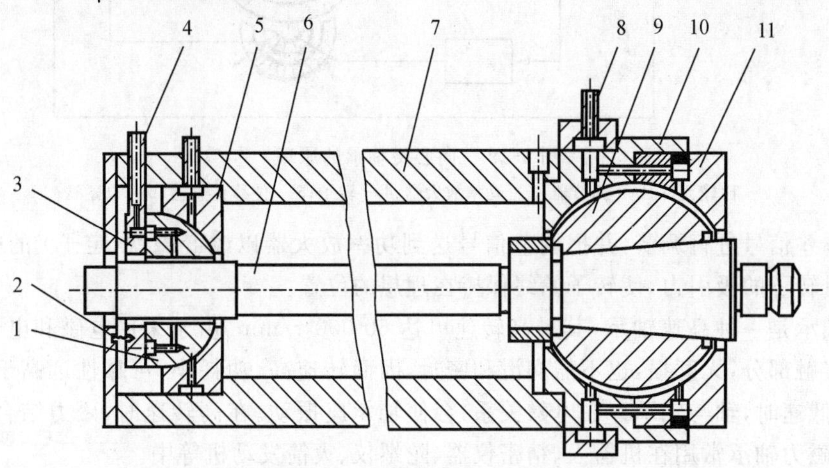

图 3-28　美国超精车床球轴承

1— 圆柱径向轴套;2— 弹簧;3— 支承板;4、8— 进气口;
5、10、11— 凹球;6— 主轴;7— 壳体;9— 凸球

与液体静压轴承相比较,气体静压轴承的主要优点是:气体的内摩擦很小、黏度极低,故摩擦损失极小,不易发热。因此,适用于要求转速极高和灵敏度要求高的场合;又由于气体的理化性高度稳定,因而可在支承材料许可的高温、深冷、放射性等恶劣环境中正常工作;若采用空气静压轴承,则空气来源十分方便,对环境无污染,循环系统较液体静压轴承简单。它的主要缺点是:负荷能力低;支承的加工精度和平衡精度要求高,所需气体的清洁度要求较高,需严格过滤。

4. *磁轴承*

磁轴承主要由两部分组成:轴承本身及其电气控制系统。磁轴承分向心轴承和推力轴承两类,它们都由转子和定子组成,其工作原理相同。

图 3-29 所示为向心磁轴承的原理。

定子上安装有电磁铁,转子的支承轴颈处装有铁磁环,定子电磁铁产生的磁场使转子悬浮在磁场中,转子与定子无任何接触,气隙为 0.3 ～ 1 mm。转子转动时,由位移传感器检测转子的偏心,并通过反馈与基准信号(转子理想位置) 在比较元件上进行比较,调节

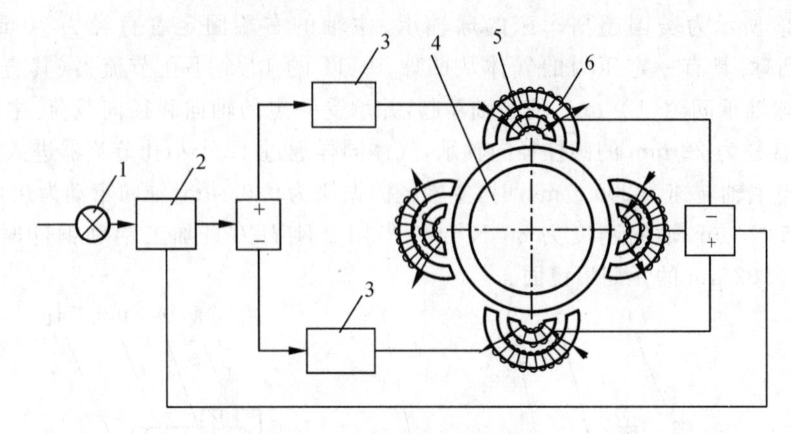

图 3-29　向心磁轴承的原理

1— 比较元件；2— 调节器；3— 功率放大器；4— 转子；5— 位移传感器；6— 电磁铁

器根据偏差信号进行调节，并把调节信号送到功率放大器以改变磁铁（定子）的电流，从而改变对转子的吸引力，使转子始终保持在理想的位置。

磁轴承是一种高速轴承，其最高转速可达 60 000 r/min。由于采用电磁和电子控制，无机械接触部分，无磨损，也不需润滑和密封，因而转速高、功耗小，可靠性远高于普通轴承。但在低速时，轴与轴承存在电磁关系，会使轴承座振动。在高转速时，磁力结合的动刚度较小。磁力轴承常用在机器人、精密仪器、陀螺仪、火箭发动机等中。

3.3.2　直线运动支承

1. 概述

直线运动支承主要是指直线运动导轨副，它的作用是保证所支承的各部件（如工作台、尾座等）的相对位置和运动精度。因此，对导轨副的基本要求是：导向精度高、刚度大、耐磨、运动灵活和平稳。

机电一体化系统中常用的导轨有滑动导轨、滚动导轨和静压导轨。它们的特点如表 3-18 所示。

表 3-18　常用导轨及其特点

导轨种类	一般滑动导轨	塑料导轨	滚动导轨	静压导轨	
				液体静压	气体静压
定位精度	一般。位移误差为 10 ～ 20 μm，用防爬油或液压卸荷时为2 ～ 5 μm	较高。用聚四氟乙烯时，位移误差可达 2 μm	高。传动刚度大于30N/μm时，位移误差为0.1 ～ 0.3 μm	较高。位移误差可达 2 μm	高。位移误差可达 0.125 μm

续表

导轨种类	一般滑动导轨	塑料导轨	滚动导轨	静压导轨	
				液体静压	气体静压
摩擦特性	摩擦因数较大，变化范围也大	摩擦因数较小；动、静摩擦因数基本相同	摩擦因数很小，且与速度呈线性关系；动、静摩擦因数基本相同	启动摩擦因数很小(0.0005)，且与速度是线性关系	摩擦因数小于液体静压导轨摩擦因数
承载能力/(N/mm²)	中等。铸铁与铸铁约为1.5，钢与铸铁、钢与钢约为2.0	聚四氟乙烯连续使用时小于0.35；间断使用时小于1.75	滚珠导轨较小，滚柱导轨较大	可以很高	承载能力小于液体静压导轨
刚度	接触刚度大	刚度较大	无预加载荷时刚度较小；有预加载荷的滚动导轨可略大于滑动导轨	间隙小时刚度大，但不及滑动导轨	刚度小
运动平稳性	速度在$(1.67\times10^{-5}\sim10^{-3})$ m/s时容易出现爬行	无爬行现象	仅在预加载荷过大和制造质量过低时出现爬行现象	运动平稳，低速无爬行	
抗振性	一般	吸振	抗振性和抵抗冲击载荷的能力较差	吸振性好	
寿命	非淬火铸铁低，淬火或耐磨铸铁中等，淬火钢高	高	防护很好时高	很高	
速度	中、高	中等	任意	低、中等	

金属－金属型滑动导轨目前在数控机床等机电一体化产品中使用较少。因为这些导轨的静摩擦因数大，动、静摩擦因数的差值也大，容易出现低速爬行，因而不能满足伺服系统对快速响应性、运动精度和运动平稳性等的要求。

2. 塑料导轨

塑料导轨是在滑动导轨上镶装塑料而成的。这种导轨除表3-18所述优点外，还具备化学稳定性高、工艺性好、使用维护方便等优势，因而得到了越来越广泛的应用。但这种导轨耐热性差，且易蠕变，使用中必须注意散热。

常用的塑料导轨材料有以下三种。

1）塑料导轨软带

国产 TSF 塑料导轨软带是以聚四氟乙烯为基材，添加合金粉和氧化物等构成的高分子复合材料。将其粘贴在金属导轨上所形成的导轨又称贴塑导轨。

导轨软带粘贴形式如图 3-30 所示。图 3-30(a) 所示为平面式，多用于设备的导轨维修；图 3-30(b) 所示为埋头式，即粘贴软带的导轨加工有带挡边的凹槽，多用于新产品。

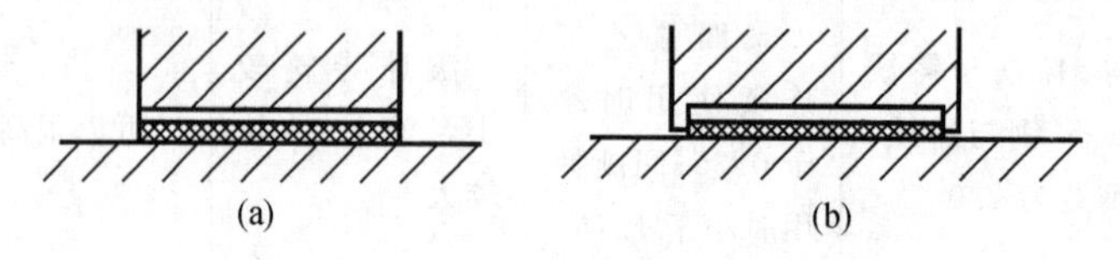

图 3-30　导轨软带粘贴形式

(a) 平面式　(b) 埋头式

这种软带可与铸铁或钢组成滑动摩擦副，也可以与滚动导轨组成滚动摩擦副。

2）金属塑料复合导轨板

这种导轨板分三层，如图 3-31 所示。内层为钢带，以保证导轨板的机械强度和承载能力。钢带上有镀烧结成球状的青铜粉或青铜丝网形成的多孔中间层，并浸渍了聚四氟乙烯等塑料填料。中间层可以提高导轨的导热性，避免浸渍进入孔或网中的氟塑料产生冷流和蠕变。当青铜与配合面摩擦而发热时，热膨胀系数远大于金属的塑料从中间层的孔隙中挤出，向摩擦表面转移，形成厚 0.01～0.05 mm 的表面自润滑塑料层。这种导轨板一般用胶粘贴在金属导轨上，成本比聚四氟乙烯软带高。图 3-32 所示为某铣床燕尾导轨镶条上安装金属塑料复合导轨板的示意图。

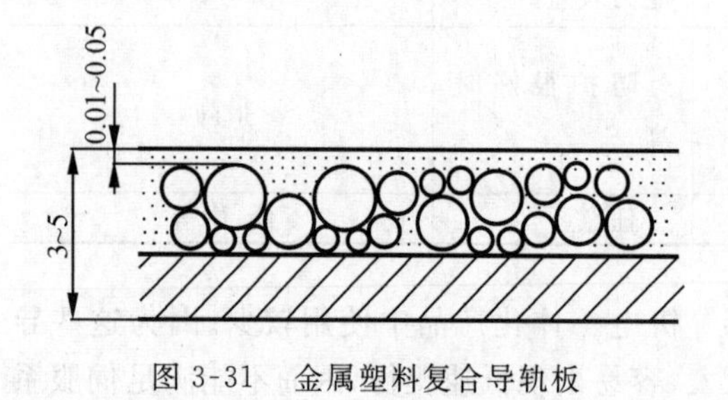

图 3-31　金属塑料复合导轨板

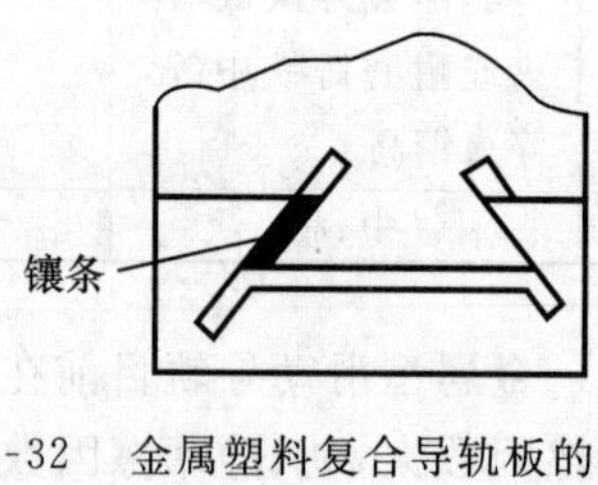

镶条

图 3-32　金属塑料复合导轨板的应用

3）塑料涂层

在导轨副中，若只有一面磨损严重，则可以把磨损部分切除，涂敷配制好的胶状塑料涂层，利用模具或另一摩擦面使涂层成形，固化后的塑料涂层即成为摩擦副中的配对面之一，与另一金属配对面形成新的摩擦副。目前常用的塑料涂层材料有环氧涂料和含氟涂料。它们都以环氧树脂为基体,但所用牌号和加入的成分有所不同。环氧涂料的优点是摩擦因数小且稳定,防爬性能好,有自润滑作用。其缺点是不易存放,且黏度逐渐变大。含氟涂料则克服了上述缺点。

这种方法主要用于导轨的维修和设备的改造,也可用于新产品。

3.滚动导轨

滚动导轨是在作相对运动的两导轨面之间加入滚动体,变滑动摩擦为滚动摩擦的一种直线运动支承。

1) 滚动导轨的特点

(1) 摩擦阻力小　在滚动直线导轨副中,滑块与导轨之间放入了适当的钢球,使滑块与导轨之间的滑动摩擦变为滚动摩擦,大大降低了两者之间的运动摩擦阻力。

(2) 承载能力大　其滚道采用圆弧形式,增大了滚动体与圆弧滚道接触面积,从而大大地提高了导轨的承载能力,可达到平面滚道形式的13倍。

(3) 刚度大　在该导轨制作时,常需要预加载荷,这使导轨系统刚度得以提高。

(4) 使用寿命长　由于是纯滚动,摩擦因数为滑动导轨的1/50左右,磨损小,因而使用寿命长,功耗低。

(5) 成对使用导轨副时,具有误差均化效应。

(6) 传动平稳可靠　由于摩擦力小、动作轻便,因而定位精度高,微量移动灵活、准确。

(7) 具有结构自调整能力　装配调整容易,因此降低了对配件加工精度的要求。

(8) 导轨采用表面硬化处理,使导轨表面具有良好的耐磨性,心部保持良好的力学性能。

(9) 机械结构的设计和制造得以简化。

2) 分类

(1) 按滚动体形状不同,滚动导轨可分为滚珠导轨、滚柱导轨、滚针导轨三种,如图3-33所示。

图3-33(a)所示为滚珠导轨,采用点接触形式,摩擦力小,灵敏度高,但承载能力小、刚度小,适用于载荷不大、行程较小,而运动灵敏度要求较高的场合。图3-33(b)所示为滚柱导轨,采用线接触形式,其承载能力和刚度都比滚珠导轨大,适用于载荷较大的场合,但制造安装要求高。滚柱结构有实心和空心两种。空心滚柱在载荷作用下有微小变形,可减小导轨局部误差和滚柱尺寸对运动部件导向精度的影响。图3-33(c)所示为滚针导轨,其尺寸小、结构紧凑、排列密集、承载能力大,但摩擦力较大,精度较低,适用于载荷大、导轨尺寸受限制的场合。

(2) 按滚动体的循环方式,滚动导轨又可分为滚动体不循环式导轨和滚动体循环式导轨两种。

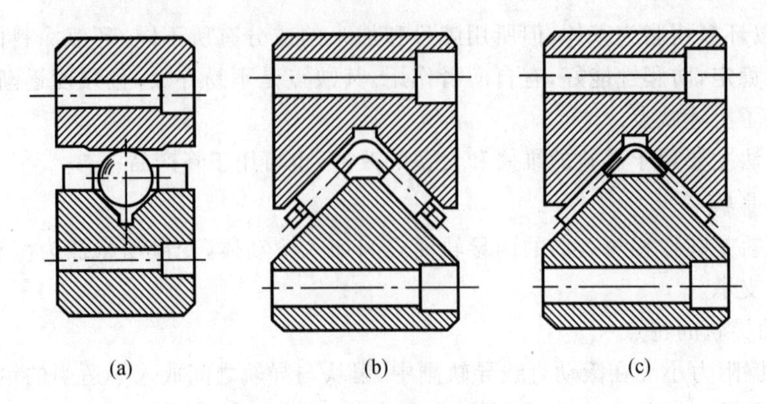

图 3-33　滚动导轨结构形式

(a) 滚珠导轨　(b) 滚柱导轨　(c) 滚针导轨

(3) 滚道沟槽形状有单圆弧和双圆弧两种，如图 3-34 所示。单圆弧沟槽为两点接触，如图 3-34(a) 所示。双圆弧沟槽为四点接触，如图 3-34(b) 所示。前者运动摩擦和安装基准的平均作用比后者要小，但其静刚度比后者稍差。

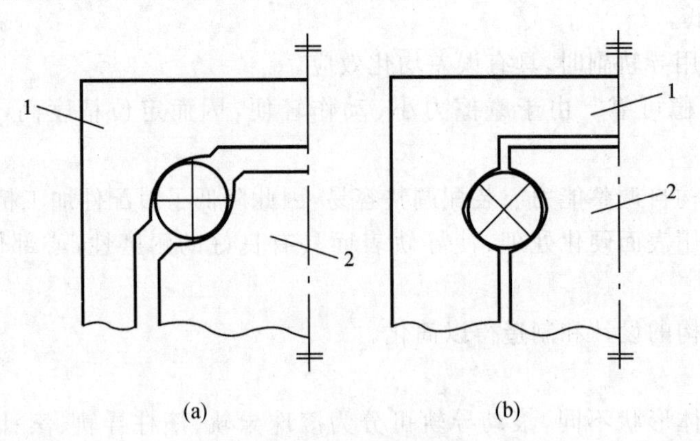

图 3-34　滚道沟槽形状

(a) 单圆弧沟槽　(b) 双圆弧沟槽

1— 滑座；2— 导轨

3) 直线滚动导轨副

直线滚动导轨副的结构如图 3-35 所示。它由导轨和滑块组成，滑块的数量可根据需要而定。当滑块移动时，滚珠在滚道内循环运动。目前国内常用的两种直线滚动导轨副的结构及特点如表 3-19 所示。

(1) 精度等级　直线滚动导轨副精度等级不宜选择得过高，以降低成本。表 3-20 所示为对各种机械推荐采用的精度等级。

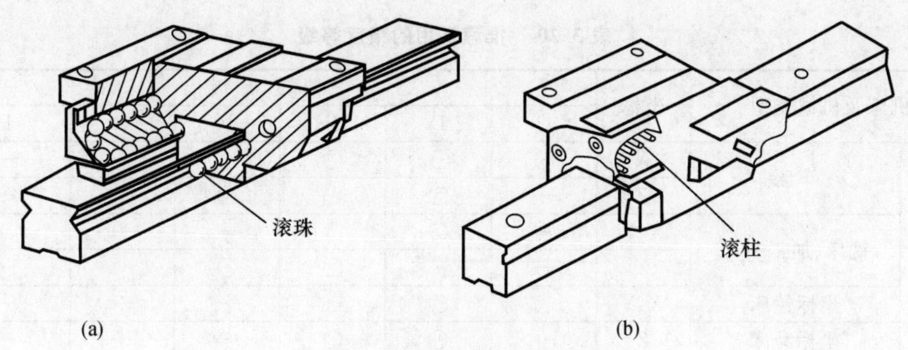

图 3-35　直线滚动导轨副

(a) 滚珠式　(b) 滚柱式

表 3-19　直线滚动导轨副的结构及特点

导轨截面形状	梯　形	矩　形
滚珠接触的结构形式	θ	θ = 0°　45°　45°
能承受的载荷的方向和大小		
特性	能承受较大的竖直向下载荷； 对竖直向下载荷的精度稳定性好； 运行噪声小	上、下、左、右四方均能承受较大的载荷； 刚度高
用途	电加工机床、各种检测仪器、X-Y 工作台等	加工中心、数控机床、机器人等

表 3-20 推荐采用的精度等级

机床及机械类型		坐标	精度等级					
			C	D	E	F	G	H
数控机床	车床	X	○	○	○	—	—	—
		Z	—	○	○	○	—	—
	铣床、加工中心	X、Y	—	○	○	—	—	—
		Z	—	—	○	○	—	—
	坐标镗床	X、Y	○	○	—	—	—	—
	坐标磨床	Z	—	○	○	—	—	—
	磨床	X、Y	—	○	○	—	—	—
		Z	—	—	○	○	—	—
	电加工铣床	X、Y	○	○	○	—	—	—
		Z	—	○	○	○	—	—
	精密冲裁机	X、Z	—	—	○	○	—	—
	绘图仪	X、Z	—	○	○	—	—	—
	精密十字工作台	X、Z	—	○	○	—	—	—
普通机床		X、Y	—	—	○	○	○	—
		Z	—	—	—	○	○	○
通用机械			—	—	—	○	○	○

（2）设计计算　循环式直线滚动导轨副的承载能力用额定动载荷 C_a 和额定静载荷 C_{oa} 表示。其额定寿命 L 为

$$L = \frac{2 \times l_s \times n_z \times 60 \times L_h}{10^3}$$

式中：L—— 额定寿命(km)；

l_s—— 行程长度(m)；

n_z—— 每分钟往返次数；

L_h—— 单位额定寿命(h)。

额定寿命 L 与额定动载荷 C_a 的关系可表示为

$$L = \left(\frac{f_h f_t f_c f_a}{f_w} \frac{C_a}{P}\right)^{\varepsilon} K$$

式中：C_a—— 额定动载荷 (kN)；

P—— 实际工作载荷 (kN)；

ε—— 指数，滚珠 $\varepsilon = 3$，滚柱 $\varepsilon = 10/3$；

K—— 额定寿命单位，滚珠 $K = 50$ km，滚柱 $K = 100$ km；

f_h—— 硬度系数，$f_h = \left(\frac{\text{滚道实际硬度(HRC)}}{58}\right)^{3.6}$；

f_t—— 温度系数，查表 3-21；

f_c—— 接触系数，查表 3-22；

f_a—— 精度系数，查表 3-23；

f_w—— 载荷系数，查表 3-24。

表 3-21 温度系数 f_t

工作温度 /℃	f_t
≤100	1.00
>100～150	0.90
>150～200	0.73
>200～250	0.60

表 3-22 接触系数 f_c

每根导轨上的滑块数	f_c
1	1.00
2	0.81
3	0.72
4	0.66
5	0.61

表 3-23 精度系数 f_a

精度系数	C	D	E	F	G	H
f_a	1.0	1.0	0.9	0.9	0.8	0.7

表 3-24 载荷系数 f_w

工 作 条 件	f_w
无外部冲击或振动的低速运动场合，速度小于 15 m/min	1～1.5
无明显冲击或振动的中速运动场合，速度小于 60 m/min	1.5～2
有外部冲击或振动的高速运动场合，速度大于 60 m/min	2～3.5

例 3-2 图 3-36 所示为中等精度水平安装的直线滚动支承系统。工作台质量 $m=200$ kg，负载 $P=6$ kN，有效行程 $l_s=1$ m，每分钟往返次数 $n_z=8$，移动速度 $v_s=16$ m/min；常温下运行，无明显的冲击振动，目标寿命 10 年。试设计该导轨。

解 选 E 级精度，各项系数求得为

$$f_h=1,\quad f_t=1,\quad f_c=0.81,\quad f_a=0.9,\quad f_w=1.8$$

寿命按每年工作 300 天，每天两班，每班 8 h，开机率为 0.8 计，有

$$L_h=(10\times300\times2\times8\times0.8)\ \text{h}=38\ 400\ \text{h}$$

$$L=\frac{2l_sn_z60L_h}{1\ 000}=\frac{2\times1\times8\times60\times38\ 400}{10^3}\ \text{km}=36\ 864\ \text{km}$$

计算 4 个滑块的载荷，工作台重力为 2 kN，有

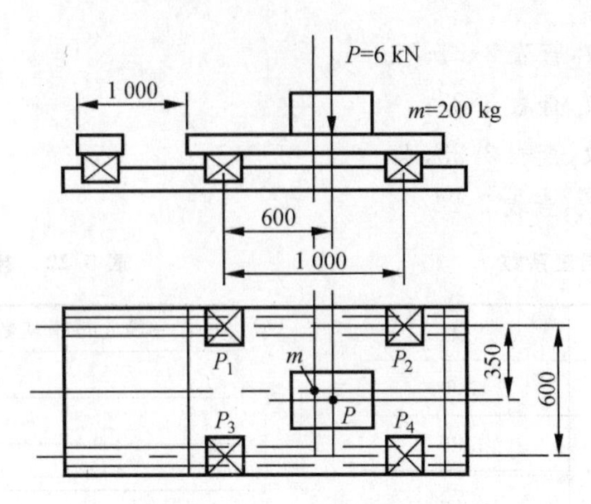

图 3-36　直线滚动支承系统

$$P_1=\left[\frac{2}{4}+\frac{6}{4}-\left(\frac{600-400}{2\times1\ 000}+\frac{350-250}{2\times600}\right)\times6\right]\ \text{kN}=0.902\ \text{kN}$$

$$P_2=\left[\frac{2}{4}+\frac{6}{4}+\left(\frac{600-400}{2\times1\ 000}-\frac{350-250}{2\times600}\right)\times6\right]\ \text{kN}=2.102\ \text{kN}$$

$$P_3=\left[\frac{2}{4}+\frac{6}{4}-\left(\frac{600-400}{2\times1\ 000}-\frac{350-250}{2\times600}\right)\times6\right]\ \text{kN}=1.898\ \text{kN}$$

$$P_4=\left[\frac{2}{4}+\frac{6}{4}+\left(\frac{600-400}{2\times1\ 000}+\frac{350-250}{2\times600}\right)\times6\right]\ \text{kN}=3.098\ \text{kN}$$

取最大值 $P_4=3.098\ \text{kN}$，计算需要的动载荷 C_a 为

$$C_a=\frac{f_w P}{f_h f_t f_c f_a}\sqrt[3]{\frac{L}{50}}=\frac{1.8\times3.098}{1\times1\times0.81\times0.9}\sqrt[3]{\frac{36\ 864}{50}}\ \text{kN}=67.49\ \text{kN}$$

再根据需要的动载荷 C_a，查相关表格选用相应的直线滚动导轨副。

4. 静压导轨

静压导轨的工作原理与静压轴承类似。在两导轨面之间通入具有压力的液体或气体介质，使两导轨面脱离接触。动导轨悬浮在压力油或气体之上运动，摩擦力极小。当受外载作用后，介质压力会因反馈升高，从而承受外载荷。静压导轨有开式和闭式两种，图 3-37 所示为闭式液体静压导轨的工作原理。当工作台受力 P 作用而下降时，间隙 h_3、h_4 增大，h_1、h_2 减小，则流经节流器 3、4 的流量减小，压力降也减小，油腔压力 p_3、p_4 升高，流经节流器 1、2 的流量增大，p_1、p_2 降低。4 个油腔产生向上的支承合力，使工作台稳定在新的平衡位置。若工作台受颠覆力矩 T 的作用，则 h_1、h_4 增大，h_2、h_3 减小，4 个油腔产生反力矩；若工作台受水平力 F 的作用，则 h_5 减小，h_6 增大，左右油腔产生与 F 相反的支承反力。这些都使工作台受载后稳定在新的平衡位置。若只有节流器 1、2，则成为开式静压导轨，不能承受颠覆力矩。

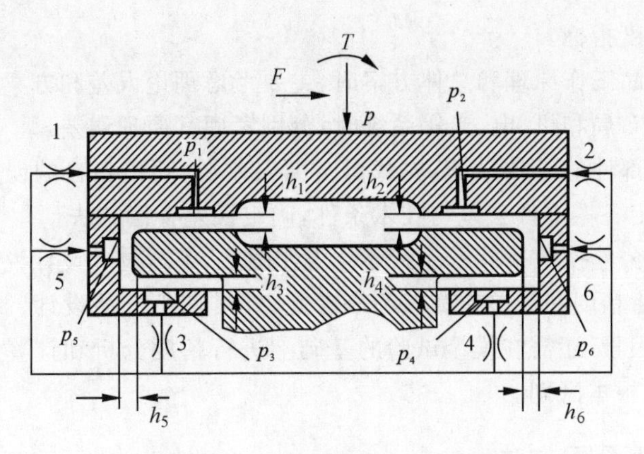

图 3-37 液体静压导轨工作原理

1、2、3、4、5、6— 节流器

在使用静压导轨时，必须保持油液或空气清洁，并且注意防止机械使用处温度的剧烈变化，以免引起液体静压导轨油液黏度变化和气体静压导轨空气压力变化。静压导轨还应有良好的防护措施。

3.4 精密机械的精度设计和误差分配

精密机械精度设计的基本任务是精度分配和误差补偿。精度分配是根据产品允许的总误差，将其经济、合理地分配到各零部件上，并制定各零部件的公差和技术要求。误差补偿的目的是减小或消除部分误差，从而达到总精度的要求。

3.4.1 产品精度分配依据和步骤

1. 精度分配依据

产品精度分配的依据有以下几个方面。

(1) 由产品的使用性能要求和有关精度标准确定其精度指标和总技术条件。

(2) 产品的工作原理(含机、电、光、液、气系统图)、机械结构装配图及有关零部件图。它们提供了误差源的总数，各误差源对产品误差的影响程度，以及误差之间相互补偿的可能性等。

(3) 产品制造厂的技术水平(含加工、装配、检验等水平)，产品使用的环境条件等。

(4) 产品的经济性要求。

(5) 国家、部门、企业的有关公差技术标准。

2. 精度分配步骤

产品精度分配的步骤如下。

(1) 明确总精度指标。

(2) 在构成产品工作原理和总体方案时，主要考虑理论误差和方案误差。

(3) 设计总体布局和机、电、光等系统时，分别考虑其原理误差。

(4) 完成各零部件的结构设计，先找出全部误差源，写出各自的误差表达式，进行总精度计算，然后确定各零部件公差与技术条件，确定误差补偿方法。

(5) 将给定的公差技术条件标注到零件工作图上，编写技术设计说明书。

综上所述，要将精度和误差作为核心来考虑，并贯彻于产品设计、制造和检验的全过程。对重大的影响因素，还需在模型试验的基础上进行精度分析和计算，这是精密设备与非精密设备设计的根本区别。

3.4.2 误差分配方法

$$\text{产品总误差}\ \Delta_s = \text{总系统误差}\ \Delta_e + \text{总随机误差}\ \Delta_{\sum}$$

误差性质不同，其分配方法也不同。

1. 总系统误差

一般来说，系统误差的影响较大而数目较少。如果系统误差仅是某个变量的函数，则可用产品的误差方程表示。例如测长机、长刻机等的系统误差是长度的函数，在不同长度范围内可用不同的总系统误差表达式，如：

当 $l < 100$ mm 时，有 $\Delta_e = \pm\left(1+\dfrac{L}{200}\right)\mu\text{m}$

当 $l > 100$ mm 时，有 $\Delta_e = \pm\left(1+\dfrac{L}{100}\right)\mu\text{m}$

产品设计时，一般要求总系统误差小于或等于 1/3 产品允许的总误差，并以此来制定影响系统误差的公差，待制定随机误差的公差后，再来综合平衡。

2. 随机误差

随机误差的特点是数量多，一般按均方根法来综合。总随机误差 $\Delta_{\sum} = \Delta_s - \Delta_e$。

总随机误差的分配原则有等作用原则和不等作用原则。

(1) 等作用原则　若各零部件误差相等地作用于总随机误差，则每个单项误差 δ_i 为

$$\delta_i = \frac{\Delta_{\sum}}{\sqrt{n+m}}$$

式中：n—— 各零部件的系统误差源个数；

m—— 各零部件的随机误差源个数；

$\Delta_{\sum} \leqslant \dfrac{2}{3}$ 产品允许的总误差。

(2) 不等作用原则　不等作用原则来源于概率论中的不等权测量，即要考虑各项随

机误差的作用系数(即权)P_{ai},每个单项误差 δ_i 为

$$\delta_i = \frac{\Delta_{\sum}}{\sqrt{\sum_{i=1}^{m+n} P_{ai}^2}}$$

一般情况下,P_{ai} 值难以确定,通常根据经验来判断误差源的性质。对难以实现的误差项可适当增大,对容易实现的误差项尽可能缩小。

3.公差调整

按等作用原则分配误差时,由于没有考虑各零部件的实际情况,会造成有的零部件公差偏松,有的零部件公差偏紧,很不经济。

通常在调研制造企业实际工艺水平和使用技术水平的基础上,定出三个方面的公差评定等级,即经济公差极限、生产公差极限和技术公差极限,作为衡量标准。

经济公差极限 —— 在通用设备上,采用最经济的加工方法所能达到的精度。

生产公差极限 —— 在通用设备上,采用特殊工艺装备,不考虑效率因素进行加工所能达到的精度。

技术公差极限 —— 在采用特殊设备(如高精度机床)、实验室良好的条件下,进行加工和检验时所能达到的精度。

有些企业按机床加工精度等级来区分上述三种公差等级,并以机床来保证加工精度。调整公差时,要确定调整对象。一般先调整系统误差、误差传递系数较大的和容易调整的误差项目。对于随机误差的调整,一般要求是:大多数在经济公差极限内,少数在生产公差极限内,个别在技术公差极限内;对于极个别的超过技术公差极限的情况,应采取补偿方法解决。当系统误差的公差等级比随机误差的高,补偿环节少而经济效果显著时,即认为产品是合格的。

通过反复调整仍达不到上述要求的,需考虑更改设计方案。

4.误差补偿

误差补偿是调整公差的一种有效手段。误差补偿方法很多,如工艺补偿方法和设计补偿方法。工艺补偿方法有轴系回转精度的误差抵消、大件导轨精度的综合修刮、坐标定位精度的综合修正等。下面介绍设计补偿方法。

在进行精度设计时,采取措施消除误差或减小误差的影响是一种有效的补偿方法。零部件参数对产品精度的影响可以通过误差值和误差传递系数体现,因而有下列三种补偿方法。

(1) 误差值补偿　这是直接减小误差的方法,其补偿形式有以下三种。

① 分级补偿　将补偿件的尺寸分成几级,通过选用不同尺寸级的补偿件,使误差得到阶梯式的减小,也可通过修磨补偿件的尺寸来达到预期的精度要求。

② 连续补偿　如导轨镶条,可用来连续调整间隙。

③ 自动补偿　采用计算机自动补偿装置，可自动减小或消除某个或一系列系统误差的影响。

(2) 误差传递系统补偿　这是通过函数误差来改变或选择传递系数值，达到减小或消除误差的方法。

(3) 综合补偿　利用机械、电气和光学等技术手段，使可能产生的误差相互削弱或抵消，或者故意引进新的误差，以减小某些误差的影响。如采用公差相关原则、误差平均效应原理、测量基准件独立原理、栅距或电子细分原理和计算机自动补偿原理等进行误差的综合补偿。

3.5 知识扩展

本章内容包括精密机械设备的精度设计和误差分配、机械传动系统及支承部件。通过本章的学习，应该掌握精度设计中的主要原理与原则，了解精度设计中的基本概念，掌握随机误差和系统误差，了解误差的综合和分配，了解数控机床的精度分析和精度指标，掌握机械系统数学模型的建立，掌握机械传动装置设计。

近 30 年来，科学和技术迅速发展，特别是计算机技术和信息技术的发展和应用，使机械产品设计和制造发生了革命性的变化。另外，随着社会进步和人类文明的发展，现代机械产品设计已不能仅考虑产品本身，还要充分考虑对系统和环境的影响。

现代机械的设计是面向市场、面向用户的设计，所谓“面向制造的设计”这种说法是不全面的，“制造”是设计中要考虑的一个重要因素，面向制造的设计是设计全过程中一个不可缺少的组成部分，但绝不是全部。传统的设计主要考虑产品的性能和价格，而现代设计要求对产品进行全寿命周期设计，少维修和免维修已经是产品追求的目标。同时，现代机械系统的设计要面对时变的对象和复杂的系统，许多现代机器实际上就是一个机器人。今后越来越多的机器将具有机器人的特征，而且对这些机器人智能化的要求也将越来越高。以轴承这样一个最简单的机械部件为例，采用主动控制的磁悬浮轴承实际上就是用了一个“支承机器人”。

总之，机械设计已进入现代设计阶段，它要求在继承和发展传统设计的基础上，将各学科有关知识有机地融合在一起，形成一个崭新的设计体系。

习　题

3-1　机电一体化系统中机械部分的特点是什么？

3-2　机电一体化系统中机械部分由哪些机构组成，对各机构的要求是什么？

3-3 产品精度分配的依据是什么？

3-4 常用的传动机构有哪些，各有何特点？

3-5 滚珠丝杠副轴向间隙对传动有何影响？可采用什么方法消除它？

3-6 导向机构的作用是什么？滑动导轨、滚动导轨各有何特点？

3-7 机电一体化系统对支承部件的要求是什么？

3-8 请根据以下条件选择汉江机床厂的HJG-D系列滚动直线导轨。作用在滑座上的载荷 $P_{\Sigma}=18\ 000$ N，滑座数 $M=4$，单向行程长度 $l_{a}=0.8$ m，每分钟往返次数为3，工作温度不超过120 ℃，工作速度为40 m/min，工作时间要求10 000 h以上，滚道表面硬度为60 HRC。

3-9 机床进给机构的设计。

(1) 基本说明 数控机床要求实现三个方向（X、Y、Z方向）的进给，其中X、Y方向进给由工作台的纵向、横向进给机构实现，Z方向进给由主轴的竖直方向进给机构实现。各方向进给均采用直流伺服电动机，经同步带带动滚珠丝杠来获得，并用脉冲编码器作反馈元件，以控制各方向进给的精度。已知纵向进给机构的滚珠丝杠螺母固定在工作台的床鞍上，横向进给机构的丝杠螺母固定在工作台的横向滑板上，竖直方向进给机构的丝杠螺母固定在主轴套筒上。

(2) 原始数据 工作台的最大行程纵向为762 mm，横向为297 mm；主轴套筒竖直方向最大行程为127 mm；进给伺服电动机功率为1.5 kW；进给速度为2.54～2 540 mm/min。

(3) 设计任务 设计机床三个方向进给机构的装配草图。

第4章　伺服系统设计

伺服系统是闭环控制系统，设计的主要理论依据是经典控制理论和现代控制理论，设计方法和内容与普通闭环控制系统的设计相似，第2章所介绍的设计分析方法是本章的基础知识。

本章的主要关注点在于伺服系统的执行器的选择，以及它的驱动和控制技术。伺服系统的执行器种类繁多，有直流伺服电动机、交流伺服电动机、步进电动机、液压缸、液压马达、气压缸等。执行器的驱动和控制手段是多样的，比如，交流伺服电动机的控制，既可采用开环控制，也可采用闭环控制；既可以通过电压控制，也可以通过变频控制；既可以采用模拟仪表控制，也可采用数字芯片控制。本章将以直流伺服电动机、交流伺服电动机和步进电动机为例，介绍伺服执行器常用的驱动和控制技术。

4.1　概　述

4.1.1　伺服系统的基本概念

伺服系统也称随动系统，是一种能够及时跟踪输入给定信号并产生动作，从而获得精确的位置、速度等输出的自动控制系统。

大多数伺服系统具有检测反馈回路，因而伺服系统是一种反馈控制系统。根据反馈控制理论，伺服系统的工作过程是一个偏差不断产生，又不断消除的过渡过程。这种系统需不断检测在各种扰动作用下被控对象输出量的变化，与给定值比较，根据给定值与检测值的偏差信号对被控对象进行自动调节，以消除偏差，使被控对象输出量始终跟踪给定信号。图4-1所示为典型的直流伺服电动机单闭环速度控制框图。控制器根据给定值与速度传感器测量值的偏差输出控制整流触发装置的触发控制角，从而改变直流电动机的电枢电压，控制直流伺服电动机的转速与给定值保持一致。

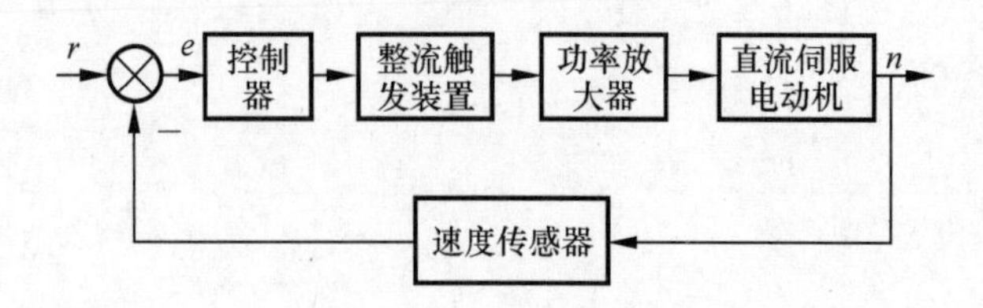

图4-1　直流伺服电动机单闭环速度控制框图

4.1.2 伺服系统的分类

伺服系统的分类方法很多。如按被控量的不同可以将伺服系统分为位置伺服系统、速度伺服系统，其中最常见的是位置伺服系统，如数控机床的伺服进给系统等。从设计的角度选择伺服系统方案，主要包括控制方式和执行器及其驱动的确定。

按照控制方式，可将伺服系统分为开环、闭环、半闭环系统。开环伺服系统中无检测反馈元件，结构简单，但精度较低；闭环伺服系统精度高，但结构复杂；半闭环伺服系统的检测反馈元件位于机械执行装置的中间某个部位，将大部分机械构件封闭在反馈控制环之外，性能介于开环和闭环伺服系统之间。

根据执行器使用的动力源，可以将伺服系统分为电气伺服系统、液压伺服系统和气动伺服系统等几种类型。

1. 电气伺服系统

电气伺服系统具有高精度、高速度、高可靠性、易于控制等特点。电气伺服系统包括控制用电动机、压电元件、电磁铁等。其中电动机和电磁铁常作为执行元件。对控制用电动机的要求除了稳速运转之外，还要求具有良好的加、减速性能。

电气伺服系统通过电力变换部件将电源电力传输至电动机，控制电动机运动，驱动机械负载，从而实现机械负载的点位、速度、位置和力矩的伺服控制功能。

2. 液压伺服系统

液压伺服系统主要包括做往复运动的油缸、液压马达等。目前，世界上已开发了各种数字式液压执行元件，例如电-液步进电动机具有精度高、定位性能好、使用方便等优点。

液压伺服系统主要特点如下。

(1) 功率大　液压系统一般采用油液作为传递力的介质，可传递高达 25 ～30 MPa 的压力，因而可输出很大的功率和力。

(2) 控制性能好　由于高压油液可压缩性极小，因而与相同体积或功率的其他驱动系统相比，液压系统的时间常数小，可实现各种运动的无级调速和缓冲定位，实现连续轨迹控制。

(3) 维修方便　液压系统中的油液本身能进行自润滑，有利于延长使用寿命，发生驱动故障时，维修比电气伺服系统简便。

3. 气动伺服系统

气动伺服系统是采用压缩空气作为动力的伺服系统。传递力的介质是空气，具有价格低廉等优点，被广泛应用。

气动伺服系统主要有以下特点。

(1) 成本低　由于采用空气作为传递力的介质，因而不需要介质费用，同时因传递压力低，气压驱动装置和管路的成本比液压驱动装置低。

(2) 输出功率和力较小,体积较大。

(3) 控制稳定性差　空气可压缩性大,阻尼效果差,低速不易控制,而且运动的稳定性不好,控制精度不高。

(4) 清洁、安全,结构简单,维修方便。

在伺服系统设计中,当控制方式确定后,主要关注的是执行器及其驱动装置,控制器等设计内容在其他相关书籍中介绍。

4.2　伺服系统中的执行器及其控制

执行器是一种能量转换装置,它可把从电源、液压、气压等动力源获得的能量转换成旋转运动或直线运动的机械能。根据使用能量的不同,主要有电气式、液压式和气压式三种类型。电气式执行器以电能作为动力,把电能转换为位移或角位移等。电气式执行器相对液压式和气压式而言,具有操作简便、适宜编程、响应快、伺服性能好、易与微机连接等优点,因而成为机电一体化系统中最常用的执行元件。而在电气式执行器中,电动机是使用最广泛的执行器。因此本节将重点讨论直流伺服电动机、交流伺服电动机和步进电动机这三种类型的电气执行器及其控制,并对目前应用较多的舵机予以介绍。

4.2.1　直流伺服电动机

1. 直流伺服电动机的分类、结构和原理

直流伺服电动机的分类方式很多。按励磁方式可分为他励式、并励式、串励式和复励式,其中他励式包括永磁式直流伺服电动机。按结构可分为传统型和低惯量型。传统型直流伺服电动机的结构形式与普通直流电动机相同,都由主磁极、电枢铁芯、电枢绕组、换向器、电刷装置等组成,只是容量和体积要小很多。相对于传统型直流伺服电动机,低惯量型直流伺服电动机的机械时间常数小,电动机的动态性能得以改善,常见的有空心杯形转子直流伺服电动机、盘式电枢直流伺服电动机和无槽电枢直流伺服电动机。

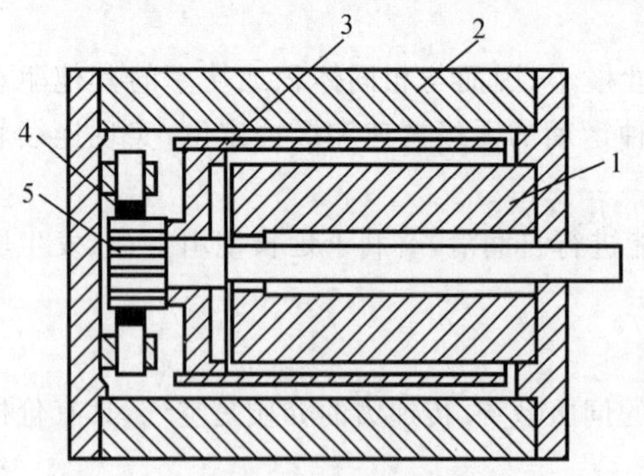

图 4-2　空心杯形转子直流伺服电动机结构简图

1— 内定子;2— 外定子;3— 空心杯电枢;4— 电刷;5— 换向器

图 4-2 所示为空心杯形转子直流伺服电动机结构简图,其中定子部分包括一个外定子和一个内定子:外定子可由永磁钢制成;内定子由软磁性材料制成,仅作为磁路的一部分,以减少磁阻。空心杯电枢上的绕组可采用印制绕组,也可先绕成单个成形绕组,

然后将它们沿圆周轴向排列成空心杯形，再用环氧树脂固化。空心杯电枢直接装在电动机轴上，在内、外定子间的气隙中旋转。电枢绕组接在换向器上，由电刷引出。

直流伺服电动机的原理和普通直流电动机是相同的，其基本原理是主磁极的励磁线圈在直流电源下产生恒定磁场，当电枢绕组两端接上直流电源时，在电枢绕组中就有直流电流，因而电枢绕组在磁场的作用下受到电磁力矩而带动转子旋转，这种旋转要靠电刷对电枢绕组电流的不断换向来维持。如果改变电枢电流的大小和方向，就会改变直流伺服电动机的转速和方向。

2. 直流电动机的静态特性

直流伺服电动机的工作原理如图 4-3 所示。假设电刷位置在磁极间的几何中线上，忽略电枢回路电感，则根据图中给出的正方向，电枢回路的电压方程式为

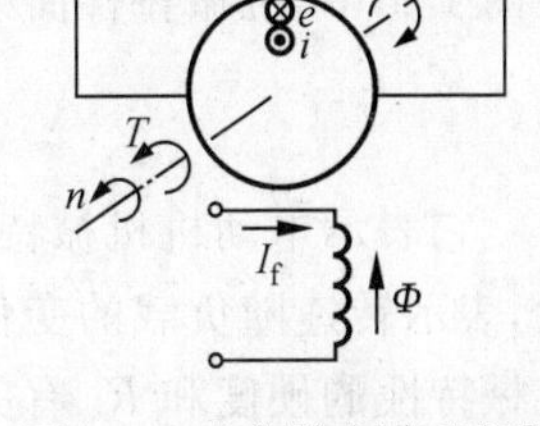

图 4-3 电枢控制直流伺服电动机工作原理

$$E_a = U_a - I_a R_a \tag{4-1}$$

式中：E_a—— 反电动势；

U_a—— 电枢电压；

I_a—— 电枢电流；

R_a—— 电枢电阻。

当磁通 Φ 恒定时，电枢绕组的感应电动势与转速成正比，即

$$E_a = K_e n \tag{4-2}$$

式中：$K_e = C_e\Phi$，C_e 为常数。当 Φ 恒定时，K_e 也为常数，表示单位转速（每分钟一转）下所产生的电势。

当磁通 Φ 恒定时，电动机的电磁转矩与电枢电流成正比，即

$$T = K_t I \tag{4-3}$$

式中：$K_t = C_t\Phi$，C_t 为常数。当 Φ 恒定时，K_t 也为常数，表示单位电枢电流所产生的转矩。

把式(4-2)、式(4-3) 代入式(4-1) 便可得到直流伺服电动机的转速公式，即

$$n = \frac{U_a}{K_e} - \frac{R_a}{K_e K_t} T \tag{4-4}$$

由转速公式便可得到直流伺服电动机的机械特性和调节特性公式。

1) 机械特性

机械特性是指电枢电压恒定时，电动机的转速随电磁转矩变化的关系，即 $n = f(T)$。

当电枢电压一定时，转速公式为

$$n = n_0 - \frac{R_a}{K_e K_t} T \tag{4-5}$$

式中：$n_0 = \dfrac{U_a}{K_e}$ 为直流伺服电动机在 $T = 0$ 时的转速，故称理想空载转速。

式(4-5)称为直流伺服电动机的机械特性公式。以转速 n 为纵坐标，电磁转矩 T 为横坐标，即可作出直流伺服电动机的机械特性曲线。它是一条略向下倾斜的直线。随着电枢电压 U_a 增大，电动机的机械特性曲线平行地向转速和转矩增加的方向移动，但它的斜率保持不变，是一组平行的直线，如图 4-4 所示。

机械特性曲线与横轴的交点为电动机发生堵转($n=0$)时的转矩，即电动机的堵转转矩 T_k，有

$$T_k = \frac{K_t}{R_a}U_a$$

在图 4-4 中，机械特性曲线的斜率的绝对值为

$$|\tan\alpha| = \frac{R_a}{K_e K_t}$$

它表示电动机机械特性的硬度，即电动机转速 n 随转矩 T 变化而变化的程度。斜率大，表示转速随负载的变化大，机械特性软；反之，机械特性硬。从机械特性公式可以看出，机械特性的硬度和 R_a 有关，R_a 越小，电动机的机械特性越硬。在实际的控制中，往往需对伺服电动机外接放大电路，这就引入了放大电路的内阻，使电动机的机械特性变软，在设计时应加以注意。

2）调节特性

调节特性是指电磁转矩恒定时，电动机的转速随控制电压变化的关系，即 $T=$ 常数时，$n=f(U_a)$。

根据式(4-4)，可画出直流伺服电动机的调节特性曲线，如图 4-5 所示。它们也是一组平行的直线。

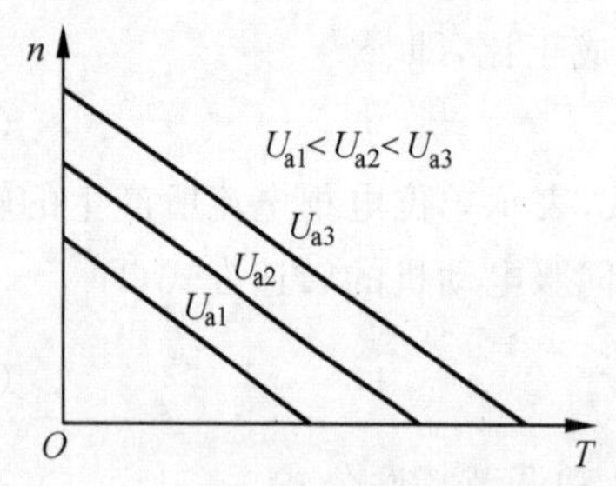

图 4-4　直流伺服电动机机械特性

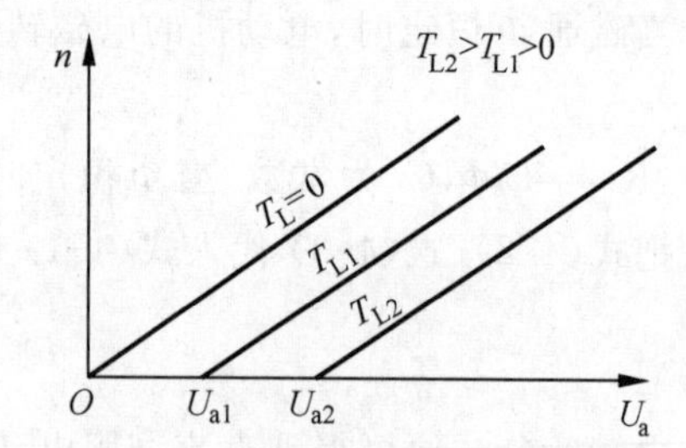

图 4-5　直流伺服电动机调节特性

当电动机转速 $n=0$ 时，有

$$U_a = \frac{R_a}{K_t}T$$

它对应调节特性曲线与横轴的交点，表示电动机在某一负载转矩下的始动电压。当负载转矩一定时，电动机的电枢电压必须大于始动电压，电动机才能启动，并在一定的转速下运行；如果电枢电压小于始动电压，则直流伺服电动机产生的电磁转矩小于启动转矩，

电动机不能启动。所以，在调节特性曲线上从原点到始动电压点的这一段横坐标所示的范围，称为在某一电磁转矩值时伺服电动机的失灵区。

3. 直流电动机的动态特性

电枢控制时，直流伺服电动机的动态特性是指电动机的电枢电压突变时，电动机转速从一种稳态到另一种稳态的过渡过程，即 $n = f(t)$。

当电枢电压突然改变时，由于电枢绕组有电感，因此电枢电流不能突变，这时电枢回路的电压方程为

$$U_a = R_a I_a + L_a \frac{\mathrm{d}I_a}{\mathrm{d}t} + E_a \tag{4-6}$$

式中：L_a—— 电枢绕组电感。

另外，电枢电压突变将引起电枢电流变化，因此电磁转矩也会发生变化，电动机的转速同样将发生变化。由于电动机和负载都有转动惯量，转速不能突变，则电动机的运动方程为

$$T - T_L = J \frac{\mathrm{d}\omega}{\mathrm{d}t}$$

式中：T_L—— 负载转矩和电动机空载转矩之和。

若 $T_L = 0$，则

$$T = J \frac{\mathrm{d}\omega}{\mathrm{d}t} \tag{4-7}$$

把式(4-2)、式(4-3)、式(4-6) 和式(4-7) 联立求解，便得到

$$U_a = \frac{R_a J}{K_t} \frac{\mathrm{d}\omega}{\mathrm{d}t} + \frac{L_a}{K_t} \frac{\mathrm{d}^2\omega}{\mathrm{d}t^2} + K'_e \omega \tag{4-8}$$

式中：$K'_e = \frac{60}{2\pi} K_e$，为常数。

对式(4-8) 两端作拉普拉斯变换，便可得到直流伺服电动机的传递函数为

$$F(s) = \frac{\tau_i \tau_j K_t}{L_a J(\tau_i s + 1)(\tau_j s + 1)} = \frac{\frac{L_a}{R_a} \frac{R_a J}{K_t K'_e} K_t}{L_a J(\tau_i s + 1)(\tau_j s + 1)} \tag{4-9}$$

式中：τ_i—— 电动机的机械时间常数，$\tau_i = \frac{R_a J}{K_t K'_e}$；

τ_j—— 电动机的电气时间常数，$\tau_j = \frac{L_a}{R_a}$。

通常，电枢绕组的电感很小，所以电气时间常数也很小。机械时间常数比电气时间常数大很多，因此往往可以忽略电气时间常数的影响，即令 $\tau_j = 0$，这时有

$$F(s) = \frac{1}{\tau_i s + 1} \cdot \frac{1}{K'_e}$$

机械时间常数的大小表示了电动机过渡过程的长短，反映了电动机转速随电压信号

变化的快慢程度，是伺服电动机的一项重要指标。

4. 直流电动机的速度控制

1）直流电动机的调速方法选择

根据直流电动机的转速公式，即

$$n=\frac{U_a}{K_e}-\frac{R_a}{K_e K_t}T$$

可知其调速方法有三种：调阻、调磁和调压。

(1) 改变电枢回路电阻(即改变R_a)　改变电阻R_a的值，可以通过在电枢回路上串联或并联电阻的方法实现。这种调速方法只能使转速往下调。如果电阻R_a能连续变化，电动机调速也能平滑进行。由于这种方法是通过增加电阻损耗来改变转速的，因此调速后的效率降低了。这种方法经济性差，应用受到限制。

(2) 改变磁场磁通Φ　由于电动机在额定励磁电流工作时，磁路已接近饱和，再增大磁通Φ就比较困难，一般都是采用减小磁通Φ的办法调速。这种调速方法只能在他励电动机上进行，通过改变励磁电压来实现。根据式(4-5)，由于$K_e=C_e\Phi$，$K_t=C_t\Phi$，可知机械特性的斜率与磁通的平方成反比，机械特性迅速恶化，因此其调速范围不能太大。

(3) 改变电枢电压U_a　改变电枢电压后，机械特性曲线是一簇以U_a为参数的平行线，因而在整个调速范围内特性较硬，可以获得稳定的运转速度，所以调速范围较宽，应用广泛。

2）直流电动机脉宽调制(pulse width modulation，PWM)调速

改变电枢电压可以对直流电动机进行速度控制，调压的方法有很多种，其中应用最广泛的是采用PWM的方法。PWM有两种驱动方式，一种是单极性驱动方式，另一种是双极性驱动方式。

(1) 单极性驱动方式　当电动机只需要单方向旋转时，可采用此种方式，原理如图4-6(a)所示。其中VT是用开关符号表示的电力电子开关器件，VD表示续流二极管。当VT导通时，直流电压U_a加到电动机上；当VT关断时，直流电源与电动机断开，电动机电枢中的电流经VD续流，电枢两端的电压接近零。如此反复，得到电枢端电压波形$u=f(t)$，如图4-6(b)所示。这时电动机平均电压为

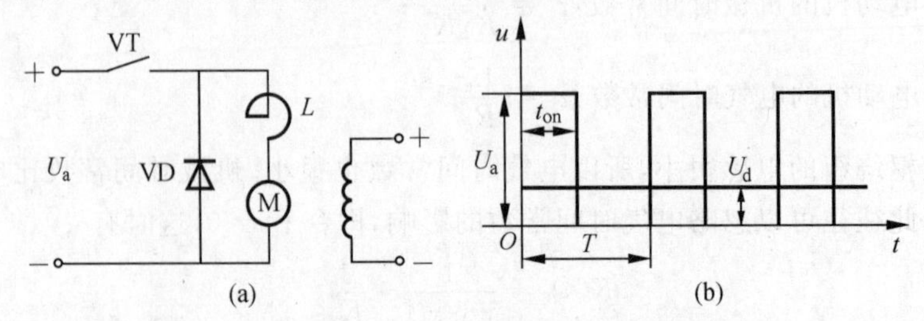

图4-6　直流伺服电动机单极性驱动原理及波形

$$U_d = \frac{t_{on}}{T} U_a = \rho U_a \tag{4-10}$$

式中：T—— 功率开关器件的开关周期(s)；

t_{on}—— 开通时间(s)；

ρ—— 占空比。

从式(4-10)可以看出，改变占空比就可以改变直流电动机两端的平均电压，从而实现电动机的调速。这种方法只能实现电动机单向运行的调速。

采用单极性 PWM 控制的速度控制芯片有很多，常见如 Texas Instruments 公司的 TPIC2101 芯片，它是控制直流电动机的专用集成电路，它的栅极输出驱动外接 N 沟道 MOSFET 或 IGBT。用户可利用模拟电压信号或 PWM 信号调节电动机速度。

图 4-7 所示为 TPIC2101 芯片应用的一个例子。TPIC2101 的 GD 输出脚接在一个 IRF530 NMOS开关管的栅极，以低侧驱动方式驱动电动机，VD1(MBR1045)是续流二极管；外接供电电源是 V_{bat}；MAN 和 AUTO 输入端接外电路；当 AUTO 端输入时，TPIC2101 处于自动模式，自动模式接收 0% ～ 100%PWM 信号；当 MAN 端输入时，TPIC2101 处于手动模式，手动模式接收 0 ～ 2.2 V 差动电压信号。

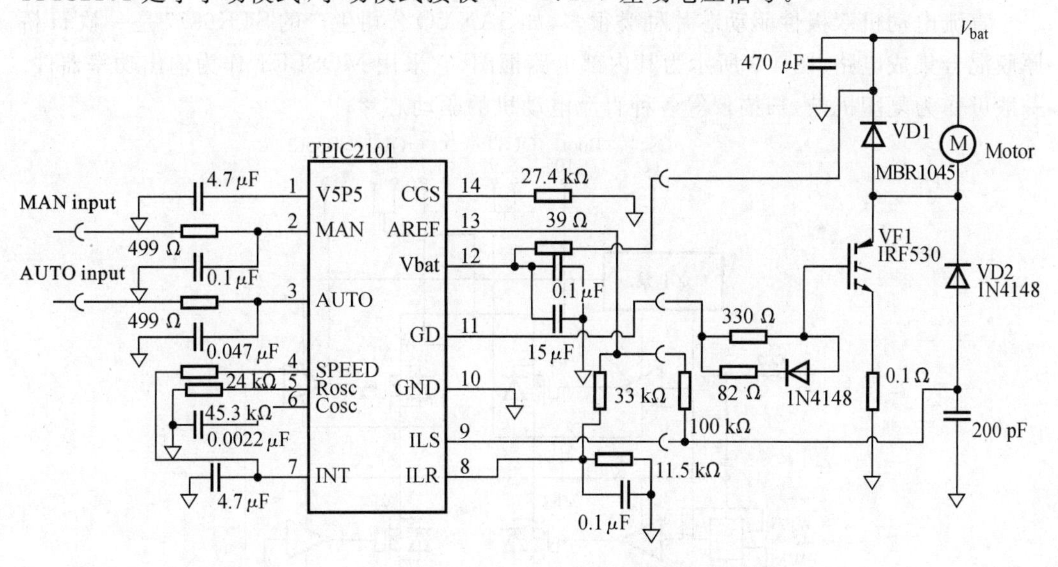

图 4-7　TPIC2101 的应用电路

(2) 双极性驱动方式　这种驱动方式不仅可以改变电动机的转速，还能够实现电动机的制动、反向。这种驱动方式一般采用四个功率开关构成 H 桥电路，如图 4-8(a) 所示。

VT1 ～ VT4 四个电力电子开关器件构成了 H 桥可逆脉冲宽度调制电路。VT1 和 VT4 同时导通或关断，VT2 和 VT3 同时通断，使电动机两端承受 $+U_s$ 或 $-U_s$。改变两组开关器件的导通时间，就可以改变电压脉冲的宽度，得到的电动机两端的电压波形如图4-8(b)所示。

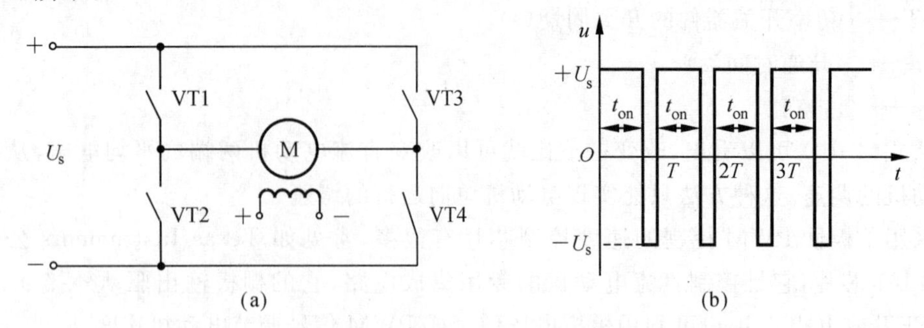

图 4-8　直流伺服电动机的双极性驱动原理及波形

如果用 t_{on} 表示VT1和VT4导通时间，开关周期为 T，占空比为 ρ，则电动机电枢两端平均电压为

$$U=\frac{t_{on}}{T}-\frac{T-t_{on}}{T}U_s=\left(\frac{2t_{on}}{T}-1\right)U_s=(2\rho-1)U_s \tag{4-11}$$

直流电动机双极性驱动芯片种类很多，如SANYO公司生产的STK6877是一款H桥厚膜混合集成电路，图4-9所示为其内部电路框图，它采用MOSFET作为输出功率器件。一般可作为复印机鼓、扫描仪等各种直流电动机的驱动芯片。

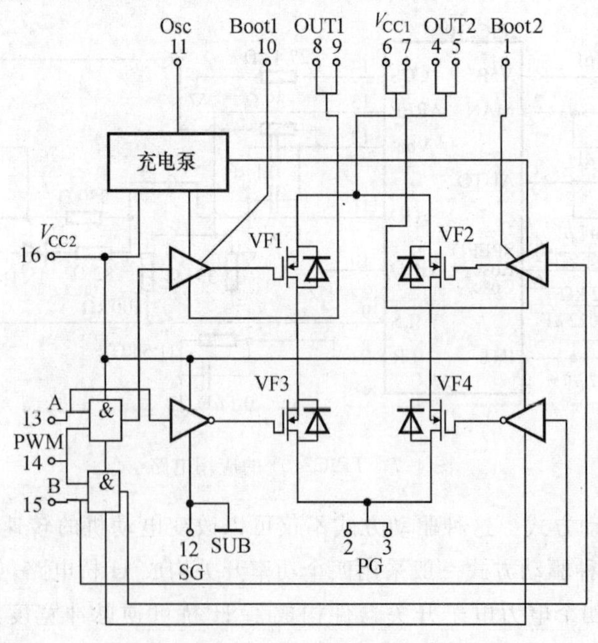

图 4-9　STK6877 内部结构

图 4-10 所示为 STK6877 的应用电路。输入端是 A、B、PWM。A、B 不同状态的组合，实现不同的功能。如 A 为高电平且 B 为低电平表示电动机处在正向旋转状态；A 为低电平且 B 为高电平表示电动机处于反向旋转状态。

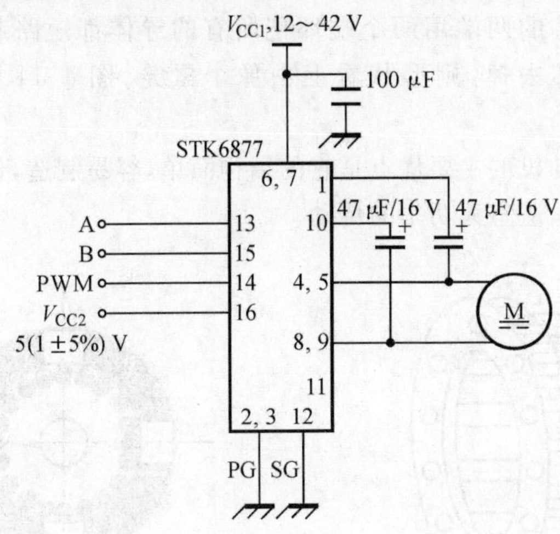

图 4-10　STK6877 的应用电路

4.2.2　交流伺服电动机及控制

交流电动机是把交流电能转换为机械能的一种执行机构。与直流电动机相比，交流电动机具有结构坚固、容易维护、适应各种安装环境、能够承受高速旋转等许多直流电动机所没有的优点。

1. 交流伺服电动机的分类、结构及特点

交流伺服电动机按定子所接电源的相数可分为单相交流伺服电动机、两相交流伺服电动机和三相交流伺服电动机。交流伺服电动机按转子转速可分为异步伺服电动机和同步伺服电动机。

交流异步伺服电动机正常工作时是以低于同步转速的速度旋转的。这里所说的同步转速和加在电动机绕组的电源频率有着固定的关系，即

$$n_1 = \frac{60f_1}{p} \tag{4-12}$$

式中：n_1—— 交流异步伺服电动机的同步转速(单位为 r/min)；

f_1—— 加在电动机绕组上的电源的频率；

p—— 异步电动机的极对数(即定子磁场 N 极和 S 极的对数)。

交流异步伺服电动机的结构分为定子和转子两大部分。定子铁芯中安放定子绕

组，产生所需的磁场。交流异步伺服电动机的转子可分为鼠笼式和绕线式，以鼠笼式居多。

鼠笼式转子的绕组与定子绕组大不相同。在转子的每个槽里放着一根导体，每根导体都比铁芯长，在铁芯的两端用两个端环把所有的导体都短路起来，形成一个自己短路的绕组。如果把铁芯去掉，则形状看上去像个鼠笼。图 4-11 所示为鼠笼式转子示意图。

交流异步伺服电动机的主要优点是它的结构简单，容易制造，价格低廉，运行可靠，坚固耐用，运行效率较高，适宜大功率的传动。

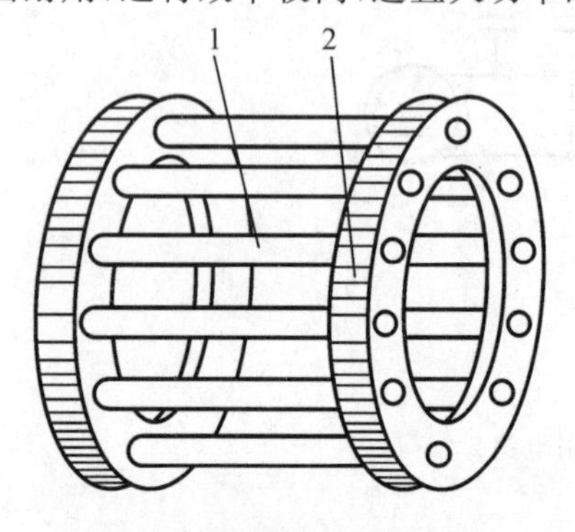

图 4-11 鼠笼式转子示意图

1— 鼠笼条；2— 短路环

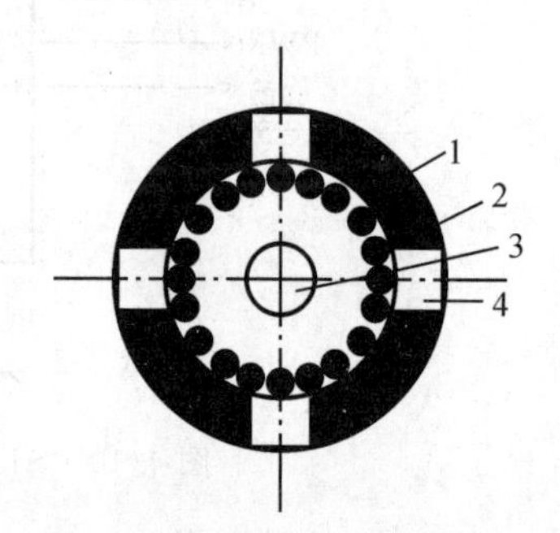

图 4-12 永磁式同步伺服电动机转子（径向）结构

1— 永磁体；2— 转子导条；3— 转轴；4— 非磁性材料

同步伺服电动机是以同步转速旋转的。交流同步伺服电动机也由定子和转子两部分组成。同步伺服电动机的定子结构与一般异步电动机相同。按转子结构的不同，同步伺服电动机可分为永磁式、磁阻式和磁滞式三种。图 4-12 所示为永磁式同步伺服电动机的转子结构。从图中可以看出，这种同步伺服电动机的转子用的是永磁体，作用是把转子带入同步转速，转子导条是为了解决启动问题。如果在电动机转轴上装有一台转子位置监测器，由它发出信号来控制同步电动机的供电频率，这样可以构成无刷直流电动机。

本节重点讨论交流异步伺服电动机。

2. 交流异步伺服电动机的工作原理

交流异步伺服电动机的工作原理如图 4-13 所示。转子和磁场之间的相对运动产生电磁转矩，使转子跟随磁场转动。在交流异步伺服电动机中，定子电流用于产生所要求的旋转磁场，相当于永磁体。三相异步伺服电动机要求每相定子绕组有效匝数相同，并且在空间中互相间隔 120°。当对每相绕组通入幅值相同、相位互差 120° 的正弦电流时，则三相电流将产生一个旋转的磁场。对于两相绕组，要求每相定子绕组有效匝数相同，空间互相间隔 90°。当每相绕组通入幅值相同、相位互差 90° 的正弦电流时，也能产生旋转磁场。

这里磁铁的转速就是前面提到的同步转速。鼠笼式转子是以低于同步转速的速度运行的。通常，同步转速 n_1 与电动机转子转速 n 之差与同步转速 n_1 的比值称为转差率，用 s 表示，有

$$s=\frac{n_1-n}{n_1} \tag{4-13}$$

式中：s—— 一个无量纲的数，它的大小能反映电动机转子的转速。

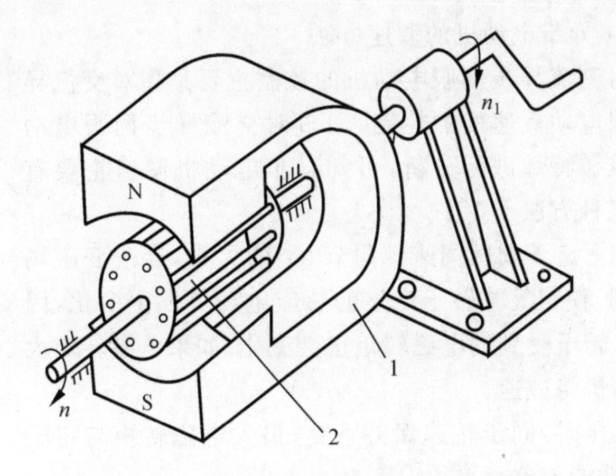

图 4-13　交流异步伺服电动机工作原理
1— 旋转磁铁；2— 鼠笼式转子

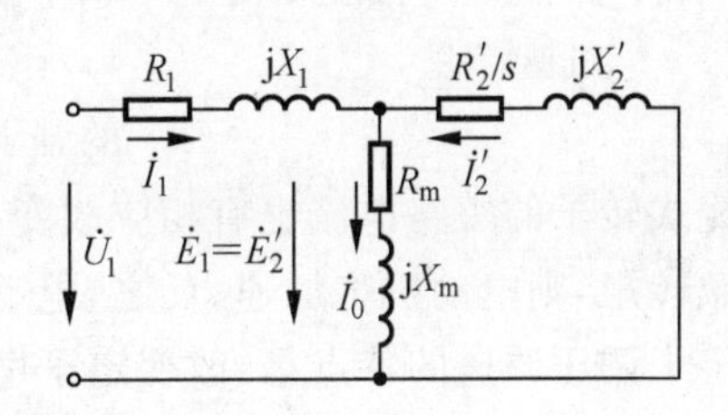

图 4-14　交流异步伺服电动机数学模型

3. 交流异步伺服电动机的数学模型和机械特性

图 4-14 所示为三相交流异步伺服电动机某一相的数学模型。其中，R_1、X_1 为定子相绕组的漏电阻、漏电抗；R'_2/s、X'_2 为转子相绕组等效的电阻、漏电抗；R_m、X_m 为等效励磁电阻、励磁电抗。一般情况下，X_m 要比漏电抗大得多，励磁电流 $\dot{I}_0$ 很小。

根据建立的交流异步伺服电动机的数学模型和功率关系，可以得到它的机械特性。

交流异步伺服电动机的机械特性指的是在定子电压、频率和参数固定的条件下，电磁转矩 T 与转速 n（或转差率 s）之间的关系，即

$$T=\frac{mpU_1^2\,\dfrac{R'_2}{s}}{2\pi f_1\left[\left(R_1+\dfrac{R'_2}{s}\right)^2+(X_1+X'_2)^2\right]} \tag{4-14}$$

式中：m—— 定子绕组相数；

p—— 极对数；

U_1—— 定子电压；

f_1—— 电源频率；

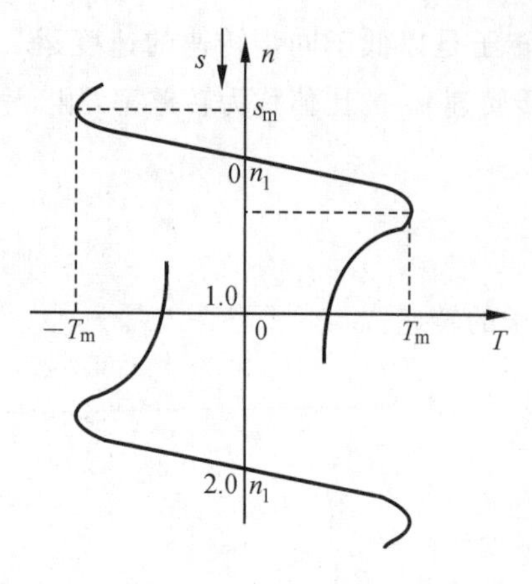

图 4-15　三相异步伺服电动机机械特性

R_1、X_1、R'_2/s、X'_2—— 分别为定子侧电阻、漏电抗、转子侧等效电阻、等效漏电抗。

式(4-14)表示的就是交流异步伺服电动机的机械特性，该式忽略了励磁阻抗的影响。三相异步伺服电动机的机械特性如图 4-15 所示。

4. 交流异步伺服电动机的控制

1）异步电动机的调速方法

对交流异步伺服电动机的控制主要是指对交流异步伺服电动机速度的控制。通过对交流异步伺服电动机的机械特性进行分析，可知异步电动机调速主要有以下三种方法。

(1) 定子调压调速　调节 U_1 的大小，会改变磁场的强弱，使鼠笼式转子产生的感应电动势发生变化，因而鼠笼式转子的短路电流也有相应改变，转子受到的电磁转矩也会变化。如果电磁转矩大于负载转矩，则电动机将加速；反之，电动机将减速。

定子调压调速的特点是：改变定子电压时，同步转速保持不变；最大电磁转矩与定子电压的平方成正比；定子电压越低，调速性能越差。

(2) 转子串电阻调速　这种方法是改变转子的电阻调速。从机械特性来看，电磁转矩与转子等效电阻有非线性的关系，改变它的大小会改变电磁转矩的值，从而实现调速。

转子串电阻调速的特点是：调速范围不大；调速的平滑性不好，很不经济。

(3) 变频变压调速　从机械特性看，电磁转矩和电源频率有一定的关系，因此改变电源频率也可以实现调速。从原理上看，改变电源频率必然会使同步转速改变，因此转子转速也要发生相应变化。

在异步电动机中，若忽略定子绕组的漏阻抗压降，则电源电压 V_1 与定子的感应电动势 E_1 相等，即

$$V_1 \approx E_1 = 4.44 f_1 \cdot N_1 \cdot \Phi$$

式中：f_1—— 电源频率；

N_1—— 定子绕组的有效匝数；

Φ—— 气隙每极基波磁通量。

若 V_1 不变，当 f_1 减少时，Φ 必然增大，使磁路饱和，励磁电流上升，这是不允许的。因此在改变频率调速的同时，也要改变电源电压的值，以维持电动机磁通不变，应保证

$$\frac{V_1}{f_1} = 常数$$

变频变压调速具有很好的调速性能，因此这种调速方法用途广泛。

2）变频变压器

异步电动机的变频变压调速需要能够同时控制频率和电压的交流电源，而电网提供的是恒压恒频的电源，因此应该配置变频变压器。目前，市场上有各种具有变频变压功能的变频器产品可供选用。

从整体结构上看，变频变压器可分为交-直-交和交-交两大类。前者由于在恒频交流电源和变频交流输出之间有一个中间直流环节，因此又称为间接式的变频变压器；后者不经过中间过程，因此又称为直接式变频变压器。

交-直-交型变频变压器主要由整流器、滤波器、功率逆变器和控制器等部分组成。

图4-16所示的交-直-交型变频变压器采用三相二极管桥式整流电路，可把交流电变成直流电。由于采用大容量的电容滤波，因此直流回路电压平稳，输出阻抗小，构成了电压型的变频器。功率逆变器由大功率开关晶体管组成，把直流电变成频率可控的交流电。目前广泛采用PWM(pulse width modulation)控制方式。控制器主要由单片机组成，其作用是根据给定转速，控制开关晶体管的导通时间，从而改变输出电压的频率和幅值，达到调节交流电动机速度的目的。

3）正弦波脉宽调制(SPWM)控制方式

(1) SPWM控制的基本原理　采样控制理论中有一个重要结论：冲量相等而形状不同的窄脉冲加在具有惯性的环节上时，其效果基本相同。这里的冲量指的是脉冲的面积。根据这个原理，如图4-17(a)所示，我们可以先把正弦波的正半周分割成五等份，这样就可以把正弦波看成由五个彼此相连的脉冲所组成的波形。这些脉冲宽度相等，而幅值不等。如果把上述脉冲序列用同样数量的等幅而不等宽的脉冲序列代替，就可得到图4-17(b)所示的脉冲序列。像这种脉冲的宽度是按正弦规律变化而和正弦等效的PWM波形，称为SPWM(sinusoidal PWM)波形。

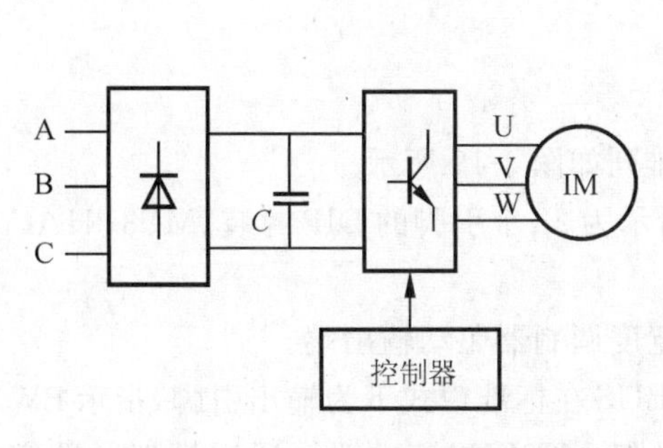

图4-16　交-直-交型变频变压器原理图

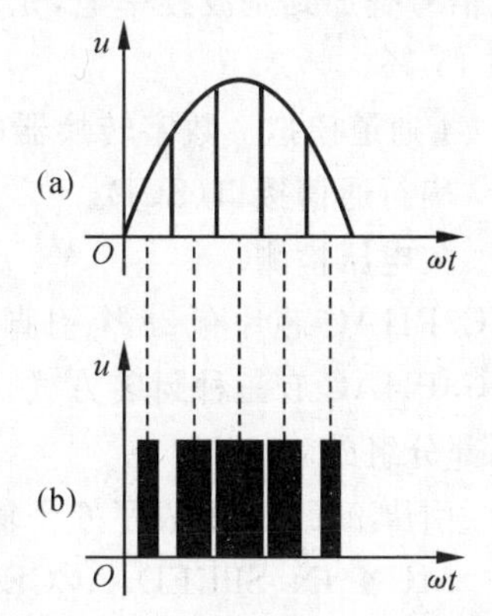

图4-17　SPWM基本原理

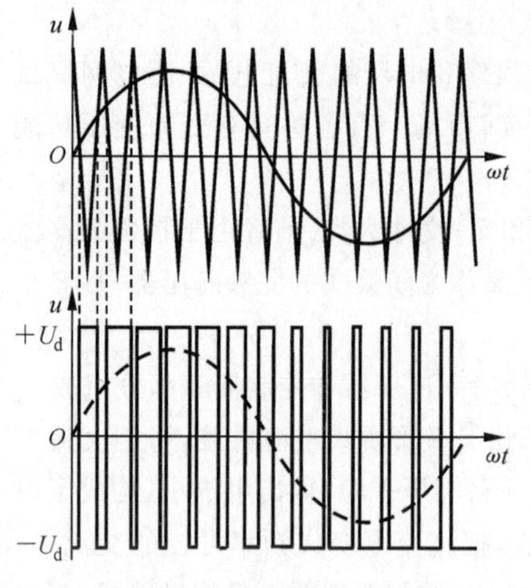

图 4-18　双极性 SPWM 波形

（2）SPWM 的实现　以正弦波作为逆变器输出的期望波形，以频率比期望波高得多的等腰三角形作为载波，并用频率和期望波相同的正弦波作为调制波，当调制波与载波相交时，由它们的交点确定逆变器开关器件的通断时刻。如图 4-18 所示，当调制波高于三角波时，输出满幅度的高电平 $+U_d$；当调制波低于三角波时，输出满幅度的低电平 $-U_d$。

图 4-18 所示的 SPWM 为双极性，即输出 $+U_d$、$-U_d$ 两种电平。除此之外还有单极性输出 $\pm U_d$ 和 0 三种电平。

通常产生 SPWM 的方法主要有两种：一种是利用微处理器计算查表得到，它常需复杂的算法；另一种是利用专用集成电路（ASIC）来产生 PWM 脉冲，不需或只需少许编程，使用起来较为方便。如交流电动机微控制器集成芯片 MC3PHAC。这是 MOTOROLA 公司生产的高性能智能微控制器集成电路，它是为满足三相交流电动机变速控制系统需求专门设计的。

该器件主要有如下特点。

- V/F 速度控制：MC3PHAC 可按需要提升低速电压，调整 V/F 速度控制特性。
- DSP（数字信号处理器）滤波。
- 32 bit 运算，速度分辨率达 4 mHz，高精度操作得以平滑运行。
- 6 输出脉宽调制器。
- 三相波形输出：MC3PHAC 产生控制三相交流电动机需要的 6 个 PWM 信号。三次谐波信号叠加到基波频率上，充分利用总线电压，与纯正弦波调制相比较，最大输出幅值增加 15 %。
- 4 通道模拟 / 数字转换器（ADC）。
- 串行通信接口（SCI）。
- 欠电压检测。

MC3PHAC 芯片有 28 个引脚，其引脚排列如图 4-19 所示。

MC3PHAC 有三种封装方式，图 4-19 所示为 28 个引脚的 DIP 封装。MC3PHAC 主要由下列部分组成。

- 引脚 9 ～ 14 组成了 6 个输出脉冲宽度调制器驱动输出端。
- MUX_IN、SPEED、ACCEL 和 DC_BUS 在标准模式下为输出引脚，指示 PWM 的极性和基频；在其他情况下为模拟量输入引脚，MC3PHAC 内置 4 通道模拟 / 数字转换器（ADC）。

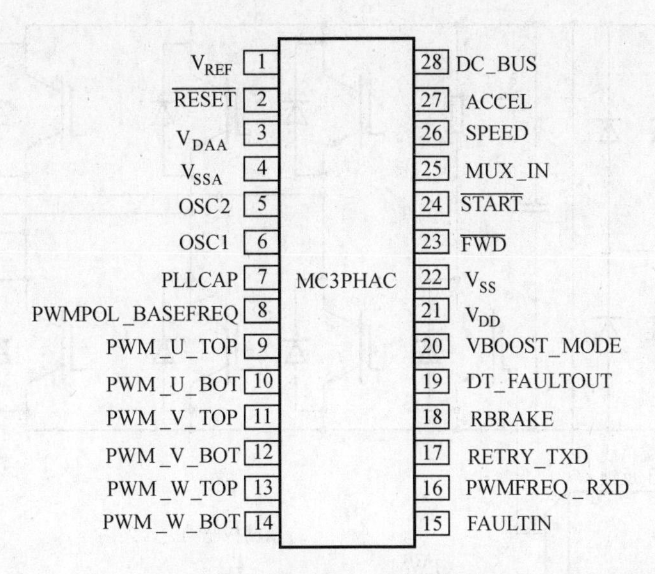

图 4-19 MC3PHAC 芯片引脚排列

- PWMFREQ_RXD、RETRY_TXD 为串行通信接口引脚。
- OSC1 和 OSC2 组成了锁相环(PLL)系统振荡器。
- 低功率电源电压检测电路。

MC3PHAC 实现的三相交流电动机的控制功能如下。

- V/F 开环速度控制。
- 正 / 反转。
- 启 / 停控制。
- 系统故障输入。
- 低速电压提升。
- 上电复位(POR)。

MC3PHAC 的应用连接如图 4-20 所示。它根据输入参数，即速度、PWM 频率、总线电压和加速度等即时输出 PWM 波形，由于 MC3PHAC 输出的电流比较小，不足以驱动功率开关器件，因此它们与功率驱动电路之间还有栅极驱动接口电路，图 4-20 中未示出。常用的有 IR 公司的 IR2085S，MOTOROLA 公司生产的 MC33198。

4.2.3 步进电动机及控制

步进电动机又称脉冲电动机，它接收的是脉冲电信号，每接收一个脉冲，步进电动机相应转过一定的角度。它通常作为数字控制系统的执行元件。图 4-21 所示为步进电动机的功能示意图。

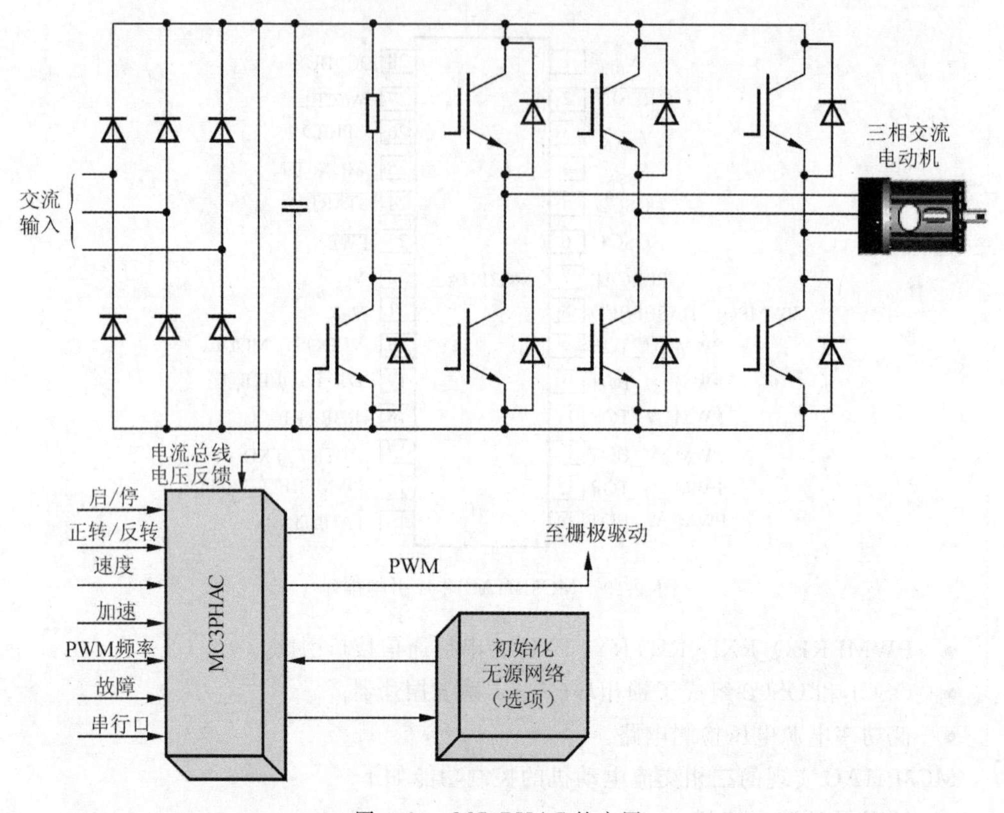

图 4-20　MC3PHAC 的应用

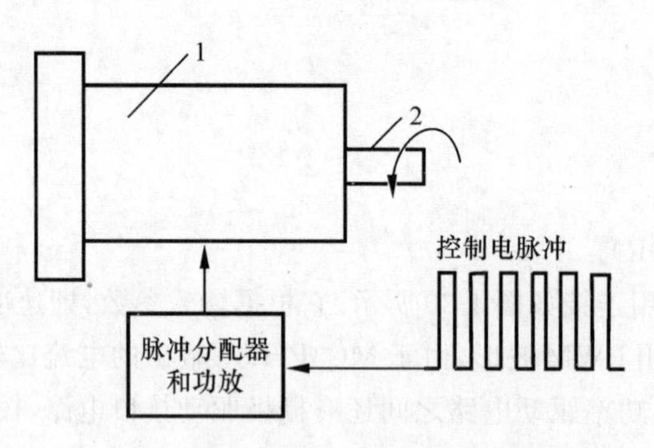

图 4-21　步进电动机功能示意图

1— 步进电动机；2— 输出端

步进电动机的角位移量 θ 与脉冲数成正比，因此它的转速与脉冲频率成正比。在负载能力范围内，这些关系与电源电压、负载大小等因素无关，因此，步进电动机适合用在开环系统中作为执行元件。

1. 步进电动机的分类和结构

步进电动机的种类很多，按运动方式分有直线式步进电动机和旋转式步进电动机；按励磁电源相数可分为两相、三相、四相、五相步进电动机等；按各相绕组的排列方式可分为径向分相式和轴向分相式；步进电动机按力矩产生的原理可分为反应式、永磁式和混合式。

1) 反应式步进电动机

反应式步进电动机是利用凸极转子交轴磁阻和直轴磁阻之差所产生的反应转矩而转动的，所以也称磁阻式步进电动机。图 4-22 所示为三相反应式步进电动机，定子铁芯由硅钢片叠成，定子上有六个磁极（大齿），每个磁极上又有许多小齿。三相反应式步进电动机共有三套定子控制绕组，绕在径向相对的两个磁极上的一套绕组为一相。转子铁芯也由硅钢片叠成，沿圆周有许多小齿。转子上没有绕组。

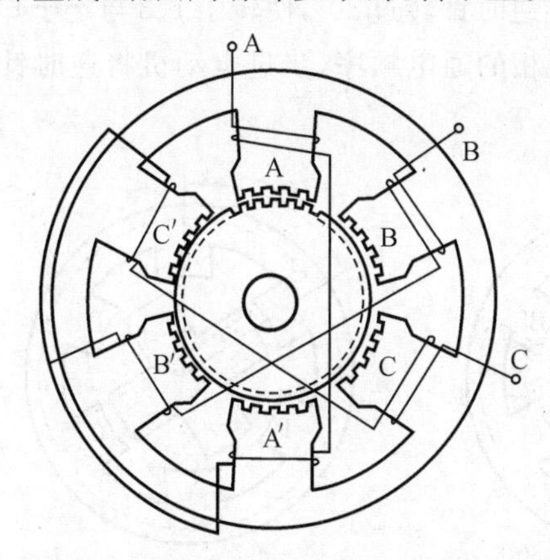

图 4-22　三相反应式步进电动机的结构

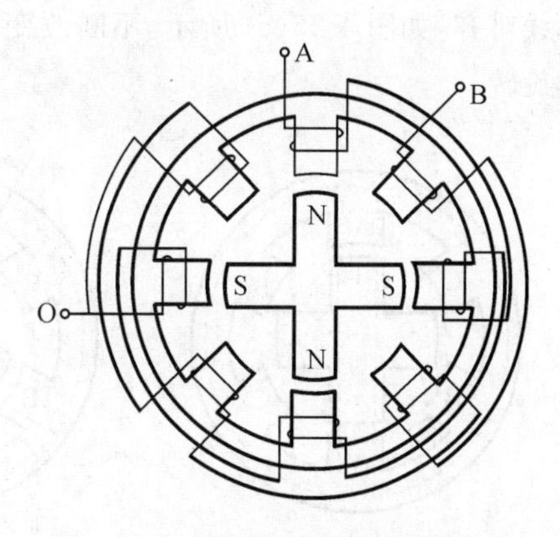

图 4-23　永磁式步进电动机的结构

2) 永磁式步进电动机

图 4-23 所示为永磁式步进电动机结构原理。定子为凸极式，装有两相（或多相）绕组。转子也为凸极式，用永磁钢制成。由定子磁场和转子磁场相互作用来产生转子转矩。当定子绕组按 A、B 两相轮流通电时，转子将产生步距角为 45°的转动。

3) 混合式步进电动机

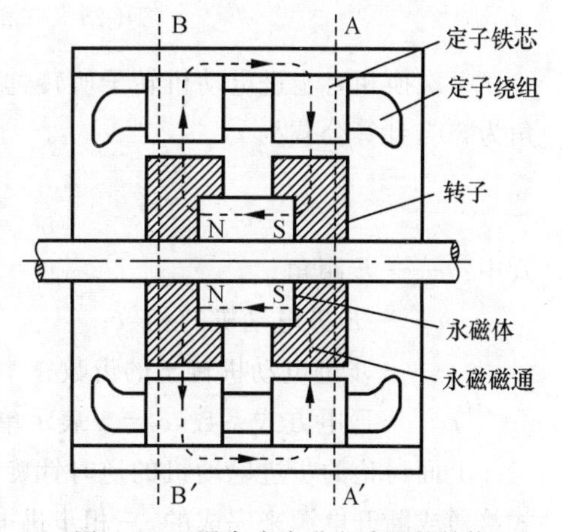

图 4-24　混合式步进电动机的结构

图 4-24 所示为混合式步进电动机的结构。这种步进电动机是反应式和永磁式的复合形式。它的定子结构与反应式步进电动机基本相同，转

子由环形永磁钢和铁芯组成。定子铁芯和转子铁芯上均开有小齿。这种结构既有反应式步进电动机小步距角的特点，又有永磁式步进电动机的高效率。

2. 步进电动机的工作原理

下面以反应式步进电动机为例来说明步进电动机的工作原理。

图 4-25 所示为一台三相反应式步进电动机的原理。定子铁芯为凸极式，共有三对（六个）磁极，每对磁极由一相控制绕组控制，共有三相控制绕组，即 A—A′、B—B′ 和 C—C′。转子也采用凸极结构，只有四个齿。

当 A 相控制绕组通电，而其余两相均断电时，由于磁通具有力图走磁阻最小路径的特点，转子 1、3 被磁极吸引并与定子 A 相轴线对齐，如图 4-25(a) 所示；若 A 相断电，B 相通电，转子在电磁力的作用下，逆时针转动 30°，使转子 2、4 与 B 相轴线对齐，如图 4-25(b) 所示；若再断开 B 相，使 C 相控制绕组通电，转子再逆时针转过 30°，使转子 1、3 与定子 C 相轴线对齐，如图 4-25(c) 所示。不断改变 A、B、C 三相的通电顺序，步进电动机将逆时针连续旋转。

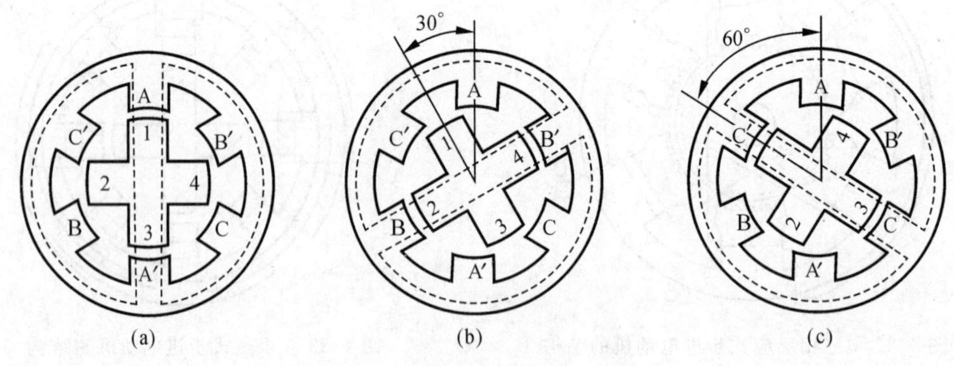

图 4-25　三相反应式步进电动机原理

每次换相时步进电动机转子所转过的角度称为步距角，上面讨论的步进过程，其步距角为 30°，计算公式为

$$\theta=\frac{360^\circ}{cmz} \tag{4-15}$$

式中：θ—— 步距角；

m—— 步进电动机的相数；

z—— 步进电动机转子的齿数；

c—— 通电方式系数，$c=1$ 表示单拍或双拍方式，$c=2$ 表示单 - 双拍方式。

上面讨论的步进电动机的逆时针旋转运动实际上是控制步进电动机相电源以某种方式接通或断开电源来完成的。三相步进电动机有多种通电方式，简单介绍如下。

(1) 三相单三拍通电方式 "三相"指的是三相步进电动机;"单"指的是每次只有一相控制绕组通电;"三拍"指的是三次结束一个循环,第四次又重复第一次的情况。上面说明的是 A→B→C→A 的通电方式,在这种方式下,步进电动机逆时针旋转,步距角为 30°。当通电方式为 A→C→B→A 时,则步进电动机顺时针方向转动,步距角也为 30°。由于在这种方式下每次只有一相绕组通电,在绕组电流切换的瞬间,电动机将失去自锁力矩,容易引起失步;另外,转子到达平衡位置时,由于缺乏阻尼作用,转子到达新的平衡位置时容易产生振荡,稳定性不好。目前这种控制方式较少采用。

(2) 三相双三拍通电方式 这里的"双"指的是每次有两相绕组同时通电。控制绕组的通电方式为 AB→BC→CA→AB 或 AB→CA→BC→AB。由于也是三拍运行,故步距角与单三拍方式相同。这种方式有两相绕组同时通电,一相对转子有吸引作用,另一相则起阻尼作用,当转子到达平衡位置时,由于阻尼的作用,不容易产生振荡,故采用这种方式时电动机工作比较平稳。

(3) 三相单、双六拍通电方式 控制绕组的通电方式为:A→AB→B→BC→C→CA→A 或 A→AC→C→CB→B→BA→A,一相通电和两相通电间隔进行。这种方式是六拍控制,其步距角为 15°。每一拍总有一相控制绕组持续通电,也具有阻尼作用,因此运行平稳。

3. 步进电动机的运行特征

1) 连续运行矩频特性

步进电动机启动后,步进电动机不失步运行的最高频率称为电动机的连续运行频率,它与电动机输出转矩的关系称为连续运行矩频特性。连续运行矩频特性如图 4-26 所示,随着频率的升高,电磁转矩下降。原因主要是控制绕组是呈感性的,它具有延缓电流变化的作用。通常外加脉冲电压都是矩形波,绕组中的电流不可能是矩形波,而是有个过渡过程。当控制脉冲频率升高时,绕组内电流平均值会不断下降,导致步进电动机输出的平均转矩降低。

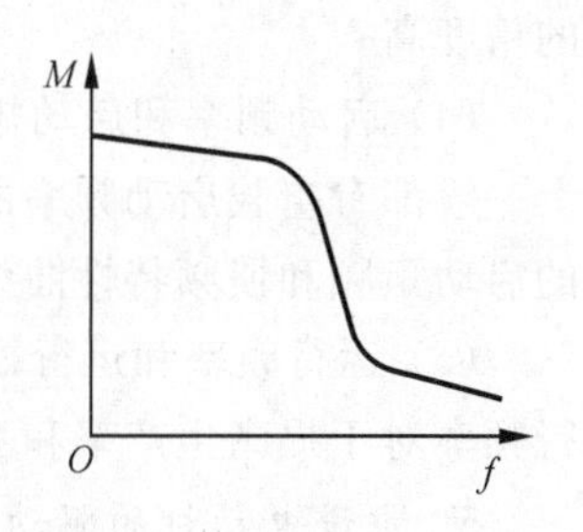

图 4-26 步进电动机连续运行矩频特性

2) 启动矩频特性和惯频特性

在一定负载转矩下,步进电动机不失步地正常启动所能加的最高脉冲控制频率称为启动频率,也称突跳频率。启动频率与负载大小有关,由于步进电动机启动时除了克服负载外,还要克服转子的惯性转矩,因此启动频率一般比运行频率要低。启动频率与负载转矩的关系称为启动矩频特性,如图 4-27 所示。另外,在负载转矩一定时,转动惯量越大,转子速度的增加越慢,启动频率也越低。启动频率与转动惯量之间的关系称为启动惯频特性,如图 4-28 所示。

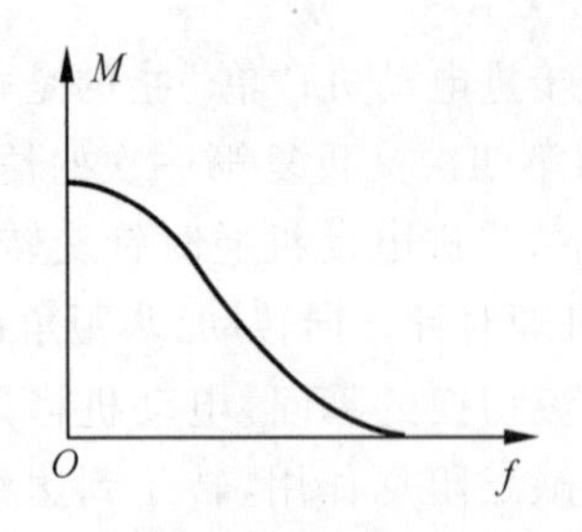

图 4-27　步进电动机启动矩频特性

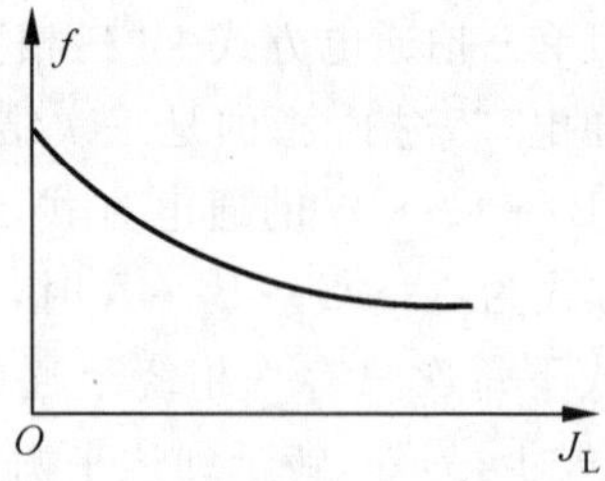

图 4-28　步进电动机启动惯频特性

4. 步进电动机的型号和主要性能指标

(1) 最大静转矩 $T_{\max}$　一般来说，最大静转矩较大的步进电动机，可以带动较大的负载。负载转矩一般取最大静转矩的 30 ％～50 ％。按最大静转矩的值可以把步进电动机分为伺服步进电动机和功率步进电动机。前者输出力矩较小，有时需要经过力矩放大装置来带动负载；功率步进电动机不需要力矩放大装置就能直接带动负载运动。

(2) 步距角 θ　步距角的大小会直接影响步进电动机的启动和运行频率。外形尺寸相同的步进电动机，步距角小的往往启动及运行频率比较高，但转速和输出功率不一定高。

(3) 静态步距角误差 $\Delta\theta$　静态步距角误差是指实际步距角与理论的步距角之间的误差值，常用理论步距角的百分数或绝对值来衡量。若静态步距角误差小，则步进电动机的精度高。

(4) 启动频率和启动矩频特性　启动频率是步进电动机的一项重要指标。产品目录上一般都有空载启动频率的数据。但在实际中，步进电动机大都带负载启动。步进电动机的启动矩频和惯频特性曲线如图 4-27、图 4-28 所示。

(5) 运行频率和运行矩频特性　连续运行频率通常是启动频率的 4 ～ 10 倍。提高运行频率对于提高生产率和系统的快速性有很大的实际意义。

5. 步进电动机的驱动

由于步进电动机接收的是脉冲信号，因此步进电动机需要由专门的驱动电源供电。驱动电源的基本部分包括变频信号源、脉冲分配器和脉冲功率放大器，如图 4-29 所示。

变频信号源是一个频率从几赫兹到几万赫兹连续变化的脉冲信号发生器。脉冲分配

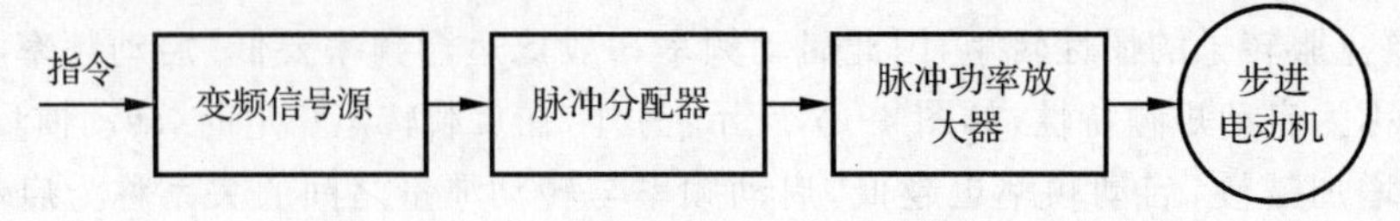

图 4-29　步进电动机驱动示意图

器的作用是根据运行指令把脉冲信号按一定逻辑关系分配到每一相脉冲放大器上，使步进电动机按选定的运行方式工作。它一般由逻辑电路构成。从脉冲分配器输出的电流只有数毫安，不能直接驱动步进电动机，因此在脉冲分配器后需要连接功率放大器。功率放大器是每相绕组一套。

按功率放大器电路不同，步进电动机驱动电路主要可分为单电压电路、双电压电路、恒流斩波电路、细分电路、调频调压电路等。

1）单电压电路

单电压电路即单一电源供电的电路。图 4-30 所示为单电压驱动电路。当有控制脉冲信号输入时，功率管 V 导通，控制绕组有电流流过；否则，功率管 V 关断，控制绕组没有电流流过。

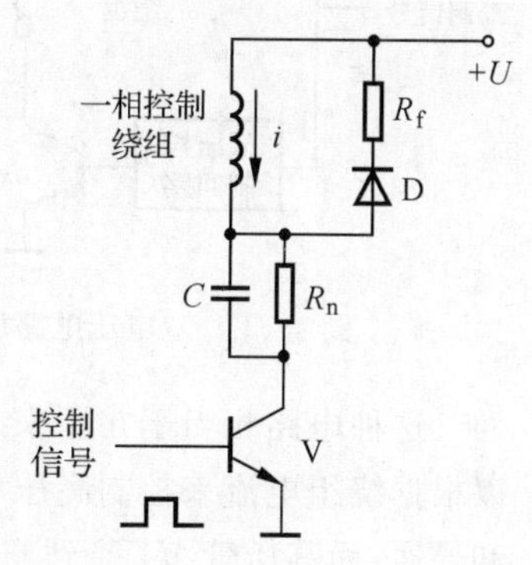

图 4-30 单电压驱动电路

为了减小控制绕组的时间常数，提高步进电动机的动态转矩，在控制绕组中串联电阻 R_n。R_n 同时也起限制电流的作用。电阻两端并联电容 C 是为了改善步进电动机控制绕组电流脉冲的前沿。二极管和电阻 R_f 构成了放电回路，用于限制功率管 V 集电极上的电压和保护功率管 V。

这种电路的最大特点是线路简单，功率元件少，成本低。由于 R_n 要消耗能量，这种电路工作效率低，一般只适用于小功率步进电动机的驱动。

2）双电压电路(高低电压电路)

改善控制绕组中电流的波形，可以采用双电压电路。双电压电路如图 4-31 所示。当输入控制脉冲信号时，功率管 V1、V2 导通，低压电源由于二极管 D1 承受反向电压而处于截止状态，这时高压电源加在控制绕组上，控制绕组电流迅速上升。当电流上升到额定值时，利用定时电路使功率管 V1 关断，V2 仍然导通，控制绕组由低压电源供电，维持其额定电流。

采用双电压电路可以改善输出电流的波形，所以电动机的矩频特性好，启动和运行频率得到了很大的提高。主要缺点是低频运行时输入能量过大，造成步进电动机低频振荡加重，同时电源的容量也增大。

3）恒流斩波电路

恒流斩波电路可以更好地解决绕组电流导通后的平稳性，使得步进电动机在额定电流附近产生最小的脉动。恒流斩波电路是通过对绕组电流的检测，实现对电流大小的控制的，如图 4-32 所示。当绕组电流高于额定值时，关断相应的功率管；当电流低于额定值时，开启相应的功率管。

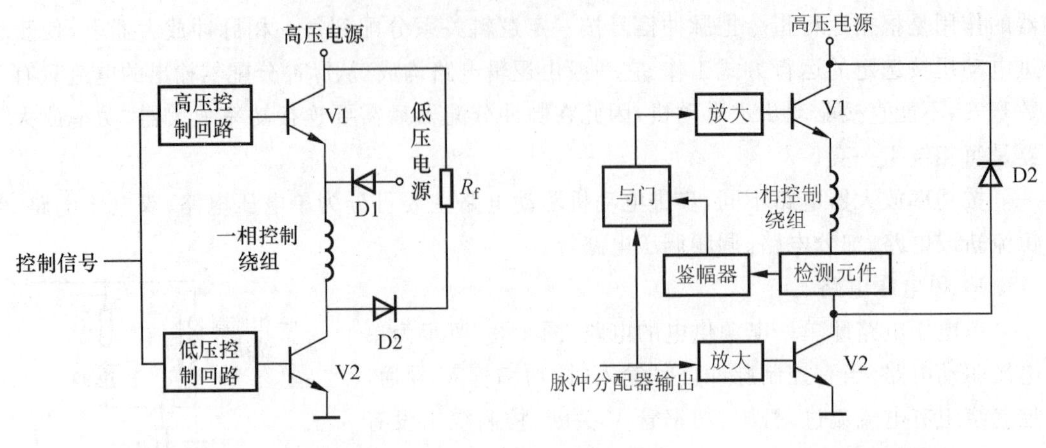

图 4-31　双电压电路原理　　　　图 4-32　恒流斩波电路原理

这种电路相当于在原来的双电压电路基础上多加了一个电流检测控制线路，因而可以根据绕组电流来控制高压电源的接通和断开。当分配器输出脉冲信号时，低压管 V2 饱和导通，而高压管 V1 受到与门输出的限制。如图 4-33 所示，当绕组中的电流小于要求的电流 I_2 时，鉴幅器输出高电平，使与门打开，与门输出经电流放大后迫使 V1 管导通，高压电源输入，绕组电流上升；当电流上升到峰值电流 I_1 时，鉴幅器输出低电平，与门关闭，V1 管截止，高压电源被切断；当电流下降到谷点电流 I_2 时，鉴幅器输出高电平，使 V1 再次导通。这样依靠高压管的多次接通和关断，使绕组电流波形维持在额定值 I_0 附近。

4）细分电路

步进电动机的制造受到工艺的限制，它的步距角是有限的。在实际中，有些系统往往要求步进电动机的步距角必须很小才能满足要求。如数控机床为了提高加工精度，要求脉冲当量为 0.01 mm/ 脉冲，一般的步进电动机驱动方式对此无能为力。为了能满足要求，可以采用细分的驱动方式。所谓细分驱动方式，就是把原来的一步再细分为若干步，使步进电动机的转动近似为均匀运动，并能在任何位置停止。为此，可将原来的矩形脉冲电流改为阶梯波电流，如图 4-34 所示，电流每上一个阶梯，步进电动机转动一个角度，步距角

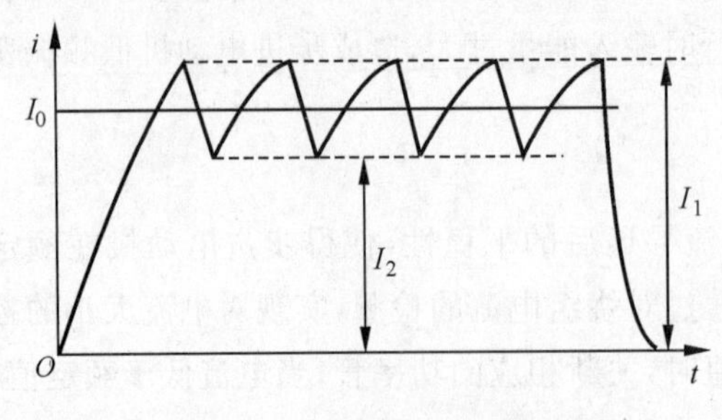

图 4-33　恒流斩波电流波形

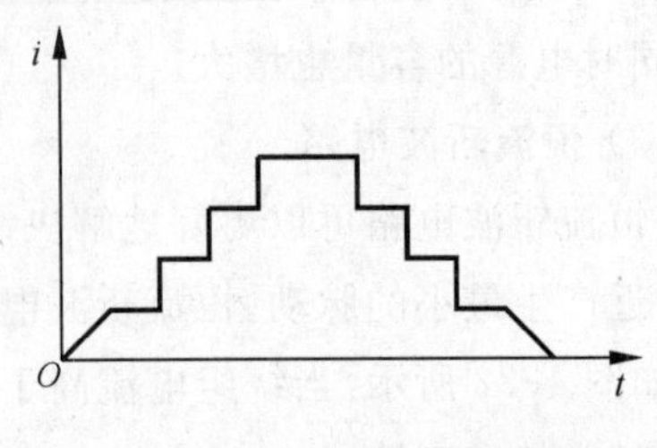

图 4-34　电流细分波形

就减小了很多。

实现阶梯波通常有两种方法：一种是对细分方波先放大后叠加，另一种是对细分方波先叠加后放大。前一种方法将使电路中功率元件增加，但元件容量成倍降低，结构简单，容易调整，适合于中、大功率步进电动机的驱动；后一种方法电路中功率元件少，但元件容量大，适合于小功率步进电动机的驱动。

5）调频调压电路

步进电动机低频时因绕组电流过大易产生振荡，高频时由于注入电流减少而导致转矩下降，因此，理想情况下希望实现低频低压或高频高压。这种方法的思路是：当步进电动机低频运行时调低供电电压，高频运行时调高供电电压，使绕组电压随着电动机的转速变化而变化。

步进电动机驱动电路的另外一种分类方法是根据驱动电流方向分类，可分为单极性驱动电路和双极性驱动电路。在单极性驱动电路中，电流只沿一个方向流过步进电动机绕组，在双极性驱动电路中，电流将会沿两个方向流过步进电动机的绕组。由于步进电动机控制集成电路的发展，步进电动机控制越来越方便，下面就以双极性步进电动机控制芯片为例，介绍集成驱动电路的应用。

双极性驱动芯片LB1945H是SANYO公司产的单片双H桥驱动器，适合于驱动双相步进电动机，采用PWM电流控制，可实现四拍、八拍通电方式的运转，图4-35所示为其内部结构。

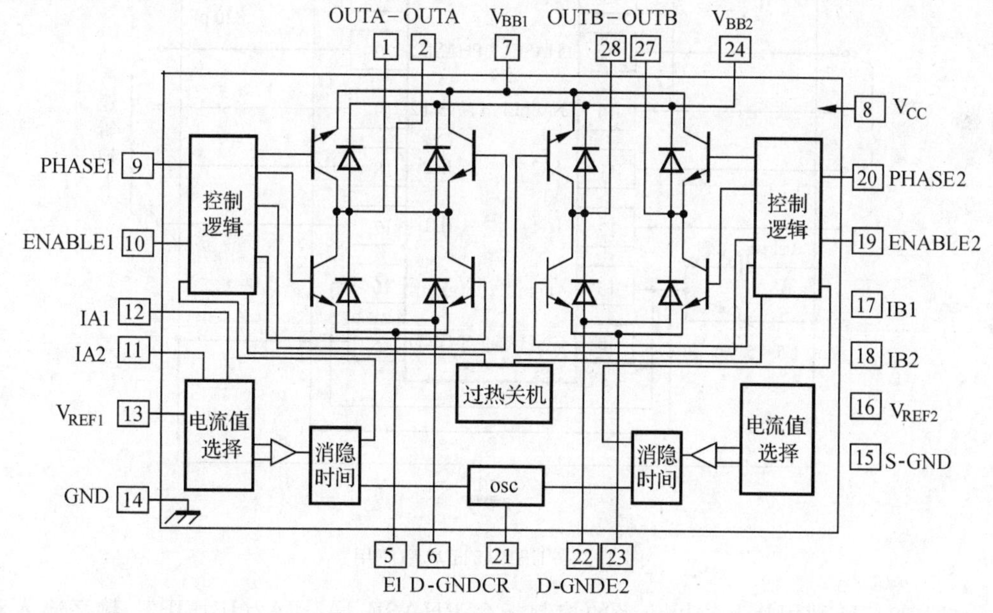

图4-35　LB1945H内部结构

其中：OUTA－、OUTA、OUTB、OUTB－为输出端，接两相步进电动机线圈；PHASE1、PHASE2为输出相选择端，如果为高电平，OUTA＝H，OUTA－＝L，如果为低电平，OUTA＝L，OUTA－＝H；IA1、IA2、IB1、IB2为逻辑输入端，设定输出电流值；V_{REF1}、V_{REF2}为输出电流设定参考电压。LB1945H的典型应用电路如图4-36所示。

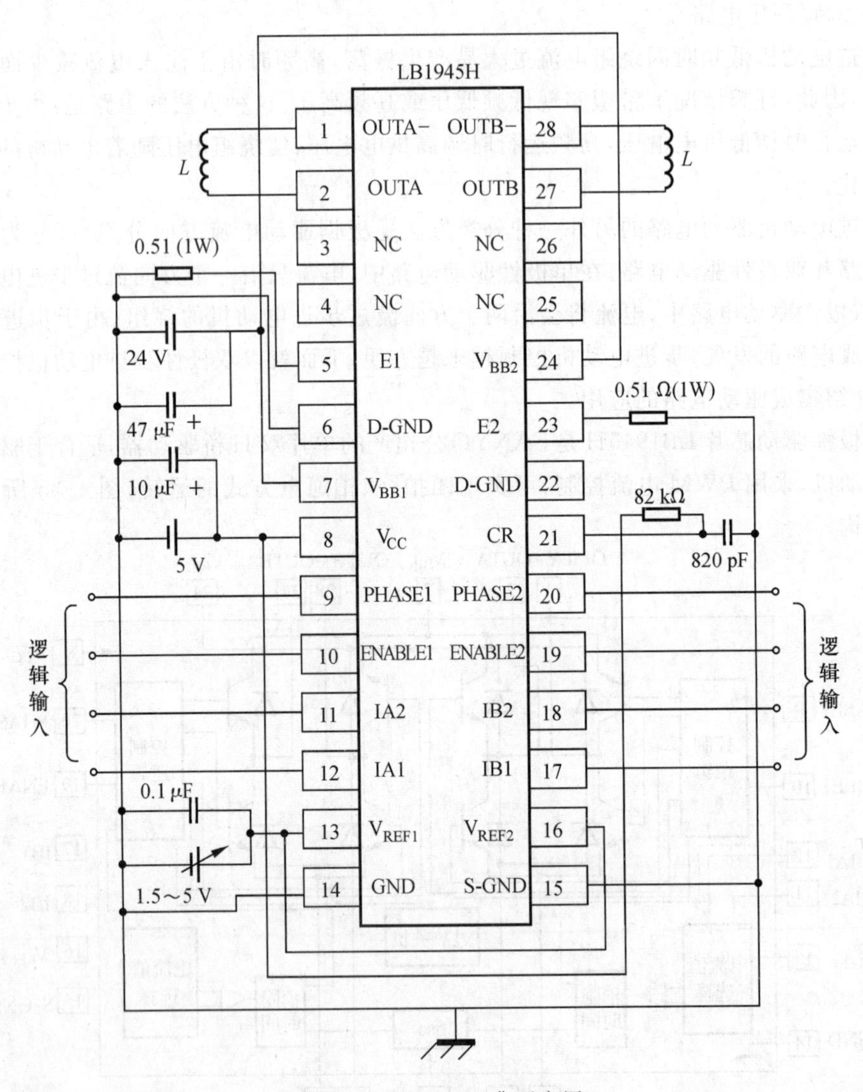

图4-36　LB1945H典型应用

LB1945H利用从上位机传来的控制指令PHASE、IA1、IA2(IB1、IB2)数字输入和

V_{REF1}(V_{REF2})模拟电压输入的不同组合,得到所需要的通电方式和预定的电流值。由PHASE控制H桥输出的电流方向,由IA1、IA2(IB1、IB2)数字输入得到输出电流值比例的四种选择:1、2/3、1/3、0。从V_{REF1}(V_{REF2})输入的模拟电压可在1.5～5 V范围内连续变化。LB1945H从外接传感器电阻R_S获得电流反馈,由PWM电流闭环控制,使输出电流跟踪输入的要求。

4.2.4 舵机及其控制

舵机最早研发应用于飞机、导弹、火箭等飞行器,由于这些现代的飞行器要求其控制系统具有高精度、高灵敏度和高可靠性,因此对舵机的性能提出了更高的要求,促使舵机向着质量、体积不断减小,承载能力不断增强,控制性能不断提高的方向发展。同时,近年来随着航模用具、无人机的不断发展,舵机产品形式不断丰富,其在小型机器人等小型机电系统中得到了更广泛的应用。

舵机是一种位置(角度)伺服驱动器,适用于那些需要角度不断变化并可以保持的控制系统。典型的舵机由直流电动机、减速齿轮组、传感器和控制电路组成。

以某型舵机(见图4-37)为例,PWM信号由接收通道进入信号解调电路(BA6688L)得到一个直流偏置电压。该电压与电位器的电压比较,获得电压差输出至直流电动机驱动集成电路(BAL6686),以电压差的正负决定电动机的正反转。电动机输出轴带动级联齿轮转动,电位器得到级联齿轮的输出轴转角反馈,形成位置控制。

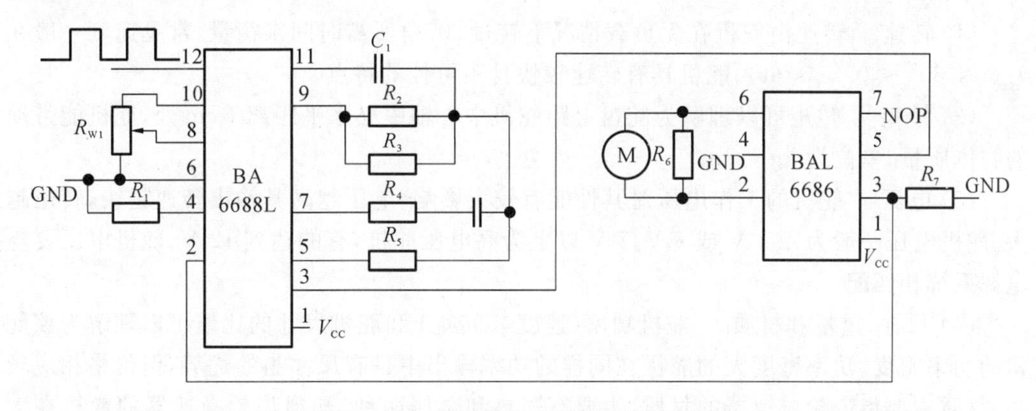

图4-37 某型舵机的内部电路示意图

标准的舵机有三条引线,分别是电源线、地线和控制线。电源线和地线向舵机内部的直流电动机和控制线路提供电力。控制线接入的是一个可调的周期性方波脉冲信号,该信号的周期为20 ms(频率为50 Hz),转角信号通过脉宽调节的方式输入。

该脉冲的高电平部分一般为0.5～2.5 ms,基准信号的宽度为1.5 ms。基准信号对应舵机的中间位置，0.5 ms 和 2.5 ms 则分别对应最小角度和最大角度。脉冲的长短决定舵机转动的角度值。下面以 180° 伺服为例说明角度与脉冲宽度的对应关系，如图 4-38 所示。

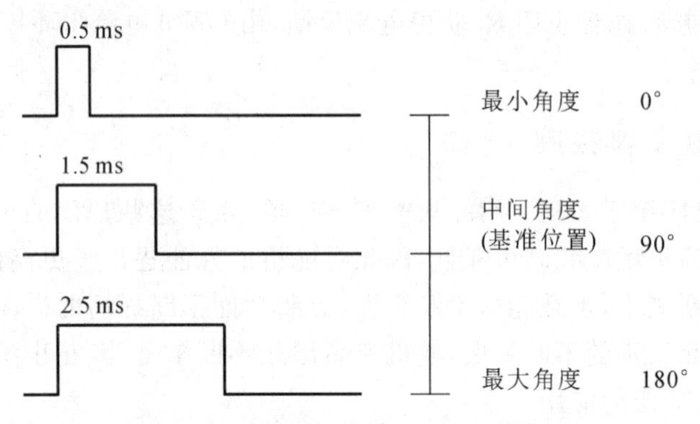

图 4-38　输入脉冲宽度与角度的对应关系

显然，舵机的理想位置控制精度与控制信号编码位数有关。如果控制信号编码为 8 位，仍以 180° 伺服为例，其理想最小位置改变值为 0.703°，对应的最小脉宽变化值为 7.8 μs。实际值要根据输出齿轮结构和电位器精度等因素进行调整，通常要进行测试和规划后确定位置的最小改变值。

舵机的主要性能参数包括转速、转矩、电压、尺寸、重量、材质和安装方式等，舵机选型时应予以综合考虑。

(1) 转速　转速由舵机在无负载情况下转过 60° 角所需时间来衡量。常见速度一般在 0.11 s/60° ～ 0.21 s/60°。舵机具有转速较快且不可控的特点。

(2) 转矩　转矩可以理解为舵盘上距舵机中心轴中心水平距离 1 cm 处，舵机能带动的物体质量，单位为 kg · cm。

(3) 电压　舵机的工作电压对其性能有较大影响，电压越高其输出转速越快，转矩越大。舵机电压一般为 4.8 V 或 6 V。7 V 以上为高电压舵机，有的达到 12 V。舵机电压要与电源系统相匹配。

(4) 尺寸、重量和材质　舵机功率（速度 × 转矩）和舵机尺寸的比值可以理解为该舵机的功率密度。功率密度大的舵机在同样的功率输出中具有尺寸小的优势，但价格相应较高。材质主要指齿轮减速器的材质，主要有塑料和金属两种。塑料齿轮减速器的舵机在大负荷使用时容易发生崩齿；金属齿轮减速器的舵机则可能会因电动机过热发生损毁或外壳变形。

舵机的使用特点主要如下：

(1) 能产生较大的输出力矩；

(2) 能输出足够的偏转角和角速度；

(3) 有足够的快速性；

(4) 输出与输入之间有线性特征。

4.3 伺服系统中执行器的选择

执行器的种类很多，各种类型元件的特性、成本、结构及安装方式都有很大区别。选择何种执行元件，应根据控制方法、成本、工作环境等要求综合考虑。

1. 执行器形式的选择

执行器驱动的执行机构常见的输出主要是直线运动和旋转运动。

1) 直线运动机构执行器的选择

实现直线运动的执行器主要有直线步进电动机、直线电动机、液压缸、气缸。它们都可以直接驱动负载，产生直线运动。直接驱动的优点是：负载与驱动元件直接连接，执行机构比较简单。缺点是直线执行元件种类相对较少，尺寸较大。液压缸和气缸结构比较简单，但需要控制阀、动力源等辅助元件，占地空间较大；液压源噪声较大，也存在环境污染等问题。直线步进电动机和直线电动机体积比较大，价格也比较昂贵。

实现直线运动的另一种方法是采用转动执行器，然后通过中间机构实现直线运动。常见的有电动机丝杠螺母机构，电动机齿轮齿条机构，电动机连杆机构等。这些实现直线运动的方式的主要特点是通过一个中间传动机构将电动机的运动传递给负载。通常中间机构可以实现大的传动比，具有较小的折算惯量，控制性能好。

用电动机实现直线运动时，采用转动电动机比采用直线电动机直接驱动结构紧凑，控制性能好，成本低。对于应用气源方便，对控制精度要求不要，采用开关控制就能满足要求的各类包装机械等，使用气缸驱动比较合理。对于工作环境恶劣，有防爆、防水要求的情况，如化工领域中的应用等，多使用液压缸实现直线运动。

2) 旋转运动机构执行器的选择

实现旋转运动可采用电动机、气压马达或液压马达等执行器。使用气压或液压马达驱动时，一般不使用中间传动机构，将马达轴与负载直接耦合，传动机构简单，结构紧凑。使用电动机驱动时，一般使用较大传动比的减速器，以获得合适的运动速度和负载能力。在相同的负载情况下，液压马达比电动机齿轮机构尺寸小、负载刚度大、快速性好。使用液压马达驱动时，需要使用电液伺服阀和专用的液压动力源，对环境有污染，成本也比较高。使用液压缸通过杠杆机构也可以实现转动。液压缸较液压马达结构简单，成本低，在实际中应用也很普遍。表 4-1 列出了电动机、液压缸及液压马达、气缸等执行器的特点。

表 4-1 常用执行器的主要特点

执行器种类	直流伺服电动机	交流伺服电动机	步进电动机	液压缸及液压马达	气缸
结构形式	直线式、转动式	转动式	直线式、转动式	直线式、转动式	直线式、转动式
工作介质	—	—	—	液压油、水	压缩空气
使用环境	一般工业环境	一般工业环境	一般工业环境	恶劣环境	一般工业环境
功率密度/单位体积	中等	中等	较小	最大	小
输出力矩、输出功率	中等、几百瓦	较大、几千瓦	较小、几十瓦	较大	较小
控制方式	闭环调速控制，闭环位置控制	闭环调速控制，闭环位置控制	开环位置、速度控制	闭环速度、闭环位置控制	开关控制、闭环速度控制、位置控制
与执行机构的匹配方式	直线电动机直接驱动，转动电动机加减速器驱动	直接驱动或加减速器驱动	直接驱动小功率负载，或加减速器驱动	直接驱动	直接驱动
负载特性	直接驱动时，负载刚度较差，加减速器后可获得较好的负载特性	较强的带负载能力	带负载能力较差，启动速度受负载惯量大小的限制	带负载能力强，负载刚度大	带负载能力强，负载刚度差
使用场合	中、小功率伺服驱动系统，如工业机器人、数控机床等	大、中功率伺服驱动系统，如数控机床	小功率驱动系统、自动化仪表驱动	大功率驱动系统，恶劣环境中的驱动系统，如水下机器人	小功率驱动系统，如应用在各种装配生产线
成本	结构工艺复杂，专用功率电源，成本较高	专用交流调速电源，成本较高	开环控制，成本较低	需专用伺服元件、液压站，成本较高	采用通用工业气源，成本较低

2. 电动机功率的确定

1）连续恒定负载运行的电动机功率计算

当电动机在恒负载运行期间温升达到稳定值时，便将其作为连续负载考虑。

电动机功率的计算公式为

$$P = \frac{Tn}{9\,550} \tag{4-16}$$

式中：P—— 电动机的计算功率，单位为 kW；

T—— 折算到电动机轴上的负载转矩，单位为 N·m；

n—— 电动机的额定转速，单位为 r/min。

选用的电动机额定功率必须稍大于或等于计算功率 P 的值。当电动机的使用环境温度与标准的 40 ℃ 相差较大时，电动机的额定功率要计入温度修正系数，例如，当使用环境温度为 45 ℃ 时，电动机的额定功率约下降 5 %，50 ℃ 时约下降 12.5 %。

2）连续周期性变化负载的电动机功率计算

连续周期性变化负载的电动机功率计算常用等效转矩法，其步骤如下。

① 计算并绘制折算到电动机轴上的负载转矩，即

$$T = f(t)$$

② 计算变化负载的等效转矩，即

$$T = \sqrt{\frac{T_1^2 t_1 + T_2^2 t_2 + \cdots}{t_1 + t_2 + \cdots}} = \sqrt{\frac{1}{T_{\mathrm{T}}} \sum_{i=1}^{n} T_i^2 t_i} \tag{4-17}$$

式中：T—— 等效负载转矩，单位为 N·m；

$T_1, T_2, \cdots, T_i$—— 各段负载转矩，单位为 N·m；

$t_1, t_2, \cdots, t_i$—— 各段负载的持续时间，单位为 s；

$T_{\mathrm{T}} = \sum_{i=1}^{n} t_i$—— 负载变化的周期，单位为 s。

首先按负载 T 初选电动机的型号，然后在原转矩图叠加加速阶段的动态转矩 $\frac{GD^2}{375} \cdot \frac{\mathrm{d}n}{\mathrm{d}t}$，这样即可得到实际的转矩图，再按上述计算公式求得电动机的等效转矩。

③ 电动机转矩的校验　当计算的转矩 $T \leqslant T_{\mathrm{N}}$（所选电动机的额定转矩）时，即认为所选电动机型号可用。

该方法适用于电动机转矩与电流成正比的使用场合，不适合用在运行周期内频繁启动 / 制动的笼型异步电动机。

3）短时工作制的电动机功率计算

短时工作制是指电动机的运行时间短，停止时间却很长，电动机的温升达不到稳定值。选择短时工作制的电动机时，首先要校验它的启动转矩是否足够，应把电动机的过载

能力考虑在内。

负载所需的启动转矩为

$$T_s \geqslant \frac{T_{max} K_s}{K_V^2} \tag{4-18}$$

式中：T_s—— 负载所需的启动转矩，单位为 N·m；

T_{max}—— 启动过程中的最大负载转矩，单位为 N·m；

K_s—— 加速所需的动态转矩系数，一般取 1.15 ～ 1.25；

K_V—— 电压波动系数。

如果选用异步电动机，其额定功率应满足以下条件：

$$P_R \geqslant \frac{P_{max}}{0.75\lambda} \tag{4-19}$$

式中：P_R—— 电动机的额定功率，单位为 kW；

P_{max}—— 短时工作的最大负载功率，单位为 kW；

λ—— 电动机的转矩过载倍数。

4）断续工作制电动机的功率计算

断续工作制的周期规定不超过 10 min，其中包括电动机的启动、运行、制动、停止等几个阶段。普通的电动机一般难以胜任如此频繁的操作，必须选择一类专用电动机。断续工作制的电动机以负载持续率 FC(%) 来标定它的额定功率，其 FC 值分别为 15 %、25 %、40 %、60 % 四种。同一电动机在不同的 FC 值下工作，其额定功率是不同的。FC 值越小，则额定功率越大。该类电动机的特点是机械强度高，启动和过载能力很强，适应于频繁工作的运行，但它的机械特性较软，效率稍低。

对于断续工作制的电动机功率的计算，可按运行期间的负载，先计算出所需的功率，其方法如同连续工作制的电动机功率计算一样，然后在产品样本上按实际 FC 值找到所需电动机型号。

4.4 闭环控制的伺服系统设计举例

本节通过一个较完整的伺服系统设计例子，介绍设计的全过程。

例 4-1 对现代军用车辆武器伺服系统进行设计。要求车载武器能及时跟随目标，即稳定目标瞄准线。系统功能框图如图 4-39 所示。

系统的已知条件如下。

武器质量为 2.3 t，转动惯量约为 3 920 kg·m^2，不平衡力矩约为 18 N·m，摩擦力矩为 160 N·m。

主要指标要求如下。

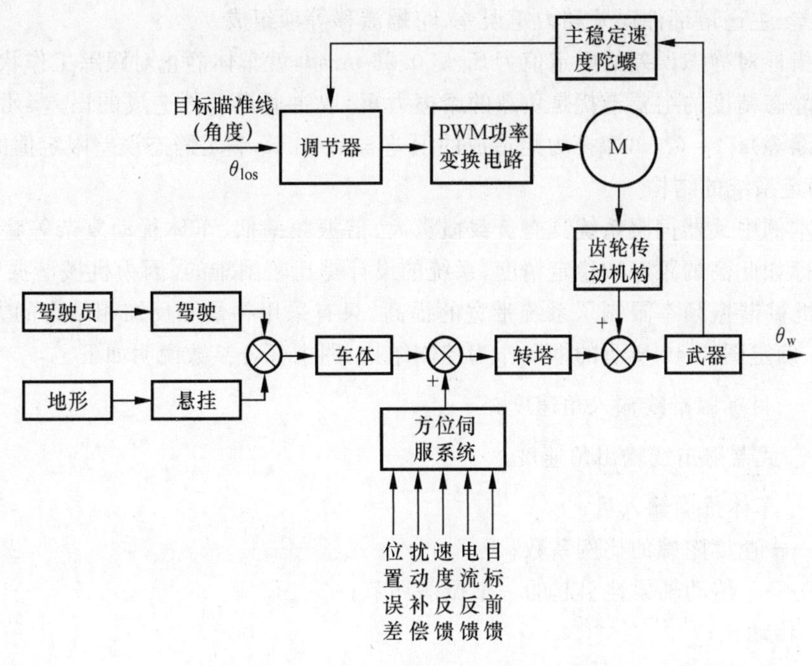

图 4-39　军用车辆武器伺服系统功能框图

(1) 伺服指标　最小伺服角速度 $\omega_{Lmin} \leqslant 0.02°/s$，最大伺服角速度 $\omega_{Lmax} \geqslant 10°/s$，最大伺服角加速度 $\dot{\omega}_{Lmax} \geqslant 0.1\ rad/s^2$。

(2) 伺服精度　静态误差 $\varepsilon_0 < 0.25$ mrad，系统误差 $\varepsilon_{v,a} < 0.2$ mrad，伺服总误差 $\varepsilon_{\sum} < 0.4$ mrad。

(3) 过渡过程品质　过渡过程时间 $t_s < 2$ s，超调量 $\sigma < 20\%$，振荡次数 $N < 1.5$ 次。

1. 系统性能分析

本系统的主要特点是高精度、高调速范围，系统调速范围为 500，而且系统精度主要受结构谐振频率的限制。因此，设法提高系统精度，保证低速平稳性是本系统设计的关键。

1) 灵敏度分析

灵敏度是控制系统对特定元、部件特性的量度。通常希望系统对参数变化灵敏度低。闭环系统特性对输入装置、输出装置和反馈装置的参数变化十分灵敏，这些参数的任何变化都要引起总传递函数发生同样程度的变化。因此速度陀螺、武器瞄准线输入及求和放大器必须是高灵敏的，而调节器、功率放大器、伺服电动机等部件处于反馈环中，不必十分精密。

2) 误差分配

伺服系统的动态误差包括速度误差和加速度误差，也称动态滞后误差；静态误差包括各部件固有误差和干扰及参考输入引起的误差。在本例中，伺服系统的静态误差由传感器的固有误差、主通道部件误差和力矩误差、陀螺漂移等项组成。

技术指标对静态误差的限定值为$S_K \leqslant 0.25$ mrad，就车体静止对跟踪工作状态而言，影响系统静态精度的主要干扰是负载的摩擦力矩。取主通道部件造成的误差（死区、运算放大器零漂等）$\varepsilon_1 = 0.5'$，摩擦力矩造成的误差$\varepsilon_2 = 0.5'$，满足静态误差限定值的要求。

3）确定系统的结构

由于本例中武器伺服系统具有负载惯量大、谐振频率低、车体扰动复杂等特点，要实现技术指标如此高的跟踪和稳定精度，系统的设计是比较困难的。因为机械谐振频率为5～9 Hz，机械谐振频率限制了系统带宽的提高。只有采用补偿和反馈相结合的方法进行复合控制。确定图4-40所示的框图作为控制结构。图中部分参数说明如下。

$\dot{\theta}_{los}$—— 目标瞄准线输入角速度；

$\dot{\theta}_{w}$—— 武器射击线输出角速度；

$\dot{\theta}_{H}$—— 车体扰动输入量；

K_{gyr}—— 速度陀螺的比例系数；

$W_z(s)$—— 传动轴柔性引起的一个振荡环节；

i—— 传动比；

T_L—— 负载转矩；

τ_j、τ_i—— 直流电动机的电气时间常数、机械时间常数。

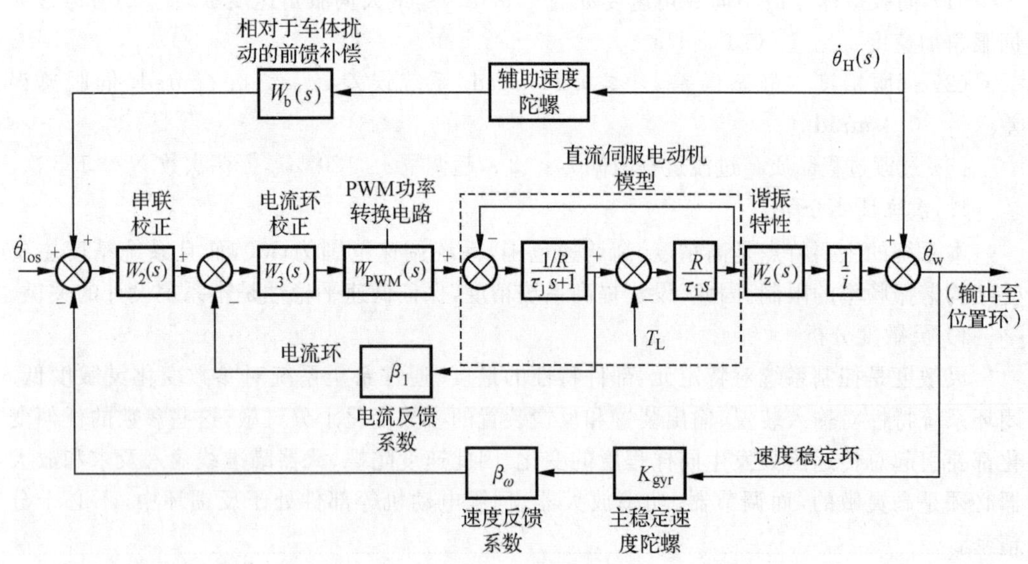

图4-40 系统控制结构

电流环构成电枢电流负反馈，以减小电源波动的影响，提高控制力矩的线性度，以使系统恒流启动/制动，同时防止功率转换电路和电动机的过电流。

速度陀螺构成速度稳定环，它对武器相对于大地的运动速度敏感，保证伺服系统同时完成目标跟踪和隔离车体扰动的双重任务。它的输出至位置环，通过位置环来输出武器的伺服角度，并且修正速度环的给定值。

前馈补偿环节用来展宽系统频带。为了抑制高频噪声，前馈补偿应包含车体相对于惯性空间的微分特性。

2. 主要部件的选择和设计

1）伺服电动机的选择

由于伺服系统是服务于战斗车辆的，整车电源电压为直流 28 V，功率放大器采用 PWM 控制，高压电动机的应用受到了限制。如果采用直流/直流变换器来解决电源电压问题，将带来功耗增加、可靠性降低、体积增大、成本高等一系列的问题。因此，伺服电动机以选用低压永磁直流伺服电动机为宜。伺服系统主要用于低速瞄准，故宜选用低转速、大转矩的伺服电动机。

所选伺服电动机的主要参数如下。额定电压为直流 23 V，额定转速为 1 400 r/min；额定转矩为 16 N·m，连续工作电流为 100 A，转动惯量为 0.015 kg·m^2，电枢内阻为 8 mΩ。初选电动机型号后，应进行最大角速度和转矩的验算，此处从略。

2）确定伺服功率转换电路的方案

由电力半导体构成 PWM 固态功率驱动系统既可以提高供电系统的利用率，又可大幅度提高系统的性能。故本系统选用 GTR 模块 PWM 驱动装置。军用车辆采用直流 28 V 供电，可选择耐压要求不高的器件，故选取日本三菱公司 QM400HA 功率器件。它是高速、大功率三级达林顿晶体管模块，内部有一个反并联快恢复二极管。根据功率器件，计算 PWM 电路的各项特性参数。

3）速度陀螺的选择

速度陀螺是武器伺服稳定系统的惯性敏感元件。安装在武器摇架上的速度陀螺对其相对于惯性空间的角速度敏感，构成惯性空间速度负反馈；安装在车体上的辅助速度陀螺对车体相对于惯性空间运动角速度 $\theta_{H}(t)$ 敏感。由隔离扰动所需精度决定的稳定误差角速度为 0.26°/s。这就要求主稳定速度陀螺的最低敏感角速度必须小于 0.02°/s。辅助速度陀螺用于构成相对于车体扰动的前馈补偿。已知车体扰动最大角速度 $\theta_{Hmax} = 0.628$ rad/s，最大角加速度 $\dot{\theta}_{Hmax} = 3.9$ rad/s^2，则辅助速度陀螺的敏感范围必须大于车体扰动的速度范围。鉴于速度陀螺带宽要求较高，且使用条件恶劣，故采用压电速度陀螺。

4）运算放大器的选择

运算放大器应根据灵敏度分析及误差分配、频率响应等指标选取。这里选用 OP07 超低失调运算放大器。其主要特点是：低失调电压、低失调温度漂移、低噪声、输入电压范围大等。

3. 系统静、动态计算

1）静态误差分析

在武器伺服稳定系统中，除摩擦转矩造成伺服电动机死区外，运算放大器、功率放大器及陀螺的漂移都是产生静态误差的主要因素。功率放大器性能可以通过电流反馈来改善，速度陀螺的漂移通过专门的补偿装置予以补偿；运算放大器 OP07 的误差为 0.2 μV/月，根据方框图，可以通过增大串联校正和电流校正控制器等的增益来减小误差。如果控制器采用 PI 校正，则稳态误差原理上可做到为零。

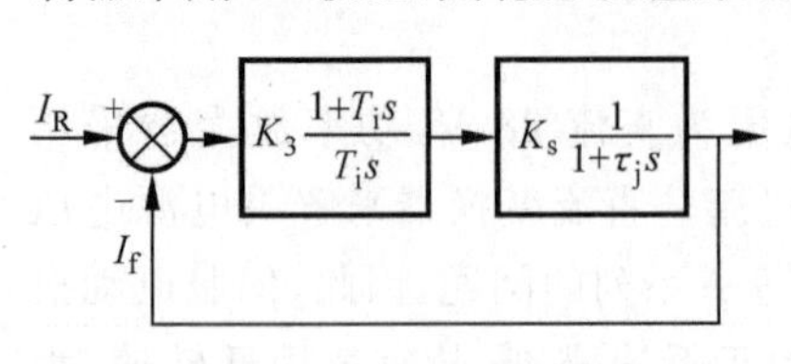

图 4-41　电流环结构

2）设计电流环

从图 4-38 可以看出，电流环由 β_1、$W_3(s)$、$W_{PWM}(s)$ 组成，其结构如图 4-41 所示。PWM 功率转换电路的传递函数是固有的，其放大系数 K_{PWM} 是已确定的，串联校正环节 $W_3(s)$ 和反馈系数 β_1 需通过设计来确定。$W_3(s)$ 的选择应该从主电源电压波动的抗干扰能力和对动态速降的影响方面考虑，一般采用 PI 调节器。已知运算放大器的线性输出范围±10 V，对应于最大范围启动电流为±330 A，则

$$\beta_1 = \frac{10\ \text{V}}{330\ \text{A}} \approx 0.03\ \text{V/A}$$

通过动态设计可确定PI调节器参数。已知电动机电气时间常数 $\tau_j = 3$ ms，PWM功率转换电路和电流测量以及反馈环节增益 $K_s = 2$。要求闭环性能：带宽 $f_n = 300$ Hz，阻尼比 $D = 1$。PI 调节器参数：比例增益为 $K_3 = 5.15$，积分常数为 $T_i = 3$ ms。

3）速度稳定环设计

由图 4-40 可见，速度稳定环由 PWM 电流放大器、传动机构、速度陀螺和校正装置组成，其结构如图 4-42 所示。

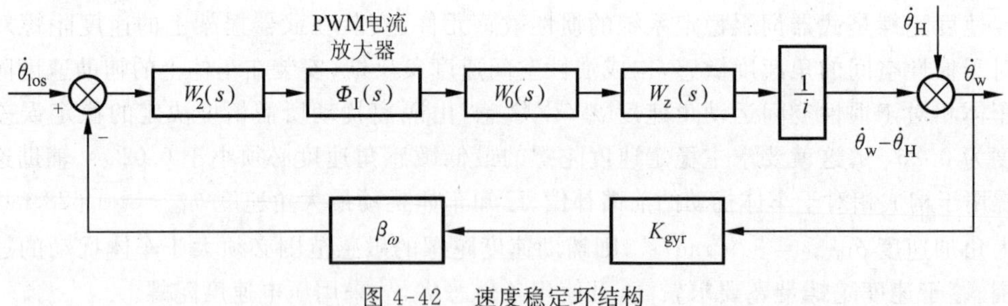

图 4-42　速度稳定环结构

图中，$\dot{\theta}_H$ 为车体的扰动，因为伺服机构的动作是相对于车体的，它给出的速度也是相对于车体的，即 $\dot{\theta}_w - \dot{\theta}_H$。为使系统性能达到规定的技术指标，在设计速度稳定环时应考虑以下几点。

① 由于传动轴转矩谐振引起的一个振荡环节 $W_z(s)=\dfrac{1}{s^2/\omega_R^2+2Ds/\omega_R+1}$，其谐振频率 $\omega_R=60/\mathrm{s}$，阻尼比 $D=0.3$，系统带宽受到限制，故采用Ⅱ型（−40、−20、−40 dB/dec）系统结构，以提高系统低频段增益，保证系统稳态精度。

② 互相连接的各部件之间的信号电平要互相匹配，充分利用各部件的线性范围。

设计步骤如下。

（1）根据信号电平配合关系确定反馈系数　已知武器跟随指令输入最大角速度为10°/s（0.174 rad/s），速度陀螺的比例系数 $K_{gyr}=28.6\ \mathrm{V/(rad/s)}$。当武器以最大角速度瞄准时，速度陀螺的输出电压为4.976 V。运算放大器线性输出范围为 ±10 V，根据信号电平匹配原则，选择速度陀螺反馈系数为

$$\beta_\omega=10/4.976\approx 2$$

（2）确定串联校正环节 $W_2(s)$　根据前面分析，速度稳定环采用Ⅱ型系统结构，则选取PI环节作为串联校正装置，即

$$W_2(s)=K_2\frac{1+T_2(s)}{T_2(s)}$$

选取系统的开环截止频率 $\omega_c<\omega_R/2$，取 $\omega_c=25/\mathrm{s}$。为了保证速度稳定环有良好的阻尼特性，取 $M=1.1$。根据上述指标可求得

$$T_2=0.45\ \mathrm{s}$$
$$K_2=71.28$$

通过校正，速度稳定环的幅频特性如图4-43所示。

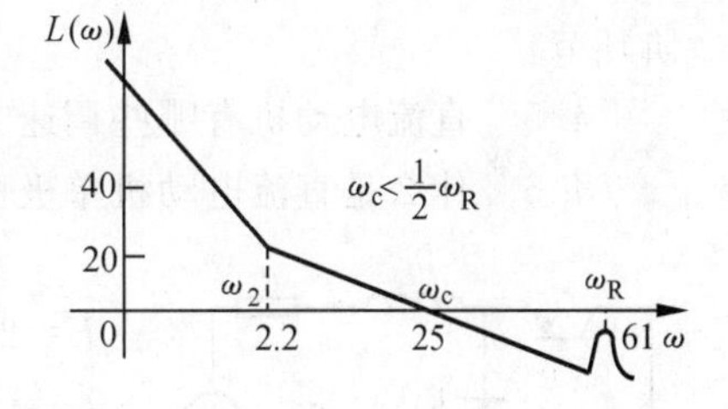

图4-43　速度稳定环幅频特性

另外，还应有复合通道和位置环的设计。复合通道控制实际上是一个前馈控制，可利用不变性原理设计。位置环包括检测装置（解算链）、无惯性相敏解调器及串联校正环节。位置环的设计是为了满足位置指标的要求。设计的步骤与速度环类似，此处不予讨论。

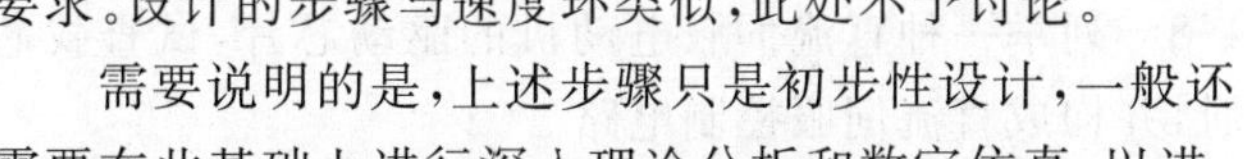

需要说明的是，上述步骤只是初步性设计，一般还需要在此基础上进行深入理论分析和数字仿真，以进一步完善设计，根据从实际中发现的问题对设计进行修改，才能达到满意的效果。

4.5　知识扩展

在伺服系统设计中，电动机速度控制是至关重要的一环。对于直流伺服电动机控制，现在已经建立起比较好的理论体系。大部分直流伺服电动机系统采用转速-电流双闭环控

制就可以达到预期的控制效果；步进电动机采用开环可达到较高精度。异步电动机由于数学模型复杂，故速度控制仍然是研究的重点，为了得到较高的控制精度，现在多采用诸如按转子磁链定向的矢量控制来实现对异步电动机转速的精确控制等方法。

所谓矢量控制是指按异步电动机转子电流建立空间矢量，然后通过坐标变换实现交流电动机的控制。该控制系统通过数字处理、三相／两相静止坐标变换、两相静止／两相运动坐标的变换，使运动坐标系与转子磁链重合，从而使异步电动机数学模型简化，进而获得像直流电动机那样的控制效果。矢量控制目前仍然是一个热门的研究方向。

对于本章的内容，如果要深入理解异步电动机的静态特性和动态特性，可参阅文后参考文献。

习　题

4-1　试举出几个具有伺服系统的机电一体化产品实例，分析其伺服系统的基本结构，指出其属于何种类型的伺服系统。

4-2　简述直流伺服电动机的基本工作原理。

4-3　什么是直流伺服电动机的机械特性？直流伺服电动机的机械特性有何特点？

4-4　试推导直流伺服电动机的动态特性，指出直流伺服电动机的动态特性属于几阶环节。

4-5　直流电动机有哪些调速方法？

4-6　什么是直流电动机单极性驱动方式和双极性驱动方式？它们之间有什么区别？

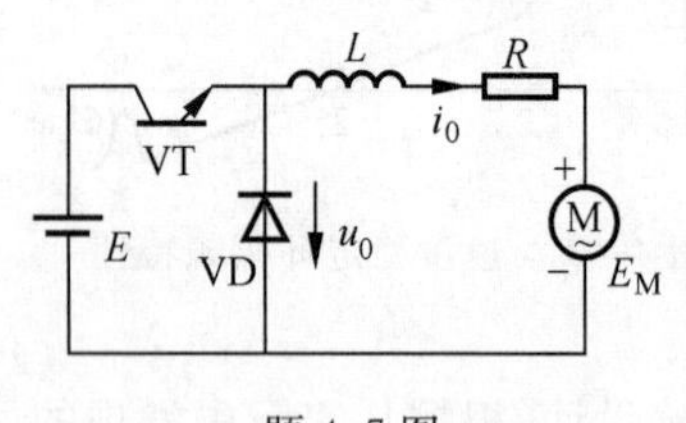

题 4-7 图

4-7　在题 4-7 图所示的单极性驱动电路中，已知 $E=200$ V，$R=10$ Ω，L 值极大，$E_M=30$ V，$T=50$ μs，$t_{on}=20$ μs，计算输出电压平均值 U_0、输出电流平均值 I_0。

4-8　列举一种直流伺服电动机的驱动芯片，试查找芯片手册，并构成直流伺服控制电路。

4-9　简述交流异步伺服电动机的工作原理。

4-10　简述 SPWM 控制的工作原理。

4-11　试述转差率 $s>1$、$0<s<1$ 时异步伺服电动机的工作状态。

4-12　异步伺服电动机的调速方法有哪些？

4-13　举出交流伺服电动机所用的驱动芯片，查找芯片手册，试构成交流伺服控制电路。

4-14　有一台四相反应式步进电动机，其步距角为 1.8°/0.9°。问：其转子齿数为多少？当A相绕组测得电源频率为400 Hz时，其转速为多少？

4-15 步进电动机有哪些性能指标？

4-16 简述步进电动机细分驱动电路原理。

4-17 举出步进电动机所用的驱动芯片，查找芯片手册，试构成步进电动机驱动电路。

4-18 简述直流伺服电动机、交流伺服电动机和步进电动机的优缺点。

第5章 检测系统设计

检测系统是机电一体化系统的检测部分，所检测到的信息传递给控制器，作为控制器的决策依据之一。设计一个准确和快速的检测系统，以满足机电一体化系统的需要是十分关键的。

本章主要介绍传感器及其信号处理电路。不同的机电一体化产品所检测的量不同，如：数控机床的进给系统要检测刀具的进给量和进给速度；在锻压设备中，要检测液压缸和横梁压力；在一些产品中还需要检测温度。此外，本章还介绍非电量（机械量和其他物理量）转换为电信号的原理和传感器的性能评价指标。

根据机电一体化系统控制器的需要，检测系统可以输出模拟和数字信号。本章分别介绍模拟和数字信号的处理，以及模拟/数字信号的转换原理。

5.1 概述

1. 检测系统的功能和基本组成

检测系统是机电一体化系统中的一个重要组成部分，用于检测有关外界环境和自身状态及其变化，实现检测功能。输出为电信号，输入为各种表征相关状态的物理量。按照输入的物理量可分为力、位移、位置、变形、温度、湿度和光度等检测；按照输出信号的形式可分为模拟和数字信号的检测。

模拟信号采集通道前端采用输出信号为模拟信号的传感器（如电阻式、电感式、磁电式、热电式等）。当传感器输出不是电量而是电参量时，需要通过基本转换电路将其转换为电量，再通过相应的放大、调制解调、滤波和运算电路将需要的信号检测出来，传递给信息采集接口电路，进入控制系统或显示，其基本构成如图5-1所示。

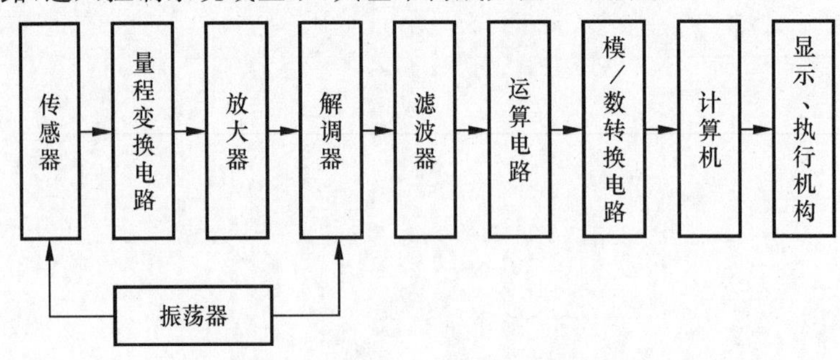

图5-1 模拟信号采集通道构成

数字信号采集通道前端采用数字式传感器(如光栅、磁栅、容栅、感应同步器等),再经放大、整形后形成数字脉冲信号,并由细分电路进一步提高信号分辨率,脉冲当量变换电路对脉冲信号进行进一步处理,读出信号并送计数器和寄存器,或直接送控制器和显示,其基本构成如图 5-2 所示。

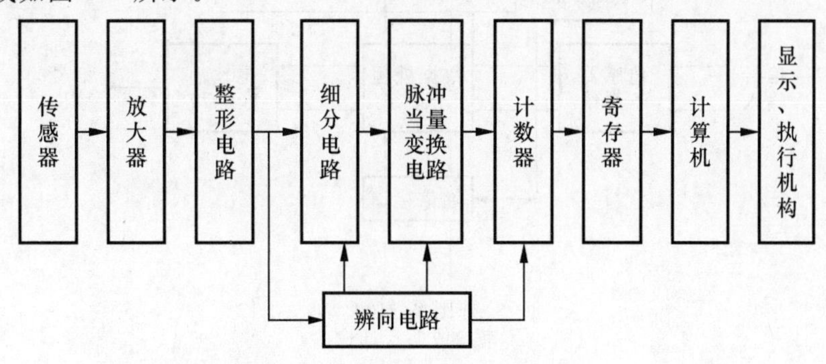

图 5-2 数字信号采集通道构成

由传感器、信号调理电路、带总线接口的微处理器组合为一个整体而构成的智能传感器系统成为主流趋势。按照国家标准《物联网总体技术 智能传感器特性与分类》(GB/T 34069—2017),智能传感器由传感单元、智能计算单元和接口单元组成,具有智能与物联网特性。智能传感器一般的功能模型如图 5-3 所示。

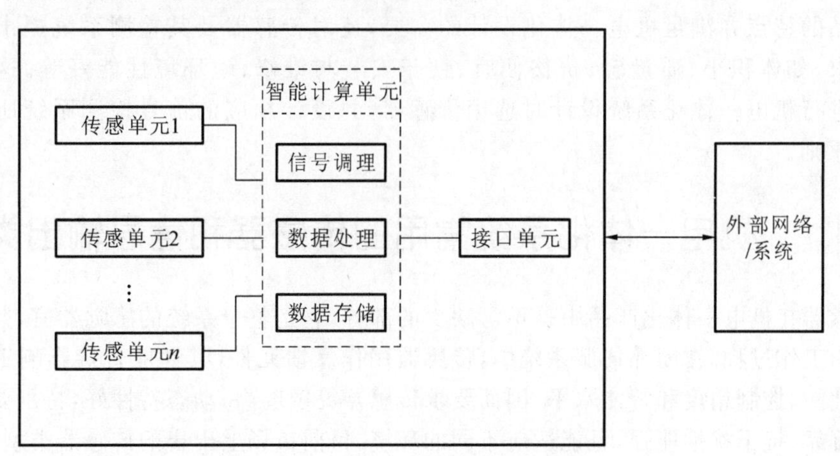

图 5-3 智能传感器功能模型

智能传感器可以通过接口单元与机电系统其他部件联系在一起,也可以单独成为智能传感器系统,典型的结构如图 5-4 所示。

2. 检测系统的设计任务和要求

检测系统设计的主要任务是:根据使用要求合理选用传感器,并设计或选用相应的信

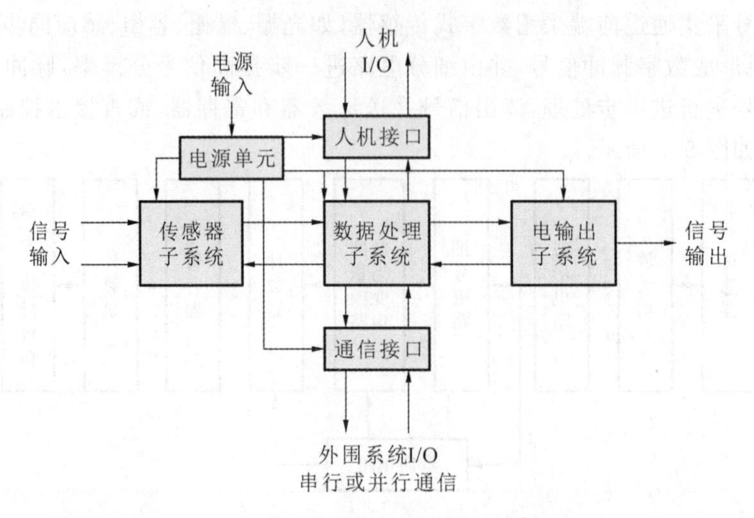

图 5-4　智能传感器系统结构

号检测与处理电路以构成检测系统；对检测系统进行分析与调试，使其在机电一体化产品中实现预期的功能。

机电一体化系统对检测系统在性能方面的基本要求是：精度、灵敏度和分辨率高，线性、稳定性和重复性好，抗干扰能力强，静、动态特性好。除此之外，为了适应机电一体化产品的特点并满足机电一体化设计的需要，还对传感器及其检测系统提出了一些特殊要求，如体积小、质量轻、价格便宜、便于安装与维修、耐环境性能好等。这些要求也是在进行机电一体化系统设计时选用传感器，并设计相应的信号检测系统所应遵循的基本原则。

5.2　机电一体化系统常用的传感器和信号输出类型

传感器在机电一体化产品中是不可缺少的部分，它是整个系统的感觉器官，监视着整个系统的工作过程。在闭环伺服系统中，传感器用作反馈元件，其性能直接影响工作机械的运动性能、控制精度和智能水平，因而要求传感器灵敏度高、动态特性好，特别要求其性能稳定可靠、抗干扰性能强，且能适应不同的环境。目前市场上出售的传感器类型很多，在机电一体化系统中常用的主要有位移传感器、速度传感器、位置传感器、压力传感器、红外传感器和声音传感器等。

5.2.1　位移传感器

位移传感器是一种非常重要的传感器，它直接影响着数控系统的控制精度。位移可以分为角位移和直线位移两种，因此位移传感器也有与其对应的两种形式：直线位移传感器和角位移传感器。直线位移传感器主要有电感传感器、差动变压器传感器、电容传感器、感应同步器和光栅传感器等。角位移传感器主要有电容传感器、旋转变压器和光电编码盘等。电感传感器和电容传感器主要用于小量程和高精度的测量系统。

1. 电感传感器

电感传感器是一种把微小位移变化量转变为电感变化量的位移传感器，它具有结构简单、精度高、性能稳定和工作可靠等优点，在主动量仪和其他自动检测系统中得到了广泛的应用。

对于一个 N 匝并带有磁芯的线圈(见图 5-5)，其电感量 L 为

$$L=\frac{N^2 A}{\delta}\mu_0 \tag{5-1}$$

式中：δ—— 两个导磁磁芯之间的气隙厚度；

A—— 磁芯截面积；

μ_0—— 空气磁导率，其值为

$$\mu_0=4\pi\times10^{-7}\ \mathrm{H/m} \tag{5-2}$$

因此，可通过改变 δ 来反映电感 L 的变化，并根据这个原理构成气隙型传感器；也可根据截面积变化引起电感 L 变化的原理构成截面型和磁芯型传感器。

磁芯型电感传感器的原理如图 5-6 所示。线圈 1 和 2 对称放置，连成差动形式，其目的主要是提高灵敏度和线性度，增强抗干扰能力。

由图 5-6 可以看出，当磁芯由测杆带动在由线圈 1、2 组成的管中上下移动时，必然使线圈 1 和 2 的电感量发生变化，并且当线圈 1 中的电感量增加时，线圈 2 中的电感量减少；反之亦然。为了能把这种变化量反映出来，一般都采用图 5-7 所示的桥式电路。

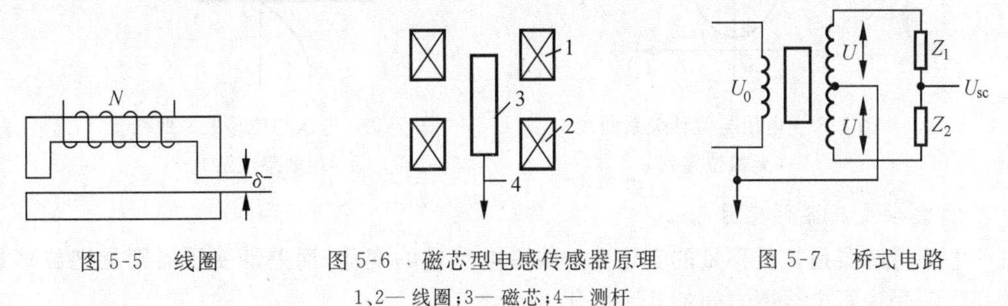

图 5-5 线圈　图 5-6 磁芯型电感传感器原理　图 5-7 桥式电路

1、2— 线圈；3— 磁芯；4— 测杆

电桥的四个臂由传感器的两个线圈(阻抗为 Z_1 和 Z_2) 及变压器的两个线圈(将次级线圈一分为二) 所构成。电桥的输入信号为 U_0(其频率一般为几千赫兹到几万赫兹)。假定次级输出电压为 $2U$，则在忽略变压器输出阻抗的情况下，桥路电流为

$$I=\frac{2U}{Z_1+Z_2} \tag{5-3}$$

输出电压为

$$U_{sc}=U-IZ_1=U-\frac{2UZ_1}{Z_1+Z_2}=\frac{Z_2-Z_1}{Z_2+Z_1}U \tag{5-4}$$

从式(5-4)中可以看出：当磁芯处于中间位置，即 $Z_1=Z_2$ 时，则 $U_{sc}=0$，这说明桥路平衡，无输出；当磁芯向下移动时，下面线圈的阻抗增大，则 $Z_2=Z+\Delta Z$，上面线圈的阻抗减小，即 $Z_1=Z-\Delta Z$，代入式(5-4)后便可得

$$U_{sc}=\frac{\Delta Z}{Z}U \tag{5-5}$$

反之，当磁芯向上移动同样距离时，则 $Z_1=Z+\Delta Z,Z_2=Z-\Delta Z$，代入式(5-4)后，有

$$U_{sc}=\frac{-\Delta Z}{Z}U \tag{5-6}$$

比较式(5-5)和式(5-6)可以看出：输出电压 U_{sc} 幅值相等，方向相反。由于 U 是一个幅值变化的交流信号，因此需要解调。

如果采用无相位鉴别的整流器进行解调，则输出电压与位移的关系曲线如图5-8所示。图中残余电压是由两线圈中损耗电阻 R_s 的不平衡而引起的。因为 R_s 与激励信号的频率有关，所以当激励电压中包含高次谐波时，往往输出端的残余电压会增大。

由于用这种方法对于正负位移所得的是一个同极性的输出电压，因此不能辨别方向。为了克服上述缺点，一般都需要使用能反映极性的相敏整流法，它的输出特性曲线如图5-9所示。

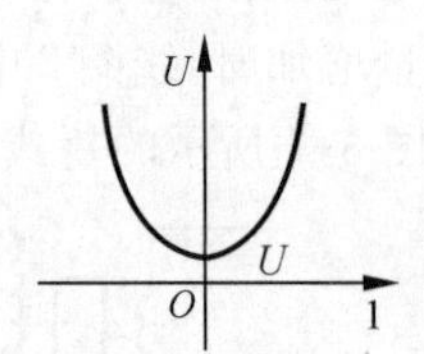

图5-8　电压与位移关系曲线（无相位鉴别）

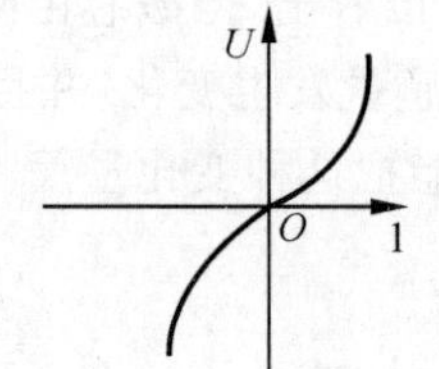

图5-9　电压与位移关系曲线（相敏整流法）

2. *差动变压器传感器*

电感传感器是把位移量的变化变为线圈电感量的变化，而差动变压器则是把位移量的变化转变为两个线圈之间的互感变化。

图5-10所示为一个三段型差动变压器传感器的原理。线圈分为初级线圈和次级线圈2、3，线圈中心插入圆柱形铁芯。当初级线圈中加入交流电压 U_0 时，线圈中有交流电流 i_1 流过，便产生磁通 Φ_{12} 通过线圈2，在线圈2中产生感应电势 E_2；另一部分磁通 Φ_{13} 则通过线圈3，并在其中产生感应电势 E_3，分别为

$$E_2=-\frac{\mathrm{d}\Phi_{12}}{\mathrm{d}t},\quad E_3=-\frac{\mathrm{d}\Phi_{13}}{\mathrm{d}t}$$

假定 M_{12} 和 M_{13} 分别为初级线圈1对次级线圈2和次级线圈3的互感系数，则根据定义有

$$M_{12} = -\frac{\Phi_{12}}{i_1}, \quad M_{13} = -\frac{\Phi_{13}}{i_1}$$

代入电势 E 的表达式后得

$$E_2 = -M_{12}\frac{\mathrm{d}i_1}{\mathrm{d}t}, \quad E_3 = -M_{13}\frac{\mathrm{d}i_1}{\mathrm{d}t}$$

通常，传感器的两个次级线圈都是串联的，如图 5-11 中的虚线框所示。

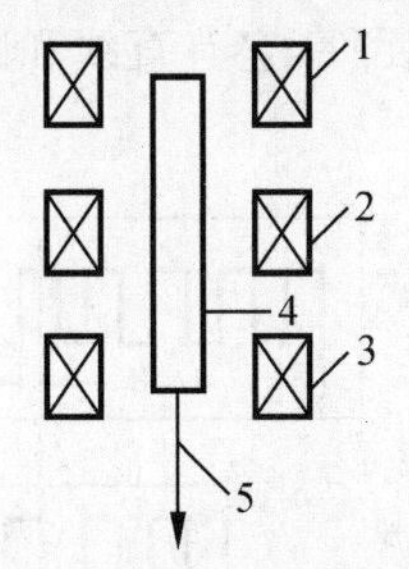

图 5-10　三段型差动变压器传感器原理

1— 初级线圈；2、3— 次级线圈；4— 铁芯；5— 测杆

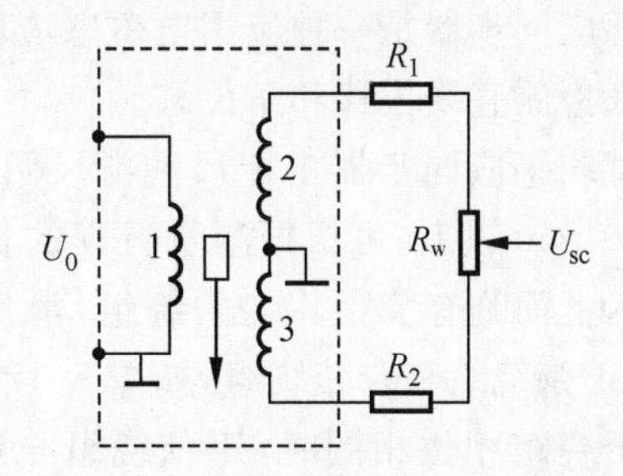

图 5-11　串联线圈

整个电路为桥式，其输出电压

$$U_{sc} = U_0 - \frac{U_0 + E_2}{R_1 + R_w + R_2}(R_1 + R_{w1}) = \frac{(R_2 + R_{w2})U_0 - (R_1 + R_{w1})E_2}{R_1 + R_w + R_2}$$

当 $R_2 + R_{w2} = R_1 + R_{w1}$ 时，则

$$U_{sc} = \frac{1}{2}(U_0 - E_2) = \frac{1}{2}(M_{13} - M_{12})\frac{\mathrm{d}i}{\mathrm{d}t} \tag{5-7}$$

显然，当铁芯在中间位置时，则 $M_{12} = M_{13}$，于是 $U_{sc} = 0$；当铁芯向上移动时，则 $M_{12} > M_{13}$，于是 $U_0 > E_2$，$U_{sc} \neq 0$；反之，$U_0 < E_2$，$U_{sc} \neq 0$。U_{sc} 随铁芯偏离中点的距离增大而增大，它是一个调幅正弦信号，可以用与电感传感器相同的方法来处理。

3. 电容传感器

电容传感器是将被测非电量的变化转换为电容量变化的一种传感器。这种传感器具有结构简单，分辨力高，可实现非接触测量，并能在高温、辐射和强烈振动等恶劣条件下工作等优点，因此在自动检测中得到了普遍应用。

现以平板式电容器来说明电容传感器的工作原理。电容是由两个金属电极和中间的一层电解质构成的，当两极板间加上电压时，电极上就会储存电荷，所以电容器实际上是一个储存电场能的元件。平板式电容器在忽略边缘效应时，其电容量可表示为

$$C = \frac{\varepsilon_0 \varepsilon_r A}{\delta} \tag{5-8}$$

式中：ε_0—— 真空介电常数，等于 8.85×10^{-12} F/m；

ε_r—— 极板间介质的相对介电常数；

A—— 极板的有效面积(mm^2)；

δ—— 两极板间的距离(mm)。

从式(5-8)可知，当其中的δ、A、ε_r三个变量任意一个发生变化时，都会引起电容量的变化，通过测量电路就可转换为电量输出。根据上述工作原理，电容传感器可分为变极距型、变面积型和变介质型三种类型。

4. 感应同步器

感应同步器是一种应用电磁感应原理的高精度检测元件，它有直线和圆盘式两种，分别用来检测直线位移和角位移。

直线感应同步器由定尺和滑尺两部分组成。定尺较长(200 mm 以上，可根据测量行程的长度选择不同规格长度)，上面刻有节距均匀的绕组；滑尺表面刻有两个绕组，即正弦绕组和余弦绕组，如图 5-12 所示。当余弦绕组与定子绕组相位相同时，正弦绕组与定子绕组错开 1/4 节距(W)。滑尺在通有电流的定尺表面相对运动，产生感应电势。

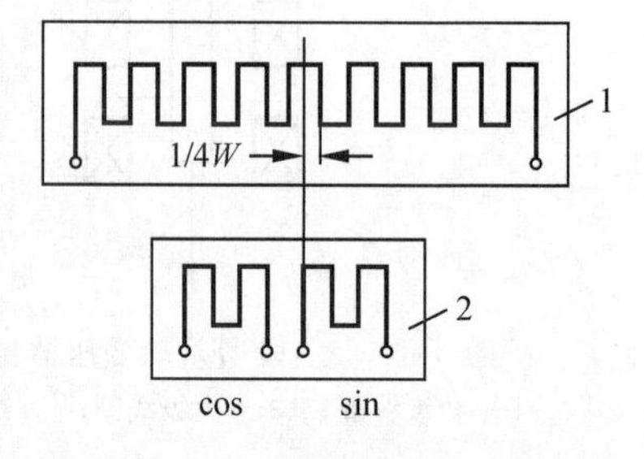

图 5-12　直线感应同步器

1— 定尺；2— 滑尺

圆盘式感应同步器的转子相当于直线感应同步器的滑尺，定子相当于定尺。

感应同步器根据其激磁绕组供电电压形式不同，分为鉴相测量方式和鉴幅测量方式。

5. 光栅

光栅是一种新型的位移检测元件，它的特点是测量精度高(可达$\pm 1\ \mu m$)、响应速度快和量程范围大等。光栅由主光栅、指示光栅、光源和光电器件四部分组成，主光栅和指示光栅的光刻密度相同，但体长相差较大，光栅条纹密度一般可为 25 条 /mm、50 条 /mm、100 条 /mm、250 条 /mm 等。

把指示光栅平行地放在主光栅侧面，并使它们的刻线相互倾斜一个很小的角度，这时在指示光栅上就出现几条较粗的明暗条纹，称为莫尔条纹。它们沿着与光栅条纹几乎垂直的方向排列，主光栅和被测物体相连，它随被测物体的直线位移而移动。当主光栅产生位移时，莫尔条纹便随着产生上、下位移。用光电器件记录下莫尔条纹通过某点的数目，便可知主光栅移动的距离，也就测得了被测物体的位移量。

5.2.2　速度、加速度传感器

1. 直流测速机速度检测

直流测速机是一种测速元件，它实际上就是一台微型的直流发电机。根据定子磁极激磁方式的不同，直流测速机可分为电磁式和永磁式两种；直流测速机电枢可分为无槽电枢、有槽电枢、空心杯电枢和圆盘电枢等。近年来，又出现了永磁式直流测速机。常用的为永磁式测速机。

测速机的结构有多种，但原理基本相同。图5-13所示为永磁式测速机原理。恒定磁通由定子产生，当转子在磁场中旋转时，电枢绕组中即产生交变的电势，经换向器和电刷转换成与转子速度成正比的直流电势。

直流测速机的输出特性曲线如图5-14所示。从图中可以看出，当负载电阻$R_L \to \infty$时其输出电压U_o与转速n成正比。随着负载电阻R_L变小，其输出电压下降，而且输出电压与转速之间并不能严格保持线性关系。由此可见，对于要求精度比较高的直流测速机，除采取其他措施外，负载电阻R_L应尽量大。

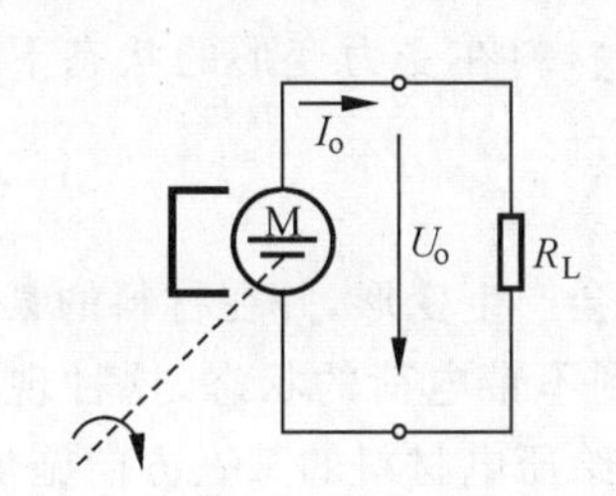

图5-13 永磁式测速机原理

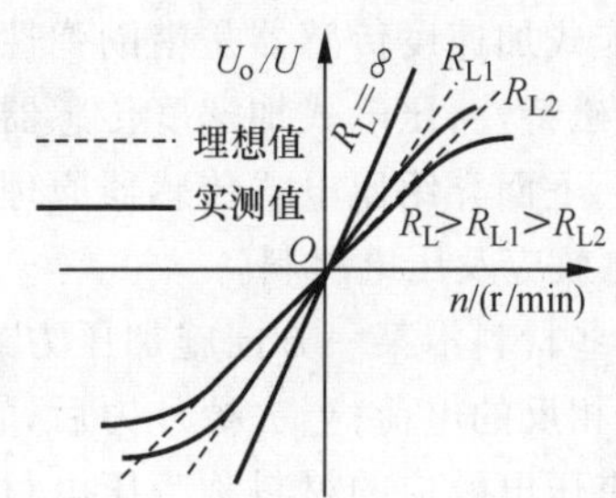

图5-14 直流测速机输出特性曲线

直流测速机的特点是输出特性曲线斜率大、线性度好，但由于有电刷和换向器，构造和维护比较复杂，摩擦转矩较大。

直流测速机在机电一体化系统中，主要用作测速和校正元件。在使用中，为了提高检测灵敏度，尽可能把它直接连接到电动机轴上。有的电动机本身就已安装了测速机。

2. 光电式转速传感器

光电式转速传感器是一种角位移传感器，由装在被测轴（或与被测轴相连接的输入轴）上的带缝隙圆盘和光源、光电器件和指示缝隙盘组成，如图5-15所示。光源发出的光通过缝隙圆盘和指示缝隙照射到光电器件上。当缝隙圆盘随被测轴转动时，由于圆盘上的缝隙间距与指示缝隙的间距相同，因此圆盘每转一周，光电器件就输出与圆盘缝隙数相等的电脉冲，根据测量单位时间内的脉冲数N，可测出转速为

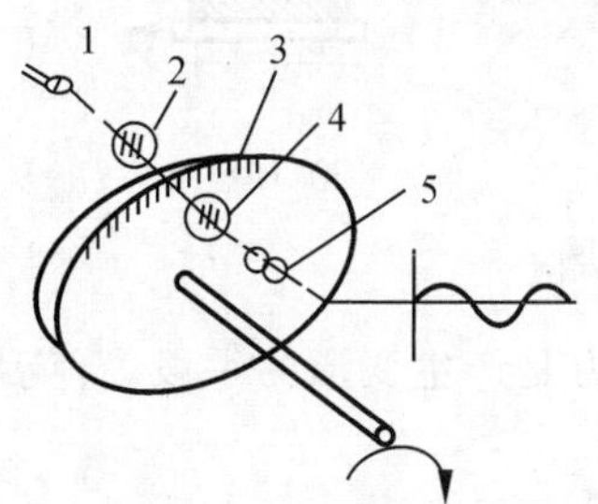

图5-15 光电式转速传感器
1—光源；2—透镜；3—带缝隙圆盘；
4—指示缝隙盘；5—光电器件

$$n=\frac{60N}{Zt} \tag{5-9}$$

式中：Z——圆盘上的缝隙数；

n——转速(r/min)；

t—— 测量时间(s)。

一般取 $Z = 60 \times 10^m (m = 0,1,2,\cdots)$，利用两组缝隙间距 W 相同、位置相差 $\left(\frac{i}{2}+\frac{1}{4}\right)W(i = 0,1,2,\cdots)$ 的指示缝隙和两个光电器件，则可辨别出圆盘的旋转方向。

3. 加速度传感器

用于加速度检测的加速度传感器有多种形式，它们都是利用惯性质量受加速度所产生的惯性力而具有的各种物理效应，将其进一步转化成电量来间接度量被测加速度的。最常用的有应变式、电磁感应式、压电式传感器等。

应变式加速度传感器是通过测量惯性力引起弹性敏感元件的变形，换算出力的关系的；电磁感应式加速度传感器是借助弹性元件在惯性力的作用下，变形位移引起气隙的变化导致的电磁特性；压电式加速度传感器是利用某些材料在受力变形的状态下产生电的特性的原理。下面介绍压电式传感器原理及使用方法。

1）压电效应及压电材料

当对某些材料沿某一方向施加压力或拉力时，其会产生变形，并在材料的某一相对表面产生符号相反的电荷；当去掉外力后，它又重新回到不带电荷的状态。这种现象称为压电效应，具有压电效应的材料称为压电材料。另外，当给压电材料的某一方向施加电场时，压电材料会产生相应的变形，这是压电材料的逆压电效应。

常见的压电材料有单晶体结构的石英晶体和多晶体结构的人造压电陶瓷（如钛酸钡和锆钛酸铅等）。压电材料的压电效应具有方向性，特别是石英晶体（SiO_2）的分子及原子排列结构，使得石英晶体的压电方向是天然确定的。图 5-16 所示为晶体切片在 x 方向和 y 方向上受压力和拉力时产生电荷的情况。

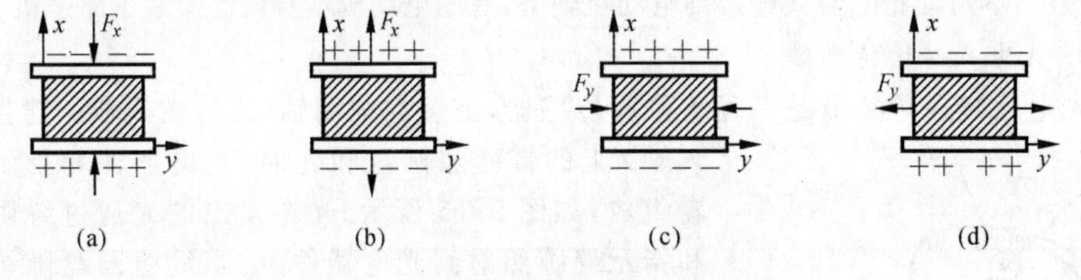

图 5-16　晶体切片受力时产生电荷的方向

实际上，压电材料的压电特性只和变形有关，施加的外力是产生变形的手段。石英晶体产生压电效应的只有 x 轴方向，其他方向都不会产生电荷。

2）压电式传感器结构及特性

压电式传感器以电荷或两极间的电势作为输出信号。当测试静态信号时，由于任何阻抗的电路都会产生电荷泄漏，因此测量电势的方法误差很大，只能采用测量电荷的方法。当给压电式传感器施加交变的外力时，传感器就会输出交变的电动势，信号处理电路相对简单，因此压电式传感器适合测试动态信号，且其频率越高越好。

压电式传感器一般由两片或多片压电晶体黏合而成。由于压电晶体有电荷极性，因此接法分成并联和串联两种（见图5-17）。并联接法虽然输出电荷大，但由于本身电容也大，故时间常数大，可以测量变化较慢的信号，并以电荷作为输出参数。串联接法输出电压高，本身电容小，适用于输出信号为电压和测量电路输出阻抗很高的情况。

由于压电式传感器输出的信号较弱，且以电荷为表现形式，因此测量电路必须进行信号放大。当采用测量电势的方法时，测量电路要配置高阻抗的前置电压放大器和一般放大器，其中高阻抗的前置电压放大器的作用是减缓电流的泄漏速度，一般放大器的作用是将高阻抗输出变为低阻抗输出。当采用电荷测试方法时，测量电路采用的是电荷放大的原理。目前，压电式传感器应用相当普遍，且生产厂家都专门配备有传感器处理电路。

3）压电式传感器应用

压电式传感器可以用在压力和加速度检测、振动检测、超声波探测等方面，还可以应用在拾音器、助听器、点火器等产品中。

压电式加速度测试传感器结构如图5-18所示。当加速运动时，质量块1产生的惯性力加载在压电材料切片2上，电荷（或电势）输出端输出压电信号。该压电式传感器由两片压电材料切片组成，下面一片的输出引线通过壳体与电极平面相连。

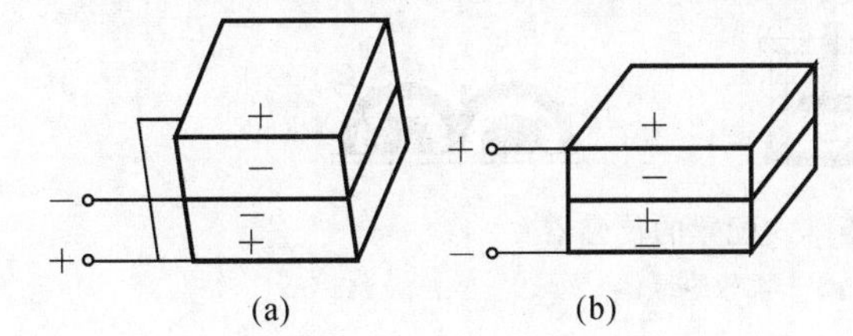

图5-17 压电式传感器的结构

（a）并联接法 （b）串联接法

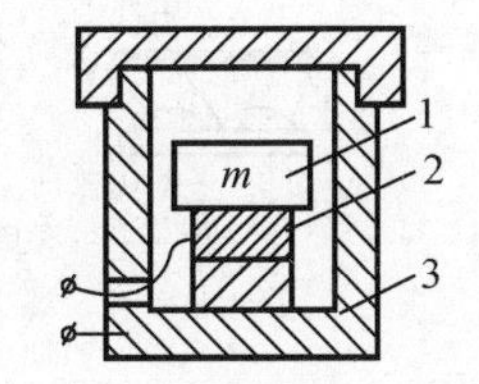

图5-18 压电式加速度测试传感器结构

1—质量块；2—压电材料切片；

3—固定外壳

使用时，传感器固定在被测物体上，感受该物体的振动，惯性质量块产生惯性力，使压电元件产生变形。压电元件产生的变形和由此产生的电荷与加速度成正比。压电式加速度传感器可以做得很小，质量很小，故对被测机构的影响小。压电式加速度传感器的频率范围广、动态测量范围宽、灵敏度高，应用较为广泛。

5.2.3 位置传感器

位置传感器和位移传感器不一样，它的任务不是检测一段距离的变化量，而是通过检测，判断检测量是否已到达某一位置。所以，不需要产生连续变化的模拟量，只需产生能反映某种状态的开关量即可。这种传感器常被用在机床上以进行刀具、工件或工作台的到位检测或行程限制，也经常用在工业机器人上。位置传感器分接触式和接近式两种。接触式位置传感器是能获取两个物体是否已接触的信息的一种传感器；接近式位置传感器是用来判别某一范围内是否有某一物体的一种传感器。

1．接触式位置传感器

这类传感器用微动开关之类的触点器件便可构成，它分以下两种。

（1）由微动开关制成的位置传感器　它用于检测物体的位置，有图 5-19 所示的几种构造和分布形式。

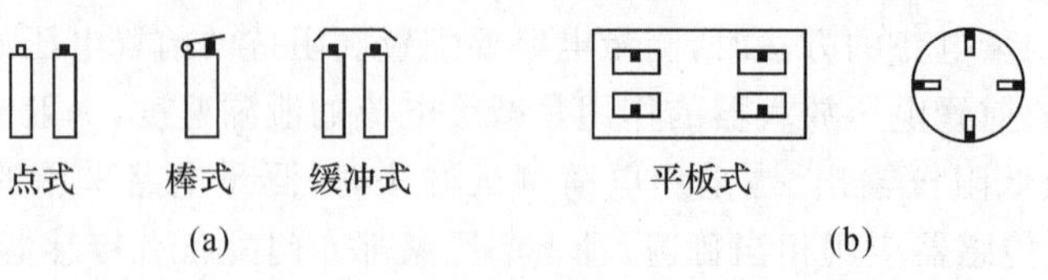

图 5-19　微动开关制成的位置传感器

(a) 构造　(b) 分布形式

（2）二维矩阵式配置的位置传感器　如图 5-20 所示，它一般用于机器人手掌内侧，在手掌内侧常安装有多个二维触觉传感器，用以检测自身与某一物体的接触位置、被握物体的中心位置和倾斜度，甚至还可识别物体的大小和形状。

图 5-20　二维矩阵式配置的传感器

1— 柔软电极；2— 柔软绝缘体

2．接近式位置传感器

接近式位置传感器分电磁式、光电式、电容式、气压式、超声波式等。

这几种传感器的基本工作原理如图 5-21 所示。在此介绍最常用的电磁式传感器，它的工作原理如下：当一个永久磁铁或一个通有高频电流的线圈接近一个铁磁体时，它们的磁力线分布将发生变化，可以用另一组线圈检测这种变化。当铁磁体靠近或远离磁场时，它所引起的磁通量变化将在线圈中感应出一个电流脉冲，其幅值正比于磁通的变化率。

图 5-22 所示为线圈两端的电压随铁磁体进入磁场的速度而变化的曲线，其电压极性取决于物体进入磁场还是离开磁场。因此，对此电压进行积分便可得出一个二值信号。当积分值小于某一特定的阈值时，积分器输出为低电平；反之，则输出高电平，此时表示已接近某一物体。

显然，电磁感应式传感器只能检测电磁材料，对其他非电磁材料则无能为力。而电容式传感器却能克服以上缺点，它几乎能检测所有的固体和液体材料。电容式接近传感器是一个以电极为检测端的静电电容式接近开关，它由高频振荡电路、检波电路、放大电路、

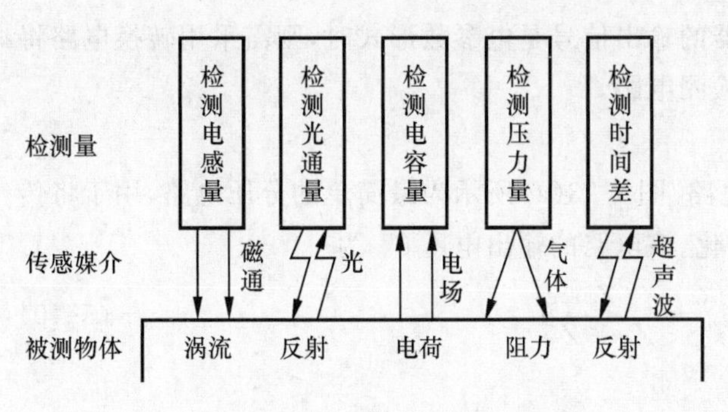

图 5-21　接近式位置传感器工作原理

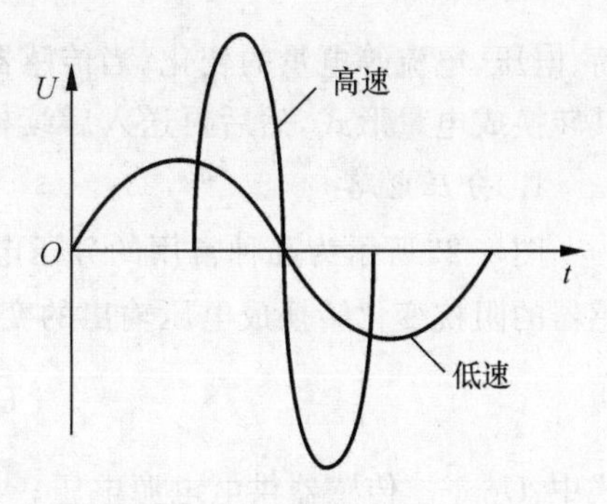

图 5-22　不同接近速度下的电压变化曲线

整形电路及输出电路组成。平时检测电极与大地之间存在一定的电容量，它成为振荡电路的一个组成部分。当被检测物体接近检测电极时，由于检测电极加有电压，检测物体就会受到静电感应而产生极化现象。被测物体越靠近检测电极，检测电极上的电荷越多，由于检测电极的静电电容 $C=q/U$，因此电荷增多，电容 C 随之增大，从而使振荡电路的振荡减弱，甚至停止振荡。振荡电路的振荡与停振两种状态被检测电路转换为开关信号后向外输出，由此即可判断被检测物体的相对位置。

现在使用较多的还有光电式位置传感器，与前面介绍的几种传感器相比，这种传感器具有体积小、可靠性高、检测位置精度高、响应速度快，易与 TTL 及 CMOS 电路兼容等优点。它分为透光型和反射型两种。

5.3　模拟信号的检测

典型的模拟信号采集通道的组成如图 5-1 所示，其中：振荡器用于对传感器信号进行调制，并为解调提供参考信号；量程变换电路的作用是避免放大器饱和，并满足不同测量范围的需要；解调器用于将已调制信号恢复成原有形式；滤波器可将无用的干扰信号滤除，并取出代表被测物理量的有效信号；运算电路可对信号进行各种处理，以获得所需的物理量，其功能也可在对信号进行模 / 数转换后，由计算机来实现；计算机对信号进行进一步运算处理后，可获得相应的控制信号去控制执行机构，而在不需要执行机构的智能化仪表中，则由计算机将有关信息输出显示或打印出来。

在具体机电一体化产品的检测系统中，可能没有图 5-1 中的某些部分，也可能会增加一些其他部分，如有些传感器信号可不进行调制与解调，直接进行阻抗匹配、放大和滤波等。

5.3.1　基本转换电路

被测物理量经传感器变换后，往往转换成电阻、电容、电感等电参数的变化，或者是电荷、电压、电流等电量的变化。当传感器的输出信号是电参数形式时，则需采用转换电路将其转换成电量形式，然后再送入后续检测电路。

1. 分压电路

图 5-23 所示为几种常用的分压电路。图 5-23(a) 所示为最简单的分压电路，用于将传感器的阻抗变化转换成电压输出的变化。该电路的输出电压 U_o 为

$$U_o = \frac{Z_0}{Z_0 + Z_1} U_i \tag{5-10}$$

式中：U_i—— 传感器供电电源电压；

Z_0、Z_1—— 标准阻抗、传感器阻抗。

当 Z_0 和 Z_1 均为纯电阻时，可采用直流供电，则式(5-10) 可改写为

$$U_o = \frac{R_0}{R_0 + R_1} U_i \tag{5-11}$$

式中：R_0、R_1—— 标准电阻、传感器电阻。

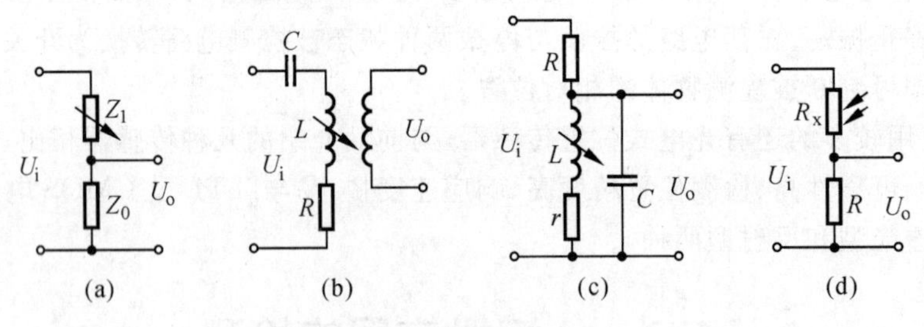

图 5-23 常用的分压电路

图 5-23(b) 所示为一种串联谐振式分压电路，其中 C 和 L 分别是传感器电容和电感，R 是电感线圈与变压器等效电阻之和；U_i 和 U_o 分别是传感器供电电源电压和分压电路输出电压。当被测物理量发生变化时，传感器电容或电感也随之变化，导致变压器一次侧的电流发生变化，因而输出电压也发生变化，其关系为

$$U_o = \frac{-j\omega M_2 U_i}{j\omega L - j\dfrac{1}{\omega C} + R} \tag{5-12}$$

式中：ω—— 交流电源角频率；

M_2—— 变压器互感。

图 5-23(c) 所示为一种并联谐振式分压电路，其中 L、C 和 r 分别是传感器的电感、电容和内阻。输出电压 U_o 随 L、C 的变化规律为

$$U_o = \frac{(r + j\omega L)U_i}{(1 + j\omega^2 LC)R + j\omega L + r(1 + j\omega RC)} \tag{5-13}$$

图 5-23(b)、(c) 所示两种分压电路都可以用于 L 或 C 发生变化的场合，且应通过参数配置使电路工作在谐振点附近，以获得较高的灵敏度。

图 5-23(d) 所示为一种光电分压电路，传感器是一种光敏元件，电阻为 R_x。当照射到传感器上的光通量发生变化时，R_x 也随之变化，则电路的输出电压为

$$U_o = \frac{R}{R + R_x} U_i \tag{5-14}$$

2. 差分电路

差分电路主要用于差分式传感器信号的转换，图 5-24 所示为四种常用的差分电路。

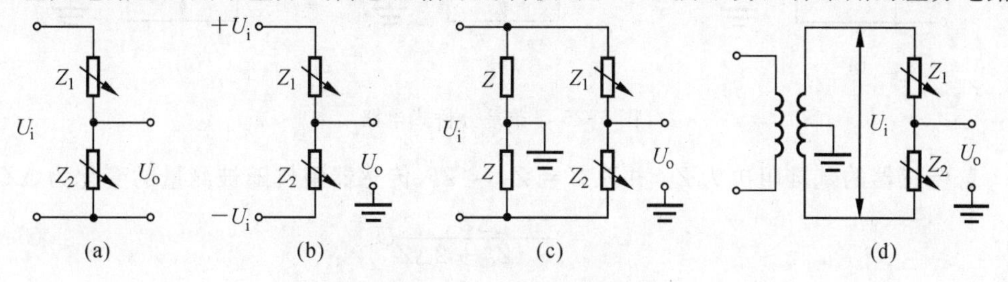

图 5-24 常用的差分电路

图 5-24(a) 所示为利用传感器的一对差分阻抗 Z_1 和 Z_2 构成的分压器。在平衡状态下，$Z_1 = Z_2 = Z_0$；当被测量发生变化时，传感器阻抗也随之变化，设变化量为 ΔZ，则 $Z_1 = Z_0 + \Delta Z$，有

$$U_o = \frac{Z_2}{Z_1 + Z_2} U_i = \frac{Z_0 - \Delta Z}{2Z_0} U_i \tag{5-15}$$

阻抗的变化被转换为电压的变化输出。对于非差分式传感器，电路中的一个阻抗还可以用来补偿环境变化的影响。

图 5-24(b) 所示电路采用了对称电源供电，在传感器处于平衡位置时，电路输出电压为零；当传感器失衡时，输出电压与阻抗的变化成正比，即

$$U_o = -\frac{\Delta Z}{Z_0} U_i \tag{5-16}$$

图 5-24(c) 所示为一种桥式差分电路，主要用于直流电桥。两个阻抗元件 Z 的中点接地，构成对称供电形式。当传感器处于平衡位置时，输出电压为零；当传感器失衡时，输出电压为

$$U_o = -\frac{\Delta Z}{2Z_0} U_i \tag{5-17}$$

图 5-24(d) 所示为采用变压器配成的桥式差分电路，通过具有中间抽头的变压器二次线圈对传感器的一对差动阻抗对称供电，其输出电压与传感器阻抗变化之间的关系与式(5-17) 所示相同。

3. 非差分电路

图 5-25 所示的传感器是非差分式的，其阻抗为 Z_1，采用标准阻抗 Z_R 作为电桥的另一臂。

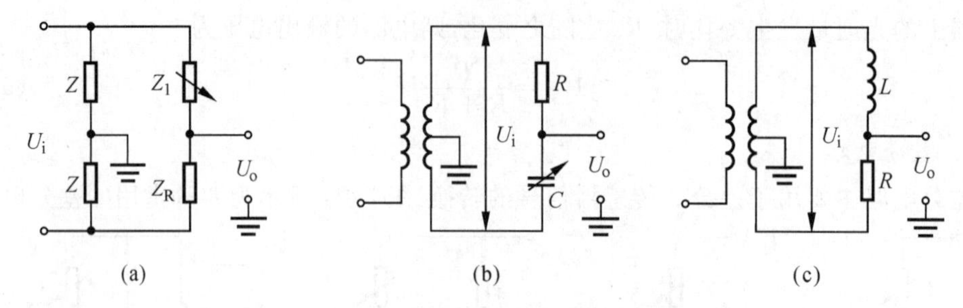

图 5-25 非差分桥式电路

若传感器的基准阻抗为 Z_0，并取 $Z = Z_R = Z_0$，传感器阻抗随被测量的变化为 ΔZ，则

$$U_o = \frac{\Delta Z}{-4Z_0 + 2\Delta Z} U_i \tag{5-18}$$

图 5-25(b) 所示为一种阻容相位电桥，当电容传感器的电容 C 或电阻传感器的电阻 R 变化时，输出电压的幅值 $U_o = U_i/2$ 不变，相位角 φ 却随之变化，其输出为

$$\varphi = 2\arctan \frac{1}{\omega CR} \tag{5-19}$$

图 5-25(c) 所示为阻感相位电桥，其输出信号相位随传感器电感 L 或电阻 R 的变化关系为

$$\varphi = 2\arctan \frac{R}{\omega L} \tag{5-20}$$

4. 调频电路

图 5-26 所示为一种适用于电容式传感器的调频电路。传感器电容 C 和标准电感 L 构成谐振电路并接入振荡器中，振荡器输出信号的频率 f 随传感器电容 C 的变化关系为

$$f = \frac{1}{2\pi\sqrt{LC}} \tag{5-21}$$

5. 脉冲调宽电路

图 5-27 所示为一种将传感器的电容 C 或电阻 R 的变化转换成电压输出 U_o 的脉冲宽度调制的电路。其工作原理是电源 U_i 通过 R 对 C 充电，当 C 上的充电电压超过参考电压 U_R 时，比较器 N 翻转，使 U_o 发生阶跃变化，同时通过开关控制电路控制开关 S 使 C 放电，输出信号 U_o 的脉宽 B 随电容 C 或电阻 R 的变化而变化，即

$$B = kRC \tag{5-22}$$

式中：k—— 与 U_R/U_i 有关的常数。

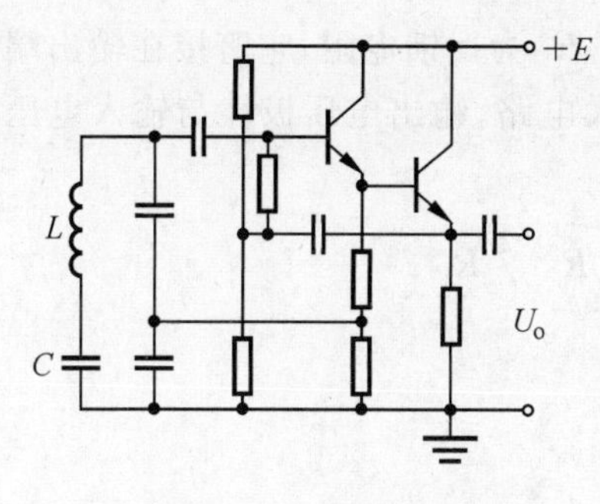

图 5-26 调频电路

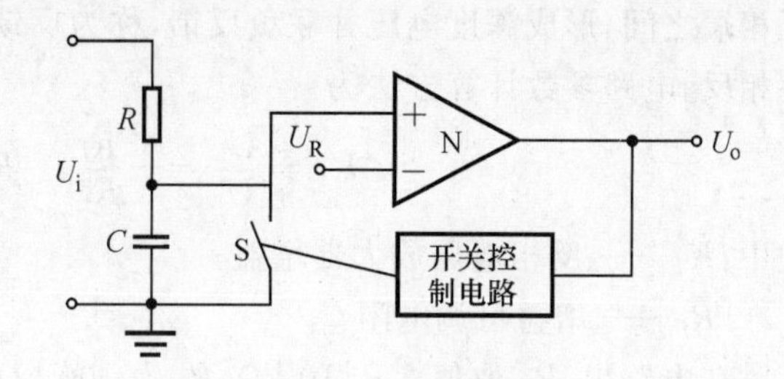

图 5-27 脉冲调宽电路

5.3.2 信号放大电路

信号放大电路又称放大器，用于将传感器或经基本转换电路输出的微弱信号不失真地加以放大，以便于进一步加工和处理。

1. 电压放大器电路设计

1）同相电压放大器电路设计

同相电压放大器电路如图 5-28 所示。放大器输出电压与输入电压同相，并且放大倍数大于或等于 1。由于同相电压放大器引入了共模电压，因此在设计中要选择共模抑制比较好的集成运算放大器，所设计的放大电路才能保持精度。从减小误差的角度来看，同相电压放大器的应用不如反相放大器应用广泛。

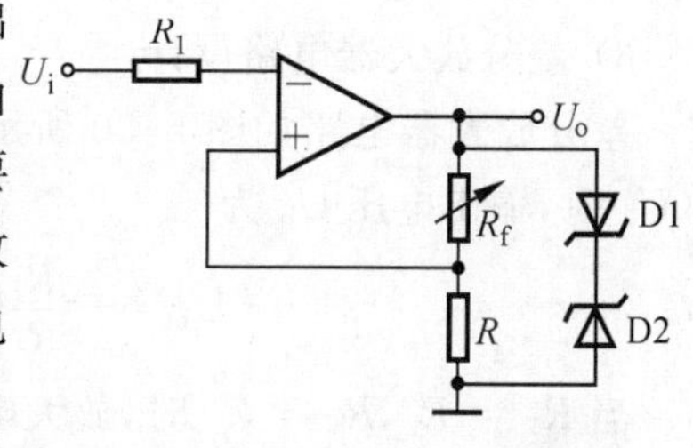

图 5-28 同相电压放大器电路

同相电压放大器的放大增益与集成运算放大器内部参数无关。当取 $R_f = 0$ 和 $R = \infty$ 时，$K_f = 1$，此时的电路称为电压跟随器，其主要特点是具有高输入阻抗和低输出阻抗，常用在信号处理中作阻抗变换。所以在使用时，输入电压幅值不能超过其共模电压输入范围，以防堵塞。应选用输入共模电压高的集成运算放大器型号，也可以采用输入加限幅二极管，提高其抗共模性能。同相电压放大器参数计算方法为

$$K_f = \frac{U_o}{U_i}, \quad K_f = 1 + \frac{R_f}{R}$$

式中：K_f—— 同相电压放大器增益；

R_f—— 放大器增益可调电阻。

在电路中，R 取值 2 ～ 10 kΩ（$R_1 \approx R$），D1、D2 为稳压二极管，R_f 为 100 kΩ。

2）反相电压放大器电路设计

反相电压放大器电路如图 5-29 所示，反相电压放大器的输入信号 U_i 经输入端电阻

R_1 送入反相输入端，同相输入端经平衡电阻 R_p 接地。R_f 为反馈电阻，它跨接在输出端与反相端之间，形成深度电压并联负反馈，称为反馈放大电路。输出电压极性与输入电压极性相反。电路参数计算方法为

$$K_f = \frac{U_o}{U_i} = -\frac{R_f}{R_1}, \quad R_p = R_1 \mathbin{/\!/} R_f$$

式中：K_f—— 反相电压放大器增益；

R_f—— 增益可调电阻。

在电路中，R_1 取值 2 ～ 10 kΩ，R_f 为 100 kΩ。

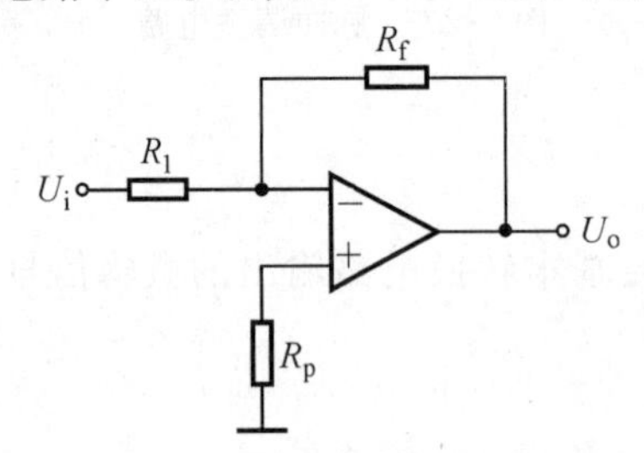

图 5-29　反相电压放大器电路

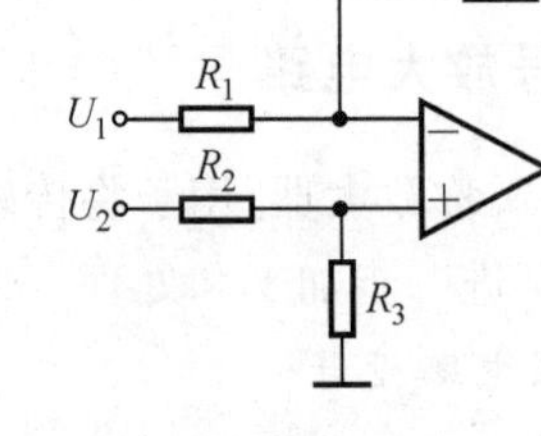

图 5-30　差分放大器电路

3）差分放大器电路设计

差分放大器电路如图 5-30 所示，当运算放大器的反相端和同相端分别输入信号 U_1 和 U_2 时，输出电压 U_o 为

$$U_o = -\frac{R_f}{R_1}U_1 + \left(1+\frac{R_f}{R_1}\right)\left(\frac{R_3}{R_2+R_3}\right)U_2$$

当 $R_1 = R_2$，$R_f = R_3$ 时，放大电路为差分放大器，其差模电压增益为

$$A_V = \frac{U_o}{U_2 - U_1} = \frac{R_f}{R_1} = \frac{R_3}{R_2}$$

输入电阻为

$$R_i = R_1 + R_2 = 2R_1$$

当 $R_1 = R_2 = R_f = R_3$ 时，放大电路为减法器，输出电压为

$$U_o = U_2 - U_1$$

由于差动放大器具有双端输入、单端输出、共模抑制比较高（$R_1 = R_2$，$R_f = R_3$）的特点，通常用作传感放大器或测量仪器的前端放大器。

4）交流电压放大器电路

图 5-31 所示为交流电压放大器，可用于低频交流信号的放大，其输出信号与输入信号的关系为

$$U_o = -\frac{Z_f}{Z_1}U_i$$

式中：
$$Z_1=\frac{1}{j\omega C_1}+R_1,\quad Z_f=\frac{R_f}{1+j\omega C_f R_f}$$

由于 Z_1 和 Z_f 都与频率 ω 有关，因此放大器的放大倍数也与频率有关，在放大信号时，可以抑制直流漂移和高频干扰电压。

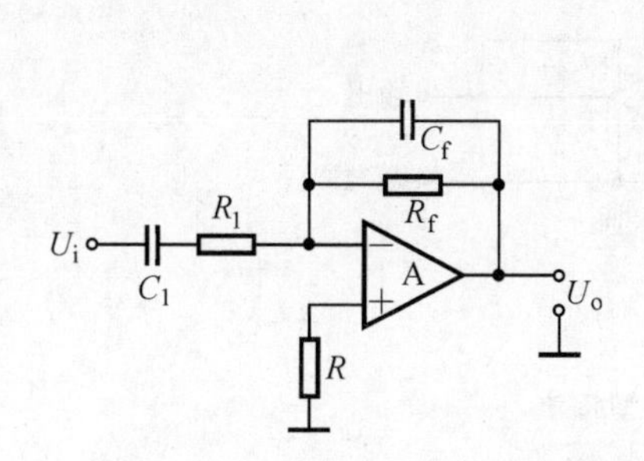

图 5-31　交流电压放大器电路

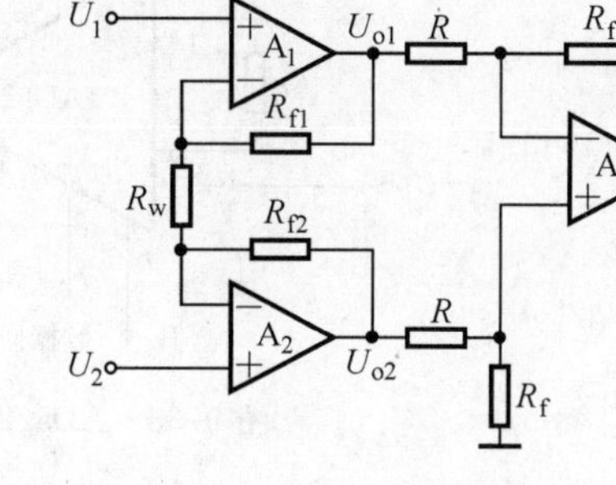

图 5-32　测量放大器电路

2. 测量放大器(仪表放大器)电路设计

在许多检测技术应用场合，传感器输出的信号往往较弱，而且其中还包含工频、静电和电磁耦合等共模干扰，对这种信号的放大就需要放大电路具有很高的共模抑制比及高增益、低噪声和高输入阻抗。习惯上将具有这种特点的放大器电路称为测量放大器电路或仪表放大器电路。

图 5-32 所示为三个运算放大器组成的测量放大器电路，差动输入信号 U_1、U_2 分别送至两个运算放大器(A_1、A_2)的同相输入端，因此输入阻抗很高。采用对称电路结构，而且被测信号直接加到输入端上，从而保证了较强的抑制共模信号的能力。A_3 实际上是一差动跟随器，其增益近似为 1.测量放大器电路的放大倍数为

$$A_V=\frac{U_o}{U_2-U_1} \tag{5-23}$$

$$A_V=\frac{R_f}{R}\left(1+\frac{R_{f1}+R_{f2}}{R_w}\right) \tag{5-24}$$

只要运算放大器 A_1 和 A_2 性能对称(主要输入阻抗和电压增益对称)，这种电路的漂移就将大大减小。该电路具有高输入阻抗和高共模抑制比，对微小的差模电压很敏感，适用于测量远距离传输过来的信号，因而十分适合与输出微小信号的传感器配合使用。R_w 是用来调整放大倍数的外接电阻。

AD521/AD522 等是一种集成运算放大器，它具有比普通运算放大器性能优良、体积小、结构简单、成本低等特点。下面具体介绍一下 AD522 集成运算放大器的特点及应用。

AD522 主要用于恶劣环境条件下进行高精度数据采集的场合，由于 AD522 具有低电压漂移、低非线性、高共模抑制比、低噪声、低失调电压等特点，因而常用于 12 位数据采集

系统。图 5-33 所示为 AD522 典型接法。

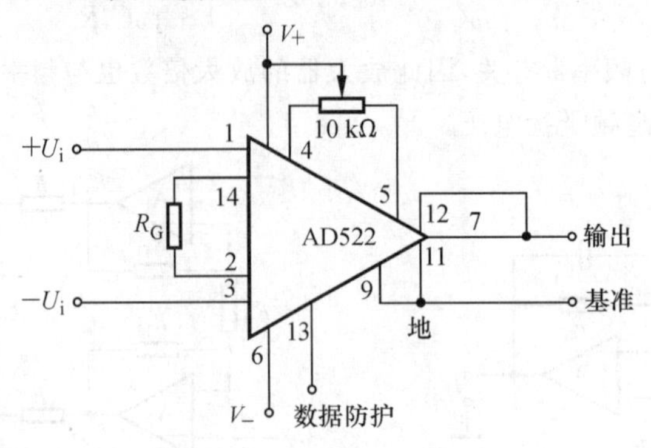

图 5-33 AD522 典型接法

AD522 的一个主要特点是设有数据防护端，用于提高交流输入时的共模抑制比。对远处传感器送来的信号，通常采用屏蔽电缆传送到测量放大器，电缆线上分布参量 RC 会使信号产生相移，当出现交流共模信号时，这些相移将使共模抑制比降低。利用数据防护端可以克服上述影响（见图 5-34）。对于无此端子的仪器用放大器，如 AD524、AD624 等，可在 R_{G2} 端取得共模电压，再用一运算放大器作为它的输出缓冲屏蔽驱动器。运算放大器应选用具有很低偏流的场效应管运算放大器，以减小偏流流经增益电阻时使增益产生的误差。

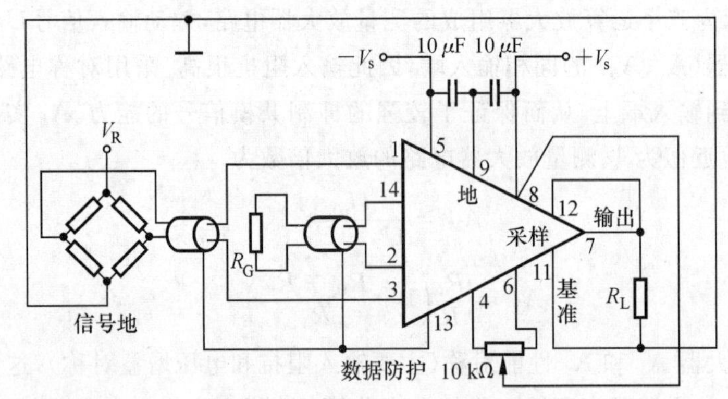

图 5-34 AD522 典型应用

3. 程控增益放大器设计

经过处理的模拟信号，在送入计算机处理前必须进行量化，即进行模数(A/D)转换，变换后的数字信号才能为计算机接收和处理。

为减小转换误差，一般希望送来的模拟信号尽可能大，采用 A/D 转换器进行模数转换时，在 A/D 输入的允许范围内，希望输入的模拟信号尽可能达到最大值；然而，当被测参量变化范围较大时，经传感器转换后的模拟小信号变化也较大。在这种情况下，如果单纯只使用放大倍数单一的放大器，就无法满足上述要求，即在进行小信号转换时，可能会引入较大的误差。为解决这个问题，实际上常采用改变放大器增益的方法，来实现不同幅度信号的放大。

在计算机自动测控系统中，不可能采用手动办法来实现增益变换，希望采用软件控制的办法实现增益的自动变换。具有这种功能的放大器称为可编程增益放大器(PGA)。

图5-35所示为利用改变反馈电阻的办法来实现量程变换的可变换增益放大器电路。当开关 S_1 闭合，S_2 和 S_3 断开时，放大倍数为

$$A_{Vf}=-\frac{R_1}{R} \tag{5-25}$$

当 S_2 闭合，而其余两个开关断开时，其放大倍数为

$$A_{Vf}=-\frac{R_2}{R} \tag{5-26}$$

选择不同的开关闭合，即可实现不同增益的变换。如果采用软件对开关闭合进行选择，即可实现程控增益变换。

将程控增益放大器与A/D转换器组合，配合一定的软件，很容易实现输入信号的增益控制或量程变换，间接地提高输入信号的分辨率。

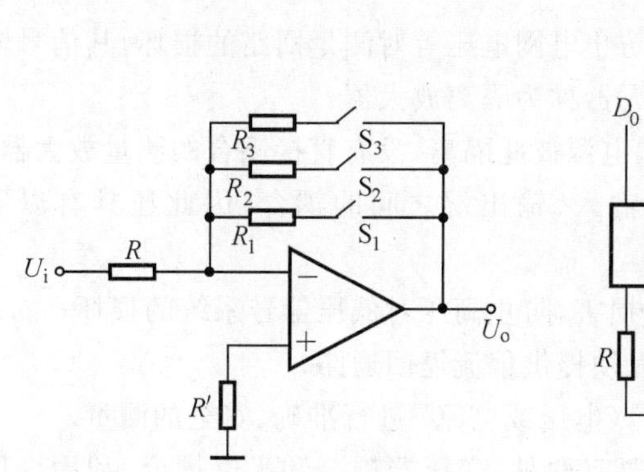

图5-35　程控增益放大器原理

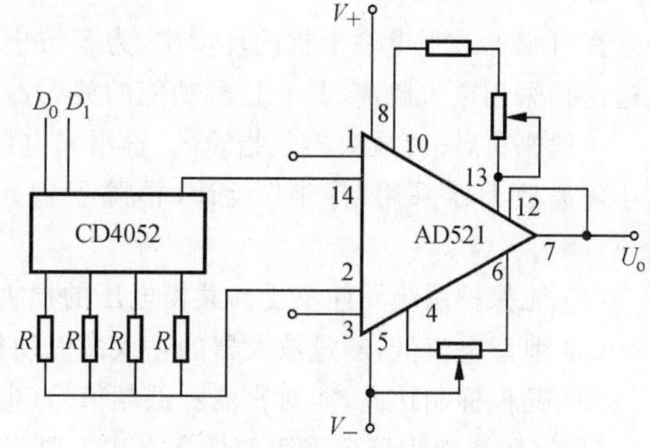

图5-36　AD521构成的程控增益放大器

图5-36所示为利用AD521测量放大器与模拟开关组成的程控增益放大器，通过改变其外接电阻 R 的办法来实现增益控制。

有些测量放大器已在电路中将译码电路和模拟开关结合在一起，有的甚至将设定增益所需的电阻也集成在同一器件中，为计算机控制提供了极为便利的条件。AD524即是常用的一种集成可编程增益放大器。

图5-37所示为AD524原理，AD524具有低失调电压(50 mV)、低失调电压漂移(0.5 μV/℃)、低噪声(0.3 μV(p-p)，0.1～10 Hz)、低非线性(0.003%，增益为1时)、高

共模抑制比(120 dB,增益为 1 000 时)、增益带宽为 25 MHz、输入保护等特点；从其结构图可知，对于 1、10、100 和 1 000 倍的整数倍增益，不需外接电阻即可实现，在具体使用时只采用一个模拟开关来控制即可达到目的。对于其他倍数的增益控制，也可用一般的改变增益调节电阻 R_s 的方法来实现，同样也可以采用结合 D/A 转换器改变反馈电阻的方法，甚至改变其参考端电压的方法来实现程控增益。

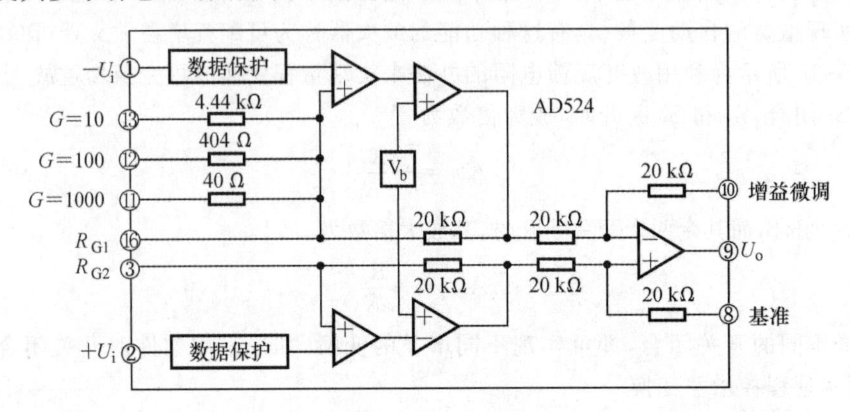

图 5-37 AD524 原理

4. 隔离放大器

在有强电或强电磁干扰的环境中，为了防止电网电压等对测量回路的损坏，其信号输入通道须采用电气隔离，具有这种功能的放大器称为隔离放大器。

一般来讲，隔离放大器是指输入、输出和电源彼此隔离，没有直接耦合的测量放大器。由于隔离放大器采用“浮地”设计，消除了输入、输出端之间的耦合，因此还具有以下特点：

(1) 能保护系统元件不受高共模电压的损害，防止高压对低压信号系统的损坏；

(2) 泄漏电流低，测量放大器的输入端无须提供偏流返回通路；

(3) 共模抑制比高，能对直流和低频信号(电压或电流)进行准确、安全的测量。

目前，隔离放大器中采用的耦合方式主要有两种：变压器耦合和光电耦合。利用变压器耦合实现载波调制，通常具有较高的线性度和隔离性能，但是带宽较小。利用光电耦合方式实现载波调制，可获得较大的带宽，但其隔离性能不如变压器耦合。上述两种方法均需对差动输入级提供隔离电源，以便达到预定的隔离目的。

图 5-38 所示为 284 型隔离放大器电路结构。为提高微电流和低频信号的测量精度，减小漂移，其电路采用调制式放大，其内部分为输入、输出和电源三个彼此相互隔离的部分，并由低泄漏高频载波变压器耦合在一起。通过变压器的耦合，将电源电压送入输入电路，并将信号从输入电路送出。输入部分包括双极型前置放大器、调制器；输出部分包括解调器和滤波器，一般在滤波器后还有缓冲放大器。

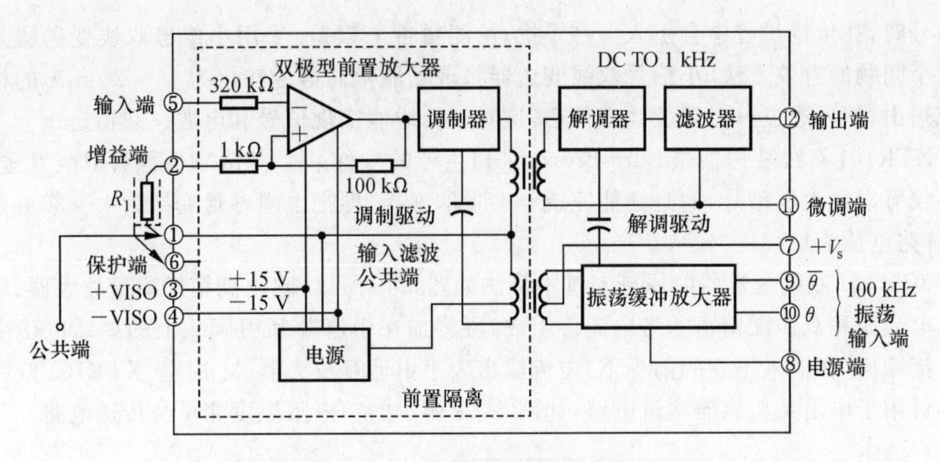

图 5-38　284 型隔离放大器电路结构

采用光路传送信号的隔离放大器称为光耦合隔离放大器。图 5-39 所示为 Burr-Brown(B-B) 公司生产的一种小型廉价的光耦合隔离放大器 ISO100，它将发光二极管的光反向送回输入端（负反馈），正向送至输出端，经过加工处理和仔细配对来保证放大器的精度、线性度和温度的稳定性。

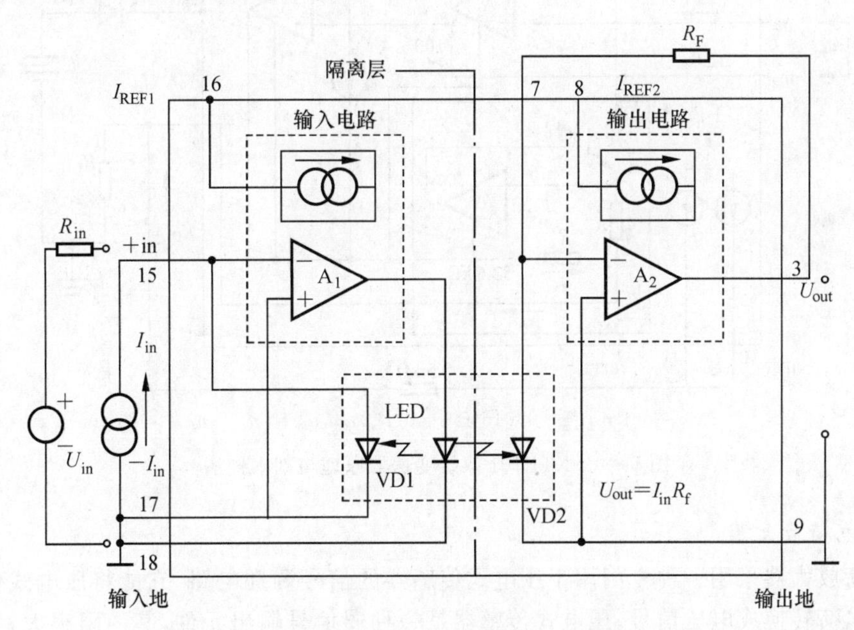

图 5-39　Burr-Brown 公司的 ISO100 电路原理

5. 小信号双线变送器

在计算机控制系统中经常会遇到一个棘手的问题，即在恶劣环境下远距离传送微弱电信号时，在传输过程中会引入一些干扰，给测量带来误差。采用小信号双线变送器是解决这个问题的有效方法。小信号双线变送器将现场的微弱信号转化为 4 ～ 20 mA 的标准电流输出，然后通过一对双绞线来传送，这对双绞线能实现信号和电源一起传送。

XTR101 双线变送器是 Burr-Brown 公司生产的一种 4 ～ 20 mA、低漂移双线发送器，它不仅可以放大电信号，而且还能完成电参量的变换，即把电阻参量变换为 4 ～ 20 mA 电流，环路电压为11.6 ～ 40 V。

XTR101 双线变送器的原理与基本接法如图 5-40 所示，它由高精度测量放大器、压控输出电流源和双匹配精密参考电流源组成，可将加在引脚 3 和引脚 4 上的差动电压变换为电流输出，在输入不变的前提下，电流输出大小由运算放大器 A_1 决定。XTR101 双线变送器可用于电阻类传感器测量电路，如图 5-41 所示的铂电阻温度测量与传送电路。

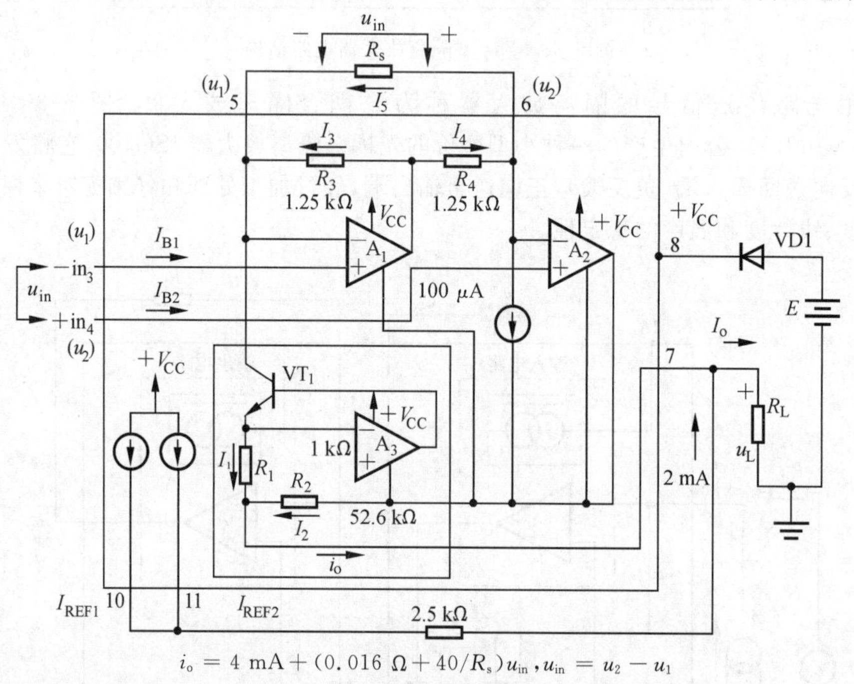

$$i_o = 4\ \text{mA} + (0.016\ \Omega + 40/R_s)u_{in}, u_{in} = u_2 - u_1$$

图 5-40　XTR101 双线变送器原理与基本接法

6. 电荷放大器

电荷放大器采用一种专门用于压电式传感器的信号调理电路。它能将压电式传感器产生的电荷转换成电压信号。压电式传感器是一种弱信号输出元件，其内阻很大，它的等效电路如图 5-42 所示，相当于一个电荷发生器 q 和一个等效电容 C_a 的并联电路。如果采用电压放大器，则对绝缘阻抗要求很高，对电缆的长度要求严格。因此须采用对电路中的传输电容、杂散电容不敏感的电荷放大器。图 5-42 所示为压电式传感器后接电荷放大器

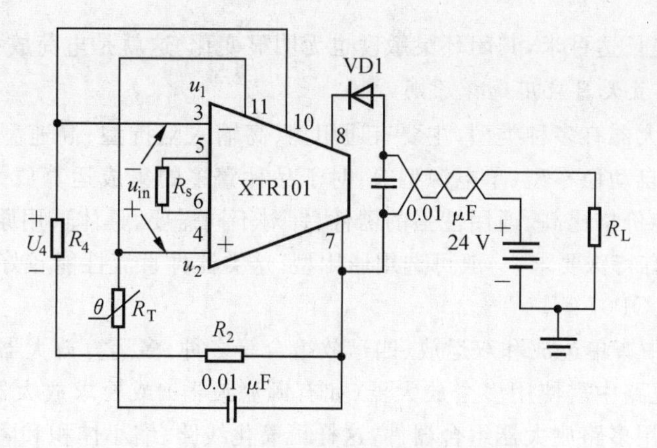

图 5-41　铂电阻温度测量与传送电路

电路示意图。电荷放大器是由高增益运算放大器构成的一个电容负反馈放大器，图中 C_f 为反馈电容，C_e 为电缆电容，C_i 为运算放大器的输入电容，运算放大器的开环增益为 A。该电路忽略了电荷放大器的输入电阻和传感器的漏电阻，因为它们足够大。设电荷放大器输入电压为 u_i，输出电压为 u_o，则

$$q \approx (C_a + C_e + C_i)(u_i - u_o)C_f$$

由于 $u_o = -u_i A, u_i = -\frac{u_o}{A}$，有

$$u_o = \frac{-Aq}{(C_a + C_e + C_i)(1 + A)C_f} \tag{5-27}$$

由于放大器开环增益足够大，式(5-27)可简化为

$$u_o \approx \frac{-q}{C_f} \tag{5-28}$$

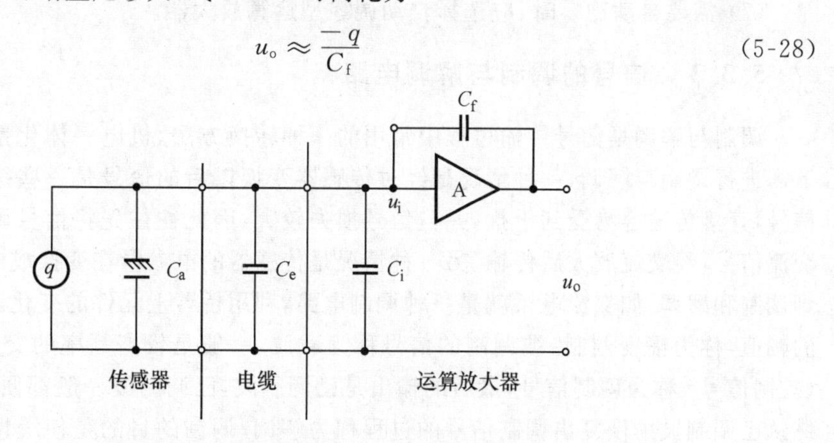

图 5-42　压电式电荷放大器等效电路

式(5-28)表明，当采用高开环增益的运算放大器时，电荷放大器的输出电压与传感器的电荷量成比例，并且比例系数就是反馈电容，和其他电容无关。因此，采用电荷放大

器，即使连接电缆长达百米，其闭环灵敏度也无明显变化。这就是电荷放大器的突出优点。

7. 集成运算放大器应用选择原则

集成运算放大器有多种类型，主要有通用型、高输入阻抗型、高速型、低功耗型、低漂移型、高精度型、自动稳零型、单电源型等。对于品种繁多的集成运算放大器，选择的一般原则是，选用性能价格比高、通用性强的器件。针对不同需要，具体选用原则如下。

(1) 设计没有特殊要求，一般可选用通用型。这类器件直流性能较好，种类较多，价格较低，例如 F007、OP07 等。

(2) 通用型中有单运放和双运放、四运放组合等多种。多运算放大器最大的特点是内部对称性好，如电路中需使用多个放大器（如有源滤波器）或要求放大器对称性好（如测量放大器），可选用多路放大器组合器件，这样可简化线路、缩小体积和降低成本。

(3) 设计要求放大器的输入阻抗很大，则可选用高输入阻抗型运算放大器。在设计采样 / 保持电路、峰值检波、高质量对数放大器、积分器、测量放大器等电路时，需要使用高输入阻抗型运算放大器。

(4) 在用于毫伏级或更微弱信号的检测时，应选用高精度、低漂移、低噪声类型的运算放大器。

(5) 在用于视频信号放大、高速采样 / 保持、高频振荡及波形发生器时，则需选用高速宽频带型运算放大器。

(6) 对于要求低功耗的使用场合，应选低功耗型运算放大器；对需高压输入、输出场合，应选用高压型运算放大器；对需增益控制的，应选用程控增益放大器。其他如宽范围电压控制振荡、伺服放大和驱动，可选用跨导型、电流型运算放大器等。

(7) 需要自动稳零时，应选择自动调零型运算放大器。

5.3.3 信号的调制与解调电路

调制与解调是信号传输过程中常用的一种转换方法。机电一体化系统中在两种情况下需进行调制与解调，一种情况是经过传感器变换以后的信号是一些缓慢变化的微弱电信号，直接传输容易受到干扰，并且信号损失较大，因此往往先将信号调制成变化较快的交流信号，经交流放大后传输。另一种情况是传感器的电参量在变换成电量的过程中会用到调制和解调。如交流电桥就是一种调制电路，利用桥臂上元件的变化调制电桥输出电压的幅值，称为幅度调制。被调制的信号称为载波，一般是较高频率的交变信号。被测信号（控制信号）称为调制信号，最后的输出是已调制波，已调制波一般都便于放大和传输。最终从已调制波中恢复出调制信号的过程称为解调。调制的目的是使缓慢变化信号叠加在载波信号上，使其放大和传输；解调的目的则是恢复原信号。

根据载波受调制的参数的不同，调制可分为调幅（AM）、调频（FM）和调相（PM）。使载波的幅值、频率或相位随调制信号而变化的过程分别称为调幅、调频或调相，它们的已调制波分别称为调幅波、调频波或调相波。

1. 调幅及其解调

1）调幅原理

调幅就是用调制信号去控制高频振荡（载波）信号的幅度。常用的方法是线性调幅，即调幅波的幅值随调制信号按线性规律变化。调幅波的表达式可写为

$$u_o = (U_m + mx)\cos\omega_c t \tag{5-29}$$

式中：ω_c—— 载波信号的角频率；

U_m—— 原载波信号的幅度；

m—— 调制深度；

x—— 输入信号。

幅值调制的信号波形如图 5-43 所示，其中图 5-43(c) 所示为 $U_m \neq 0$ 时的调幅波形，图 5-43(d) 所示为 $U_m = 0$ 时的调幅波形。

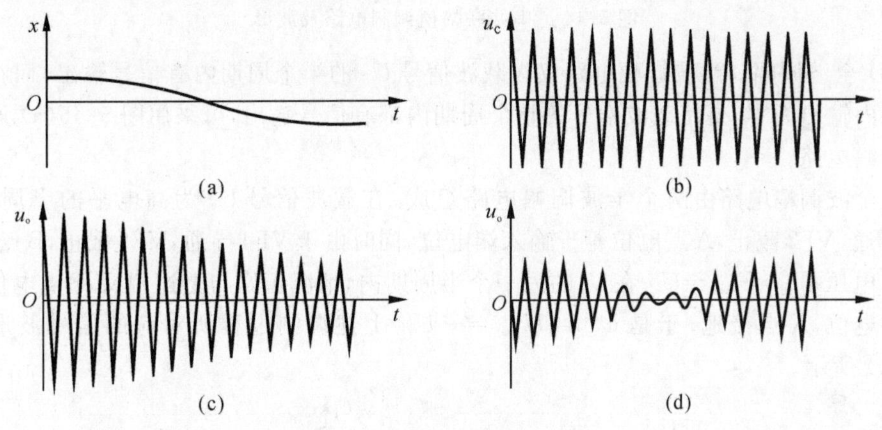

图 5-43　调幅信号的波形

信号的幅值调制可直接在传感器内进行，也可在电路中进行。在电路中对信号进行幅值调制的方法有相乘调制和相加调制。下面介绍相乘调制的方法。

(1) 半波调幅　图 5-44 所示为一种串并联幅值调制电路，用于将缓慢变化的调制信号 U_i 与矩形高频载波信号 U_c 和 $\overline{U}_c$ 相乘。图中，VF1 和 VF2 是场效应管开关，其栅极分别加以 U_c 和 $\overline{U}_c$，使它们交替导通和截止。在 U_c 为高电平的半周期，VF1 导通，VF2 截止。当输出信号 $U_o = U_i$ 在另一半周期内时，VF1 截止，VF2 导通。当输出端接地时，$U_o = 0$，信号 U_i、载波信号 U_c 及已调制信号 U_o 的波形如图 5-44(b) 所示。可见 U_o 相当于 U_i 与幅值按 0、1 变化的矩形载波信号 U_c 相乘。将 U_c 按傅里叶级数展开，有

$$U_c = \frac{1}{2} + \frac{2}{\pi}\cos\omega_c t - \frac{2}{3\pi}\cos\omega_c t + \cdots \tag{5-30}$$

将 U_i 与 U_c 相乘后，再用带通滤波器滤除直流分量和频率高于 $3\omega_c$ 的高频分量，就得

到相乘调制信号 $U_o=\frac{2}{\pi}U_i\cos\omega_c t$。

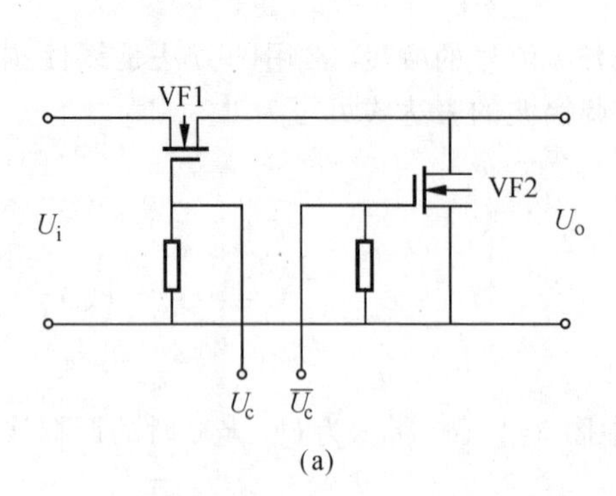

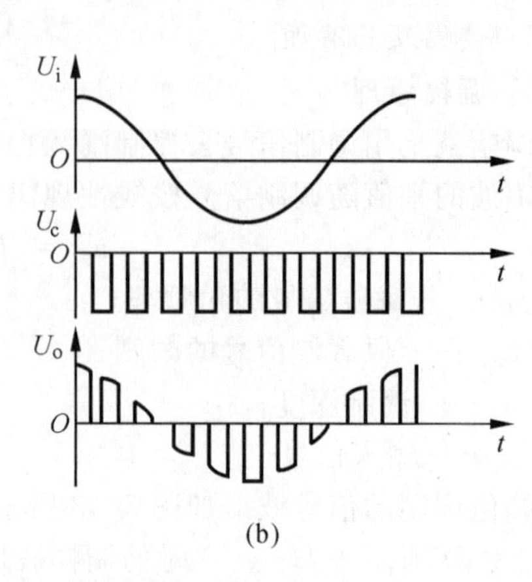

图 5-44　串并联幅值调制电路及波形

(2) 全波调幅　半波调幅电路仅在载波信号 U_c 的半个周期内有信号输出，而在另半个周期内输出为零。要使载波信号的整个周期内都有信号输出，可采用图 5-45(a) 所示的全波调幅电路。

该全波调幅电路由两个半波调幅电路组成。在载波信号 U_c 为高电平的半周期内，VF1 导通，VF2 截止，A 点电位等于输入端电位，同时由于 VF4 导通，VF3 截止，B 点接地，则输出电压 $U_o=U_{AB}=U_i$；在 U_c 的另一个半周期内，情况正好与上述相反，B 点电位等于输入端电位，A 点接地，于是 $U_o=U_{AB}=-U_i$。上述调制过程所对应的信号波形如图 5-45(b) 所示。

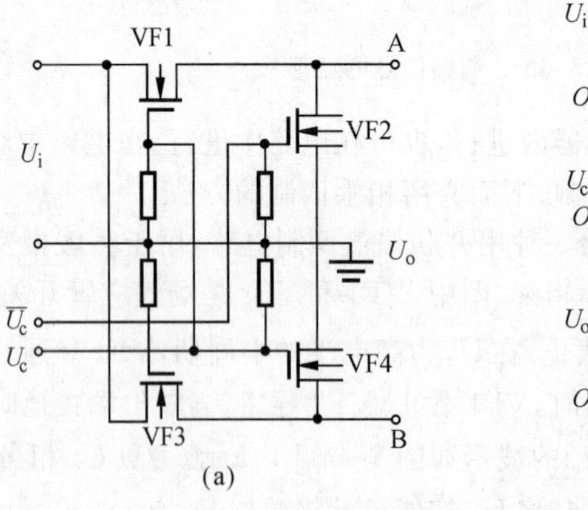

图 5-45　全波相乘调制电路及波形

2) 调幅波的解调

从已调制的信号中检出调制信号的过程称为解调或检波。为了解调可以使调幅波和载波相乘，再通过低通滤波器，但这样做需要性能良好的线性乘法器件。若把调制信号进行偏置，叠加一个直流分量 A，使偏置后的信号都具有正电压，那么调幅波的包络线将具有原调制信号的形状，如图 5-46(a) 所示。把该调幅波 $x_m(t)$ 简单地整流(半波或全波整流)、滤波就可以恢复原调制信号。如果原调制信号中有直流分量，在整流以后应准确地减去所加的偏置电压。

若所加的偏置电压未能使信号电压都在零线的一侧，则对调幅波只是简单地整流就不能恢复原调制信号，如图 5-46(b) 所示。这就需要采用相敏检波技术。

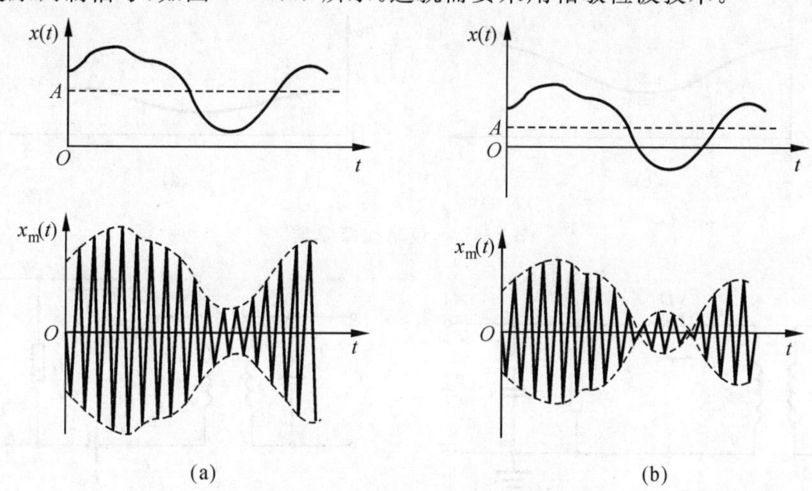

图 5-46　调制信号加偏置的调幅波

(a) 偏置电压足够大　(b) 偏置电压不够大

(1) 包络检波　包络检波是一种对调幅信号进行解调的方法。其原理是利用二极管等只有单向导电性能的器件，截去调幅信号的下半部，再用滤波器滤除其高频成分，从而得到按调幅波包络线变化的调制信号，其信号检出过程如图 5-47 所示，其中 u_s、u_s'、u_o 和 u_o' 分别是调幅信号、整流后的信号、峰值检波信号和平均值检波信号。

图 5-48 是采用二极管 VD 作为整流元件的包络检波电路。若 u_s 如图 5-47(a) 所示，则经 VD 整流后的波形如图 5-47(b) 所示，经电容 C 低通滤波后所得的输出信号 u_o 的波形如图 5-47(c) 所示。

图 5-49 所示为采用晶体管 VT 作为整流元件来实现平均值检波的电路。由于 VT 在 u_s 的半个周期导通，i_c 对电容 C 充电。在 u_s 的另半个周期，VT 截止，电容 C 向 R_L 放电，流过 R_L 的平均电流只有 $i_c/2$，因而所获得的是平均值检波，其输出信号 u_o' 的波形如图 5-47(d) 所示。应当指出，虽然平均值检波使波形幅值减小一半，但由于晶体管的放大作用，检波输出信号比输入的调幅信号在量值上要大得多，因而具有较强的承载能力。

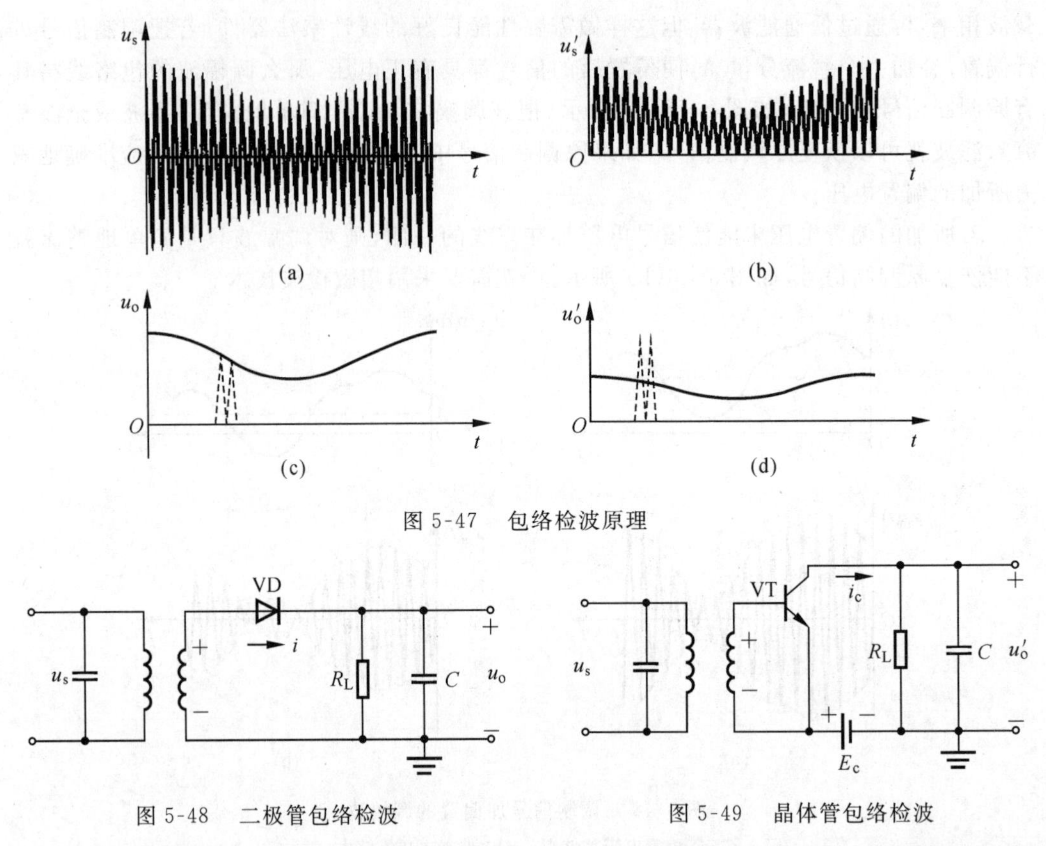

图 5-47　包络检波原理

图 5-48　二极管包络检波　　图 5-49　晶体管包络检波

(2) 相敏检波　采用相敏检波时，对原信号可不必加偏置。注意到交变信号在其过零线时符号(+、−)发生突变，调幅波的相位(与载波比较)也相应地发生 180° 的跳变。利用载波信号与其进行相位比较，既能反映出原信号的幅值又能反映其极性。图 5-50 中 $x(t)$ 为原信号，$y(t)$ 为载波，$x_{\mathrm{m}}(t)$ 为调幅波。电路设计使变压器B二次输出电压大于变压器A二次输出电压。若原信号 $x(t)$ 为正，调幅波 $x_{\mathrm{m}}(t)$ 与载波 $y(t)$ 同相，如图中 Oa 段所示。当载波电压为正时，VD1 导通，电流的流向是 $d\rightarrow 1\rightarrow$ VD4 $\rightarrow 2\rightarrow 5\rightarrow c\rightarrow$ 负载 $\rightarrow$ 地 $\rightarrow d$。当载波电压为负时，变压器 A 和 B 的极性同时改变，电流的流向是 $d\rightarrow 3\rightarrow$ VD3 $\rightarrow 4\rightarrow 5\rightarrow c\rightarrow$ 负载 $\rightarrow$ 地 $\rightarrow d$。若原信号 $x(t)$ 为负，调幅波 $x_{\mathrm{m}}(t)$ 与载波 $y(t)$ 异相，如图中 ab 段所示。这时，当载波为正时，变压器 B 的极性如图中所示。变压器 A 的极性却与图中相反，这时 VD2 导通，电流的流向是 $5\rightarrow 2\rightarrow$ VD2 $\rightarrow 3\rightarrow d\rightarrow$ 地 $\rightarrow$ 负载 $\rightarrow c\rightarrow 5$。当载波电压为负时，电流的流向是 $5\rightarrow 4\rightarrow$ VD4 $\rightarrow 1\rightarrow d\rightarrow$ 地 $\rightarrow$ 负载 $\rightarrow c\rightarrow 5$。因此在负载 R_{L} 上所检测的电压就重现 $x(t)$ 的波形。

这种相敏检波是利用二极管的单向导通作用将电路输出极性换向的。这种电路相当于在 Oa 段把 $x(t)$ 的零线下的负部翻上去，而在 ab 段把正部翻下来，所检测到的信号 u_{L}

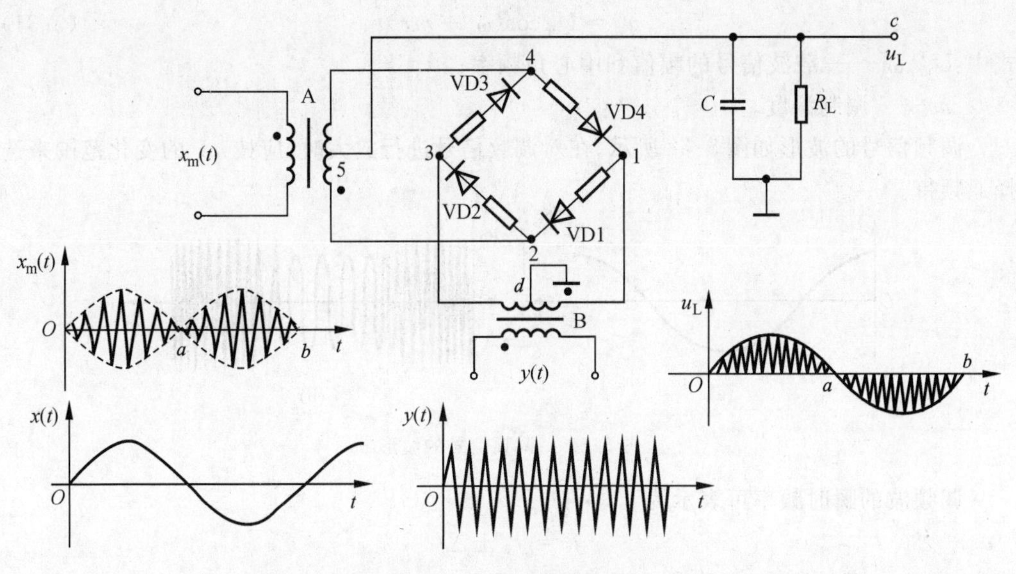

图 5-50　相敏检波

是经过“翻转”后信号的包络。

动态电阻应变仪(见图 5-51)可作为电桥调幅与相敏检波的典型实例。电桥由振荡器供给等幅高频振荡电压,输出被接在桥臂上的传感元件所获得的信号调制。电桥输出信号为调幅波,经过放大、相敏检波和滤波取出测量信号。该电路称为动态电阻应变仪,是因为它最早用于应变测量。实际上电感、电容传感器所接交流电桥电路都为这种电路。

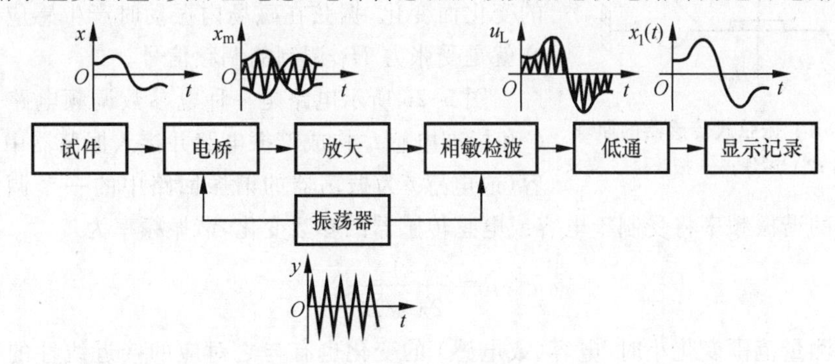

图 5-51　动态电阻应变仪方框图

2. 调频及其解调

1) 频率调制

频率调制是让一个高频振荡的载波信号的频率随被测量(调制信号)而变化,则得到的已调制信号中就包含了被测量的全部信息。在线性调频中,调频信号可表示为

$$u_o = U_m \cos(\omega_c + mx)t \tag{5-31}$$

式中：U_m、ω_c——载波信号的幅值和中心角频率；

m——调制深度。

调频信号的波形如图 5-52 所示。在对调频信号进行放大时，应按 mx 的变化范围来选择通频带。

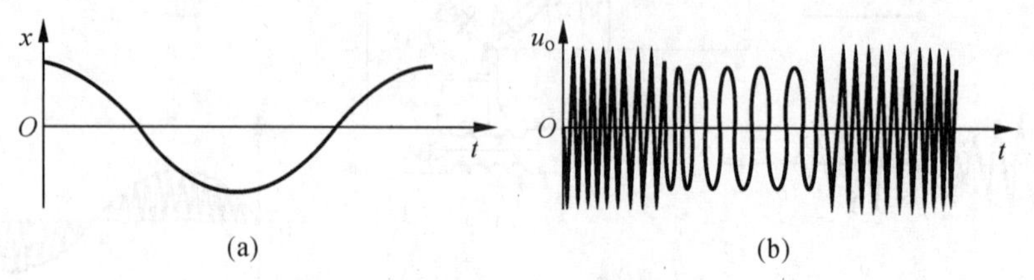

图 5-52　调频信号的波形

调频波的瞬时频率可表示为

$$f = f_0 \pm \Delta f$$

式中：f_0——载波频率，又称中心频率；

Δf——频率偏移，与调制信号的幅值成正比。

常用的调频方法有传感器调频、电参数调频、电压调频等。图 5-53 所示为用于测量力的振弦式传感器的原理。振弦的一端与支承相连，另一端与膜片相连。在外加激励作用下，振弦按固有频率振动，且随张力 H_T 的变化而变化。振弦在磁场内振动时产生感应电动势，它就是受张力 H_T 调制的调频信号。

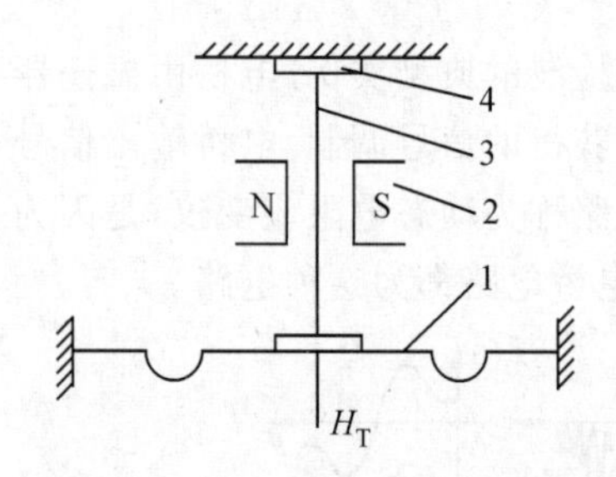

图 5-53　振弦式传感器的原理

1—膜片；2—磁铁；3—振弦；4—支承

图 5-26 所示电路是一种电参数调频电路。由电容 C 和标准电感 L 构成谐振电路并接入振荡器中，若该电容（或电感）为振荡器的谐振回路中的一个调谐参数，那么电路的谐振频率将受制于电容或电感传感器的参数变化，谐振频率为

$$f = \frac{1}{2\pi\sqrt{LC}} \tag{5-32}$$

在被测量范围变化小时，电容（或电感）的变化也有与之对应的接近线性的变化。例如，在电容传感器中以电容作为调谐参数，在 f 附近有 $C = C_0$，对式(5-32)进行线性化，可得

$$f = f_0 + \Delta f = f_0\left(1 - \frac{\Delta C}{2C_0}\right)$$

因此，回路的振荡频率将和调谐参数的变化呈线性关系，也就是说，在小范围内，它和被测量的变化有线性关系。这种把被测量的变化直接转换为振荡频率的变化称为直接调

频式测量电路，其输出也是等幅波。

2）频率解调

调频波是以正弦波频率的变化来反映被测信号的幅值变化的。因此调频波的解调是先将调频波变换成调频调幅波，然后进行幅值检波。调频波的解调由鉴频器完成。通常鉴频器由线性变换电路与幅值检波器构成。

图 5-54 所示为一种采用变压器进行耦合的谐振鉴频方法，也是常用的鉴频方法。图 5-54(a) 中 L_1、L_2 分别是变压器的一次、二次线圈，它们和 C_1、C_2 组成并联谐振回路。输入等幅调频波 u_f，在回路的谐振频率 f_0 处，线圈 L_1、L_2 中的耦合电流最大，二次输出电压 u_o 也最大。当频率离开 f_0 时，f_D 也随之下降。u_o 的频率虽然和 u_f 保持一致，也就是调频波的频率，但幅值却不保持常值，其电压幅值和频率关系如图 5-54(b) 所示。通常利用特性曲线的亚谐振区近似直线的一段实现频率 - 电压变换。被测量（如位移）为零值时，调频回路的振荡频率 f_0 对应特性曲线上升部分近似直线段的中点。

随着测量参量的变化，幅值随调频波频率而近似呈线性变化，调频波的频率则与测量参量保持近似线性的关系。因此，对 U_o 进行幅值检波就能获得测量参量变化的信息，且保持近似线性的关系。调幅、调频技术不仅在一般检测仪表中应用，而且是工程遥测技术的重要内容。工程遥测是对被测量的远距离测量，以现代通信方式（有线或无线通信、光通信）实现信号的发送和接收。

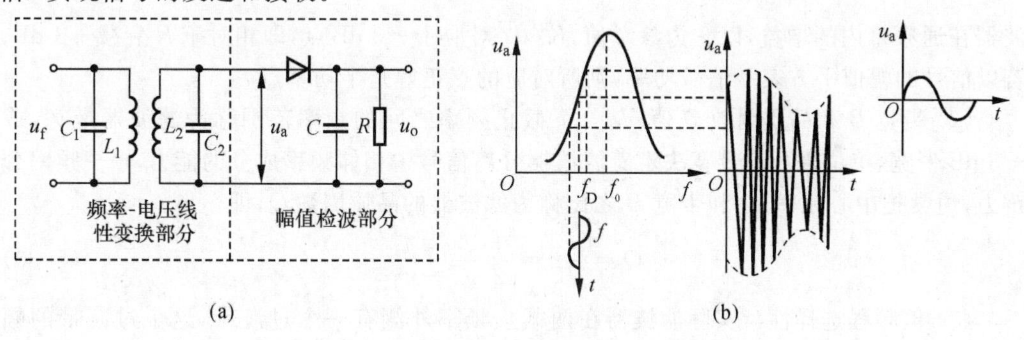

图 5-54　用变压器耦合的谐振回路鉴频

(a) 鉴频器　(b) 频率 - 电压特性曲线

5.3.4　模拟滤波器设计

1. 滤波器的分类和基本参数

1）滤波器的分类

滤波器的种类繁多，根据滤波器的选频作用，一般将滤波器分为四类，即低通、高通、带通和带阻滤波器；根据构成滤波器的器件类型，可分为 RC、LC 或晶体谐振滤波器；根据构成滤波器的电路性质，可分为有源滤波器和无源滤波器；根据滤波器所处理的信号性质,分为模拟滤波器与数字滤波器。

图5-55所示为低通、高通、带通和带阻滤波器的幅频特性曲线。对于低通滤波器,f_2为截止频率,$0\sim f_2$频率之间为其通频带;对于高通滤波器,截止频率f_1以上的频率范围(即$f_1\sim\infty$)为通频带;对于带通滤波器,f_1和f_2分别为下、上截止频率,通频带为$f_1\sim f_2$;对于带阻滤波器,下截止频率f_1和上截止频率f_2之间的频率范围为阻带。频率位于通频带以内的信号可以顺利通过滤波器,而其他频率的信号将被滤波器衰减。

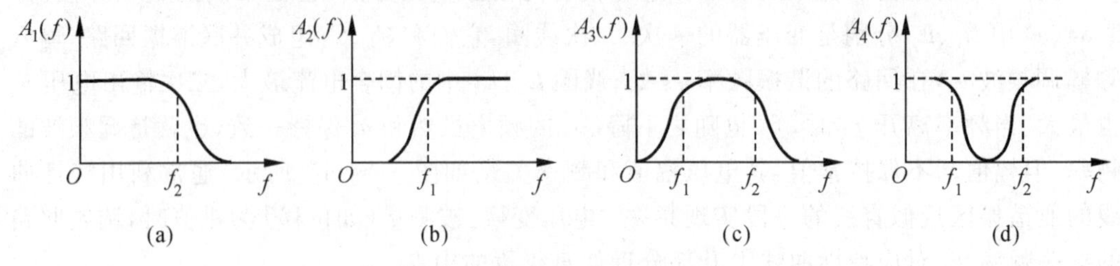

图5-55 四类滤波器的幅频特性

(a) 低通 (b) 高通 (c) 带通 (d) 带阻

2) 滤波器的基本参数

对于实际滤波器,主要参数有截止频率、带宽、品质因数(Q值)、倍频程选择性等。

(1) 截止频率 幅特性值等于$K/\sqrt{2}$时所对应的频率称为滤波器的截止频率。K为滤波器在通频带内的增益,以它为参考值,$K/\sqrt{2}$对应于-3 dB点,即相对于K衰减-3 dB。若以信号的幅值平方表示信号功率,则所对应的点正好是半功率点。

(2) 带宽B和品质因数Q值 上、下截止频率之间的频率范围称为滤波器带宽,或-3 dB带宽,单位为Hz。带宽决定着滤波器分离信号中相邻频率成分的能力——频率分辨力,通常把中心频率f_0和带宽B之比称为滤波器的品质因数Q,即

$$Q=\frac{f_0}{B}=\frac{1}{2}\frac{f_2+f_1}{f_2-f_1} \tag{5-33}$$

(3) 倍频程选择性 实际滤波器在两截止频率外侧有一个过渡带。这个过渡带的幅频曲线倾斜程度表明了衰减的快慢,它决定着滤波器对带宽外频率成分衰减的能力。通常用倍频程选择性来表征。所谓倍频程选择性,是指在上截止频率f_2与$f_2/2$之间,或者在下截止频率f_1与$f_1/2$之间幅频特性的衰减量,即频率变化一个倍频程时的衰减量,以dB为单位。显然,衰减越快,滤波器选择性越好。远离截止频率的衰减率也可以用-20 dB/倍频程衰减量表示。

2. *无源RC滤波器*

用无源器件R和C构成的滤波器称为无源RC滤波器,RC滤波器电路简单,抗干扰性强,有较好的低频特性等优点,并且选用标准阻容元件也容易实现,因此在检测系统中有较多的应用。

(1) 一阶 RC 低通滤波器　RC 低通滤波器的典型电路及其幅频、相频特性如图 5-56 所示。设滤波器的输入信号电压为 u_i，输出信号电压为 u_o，电路的微分方程为

$$RC\frac{\mathrm{d}u_o}{\mathrm{d}t}+u_o=u_i$$

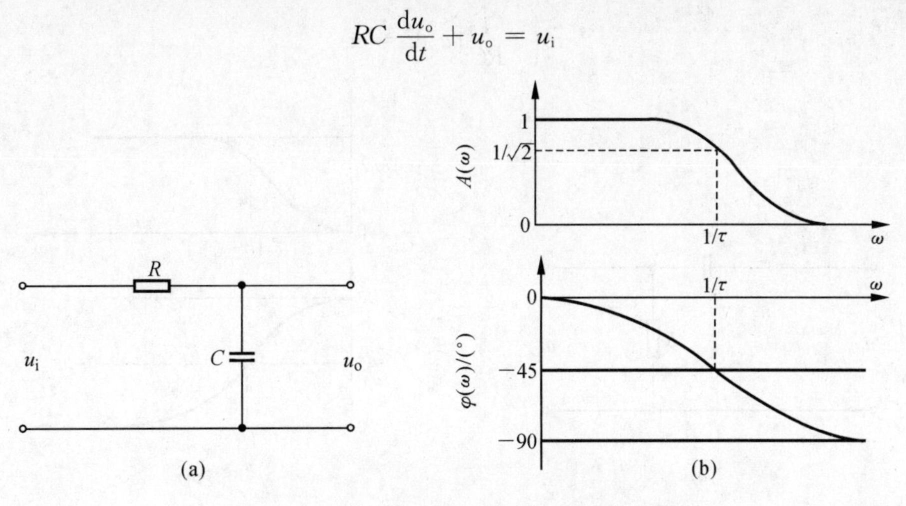

图 5-56　RC 低通滤波器及其幅频、相频特性

令 $\tau=RC$，τ 称为电路的时间常数。对上式进行拉普拉斯变换和傅里叶变换，可得频率特性函数为

$$G(\mathrm{j}\omega)=\frac{1}{\mathrm{j}\omega\tau+1}$$

这是一个典型的一阶系统。

当 $\omega\ll 1/\tau$ 时，幅频特性 $A(\omega)=1$，此时信号几乎不受衰减地通过，并且 $\varphi(\omega)$-φ 关系曲线近似为一条通过原点的直线。因此，可以认为，在此情况下，RC 低通滤波器是一个不失真传输系统。

当 $\omega=\omega_1=1/\tau$ 时，$A(\omega)=1/\sqrt{2}$，即

$$f_2=\frac{\omega_1}{2\pi}=\frac{1}{2\pi RC} \tag{5-34}$$

式(5-34) 表明，RC 值决定着上截止频率。因此，适当改变 RC 值，就可以改变滤波器的截止频率。

当 $f\gg\dfrac{1}{2\pi RC}$ 时，输出 u_o 与输入 u_i 的积分成正比，即

$$u_o=\frac{1}{RC}\int u_i\,\mathrm{d}t$$

此时 RC 低通滤波器起着积分器的作用，对高频成分的衰减率为 −20 dB/10 倍频程(或 −6 dB/ 倍频程)。如要加大衰减率，应提高低通滤波器的阶数。

(2)RC 高通滤波器　图5-57所示为 RC 高通滤波器及其幅频、相频特性。设输入信号电压为 u_i,输出信号电压为 u_o,则微分方程为

$$u_o + \frac{1}{RC}\int u_o \mathrm{d}t = u_i$$

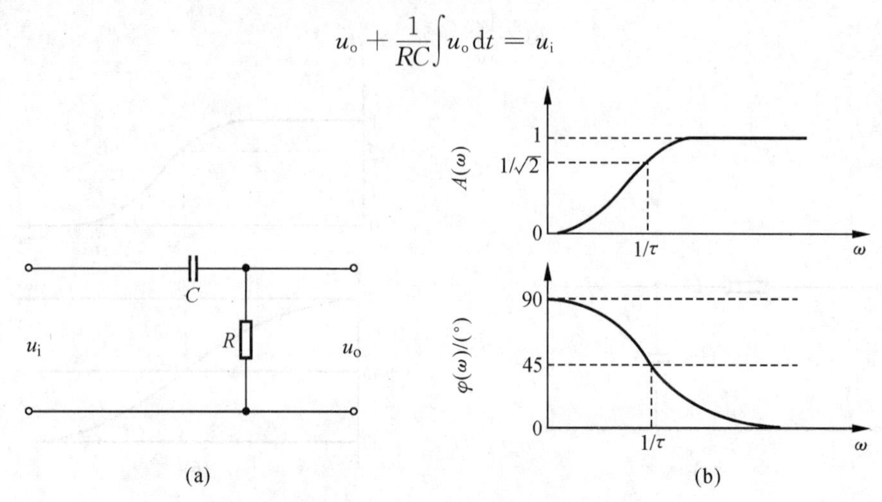

图5-57　RC 高通滤波器及其幅频、相频特性

同理,令 $\tau = RC$,频率特性、幅频特性和相频特性分别为

$$G(\mathrm{j}\omega) = \frac{\mathrm{j}\omega\tau}{\mathrm{j}\omega\tau + 1},\quad A(\omega) = \frac{\omega\tau}{\sqrt{1+(\omega\tau)^2}},\quad \varphi(\omega) = \arctan\frac{1}{\omega\tau}$$

当 $\omega = 1/\tau$ 时,$A(\omega) = 1/\sqrt{2}$,滤波器的 -3 dB 截止频率为

$$f_1 = \frac{1}{2\pi RC} \tag{5-35}$$

当 $\omega \gg 1/\tau$ 时,$A(\omega) \approx 1$,$\varphi(\omega) \approx 0$,即当 ω 相当大时,幅频特性接近于1,相移趋于零,此时 RC 高通滤波器可视为不失真传输系统。

同样可以证明,当 $\omega \ll 1/\tau$ 时,RC 高通滤波器的输出与输入的微分成正比,起着微分器的作用。

(3)RC 带通滤波器　带通滤波器可以看成低通滤波器和高通滤波器串联组成的。如一阶高通滤波器的传递函数为 $G_1(s)$,一阶低通滤波器的传递函数为 $G_2(s)$,则串联后传递函数为

$$G(s) = G_1(s)G_2(s)$$

幅频特性和相频特性分别为

$$A(\omega) = A_1(\omega)A_2(\omega) \tag{5-36}$$

$$\varphi(\omega) = \varphi_1(\omega) + \varphi_2(\omega) \tag{5-37}$$

串联所得的带通滤波器上、下截止频率为

$$f_1 = \frac{1}{2\pi\tau_1}$$

$$f_2 = \frac{1}{2\pi\tau_2}$$

分别调节高、低通环节的时间常数 τ_1、τ_2，就可得到不同的上、下截止频率和带宽的带通滤波器。但是要注意，高、低通两级串联时，应消除两级耦合的相互影响，因为后一级成为前一级的“负载”，而前一级又是后一级的信号源。实际上两级间常用射极输出器或者用运算放大器进行隔离，所以实际的带通滤波器常常是有源的。

3. 有源滤波器

有源滤波器采用 RC 网络和运算放大器组成，其中运算放大器既可起到级间隔离作用，又可起到对信号的放大作用，RC 网络则通常作为运算放大器的负反馈网络。

1）有源低通滤波器

图 5-58(a) 所示为将简单的 RC 低通滤波器接到运算放大器的同相输入端而构成的一阶有源低通滤波器。其中 RC 网络实现滤波作用，运算放大器用于隔离负载的影响，提高增益和带负载能力。该滤波器的截止频率为 $f_2 = 1/(2\pi RC)$，增益为 $(1 + R_f/R_1)$。

图 5-58(b) 所示为将 RC 高通滤波器作为运算放大器的负反馈网络而构成的一阶有源低通滤波器，其截止频率为 $f_2 = 1/(2\pi R_f C)$，增益为 R_f/R_1。

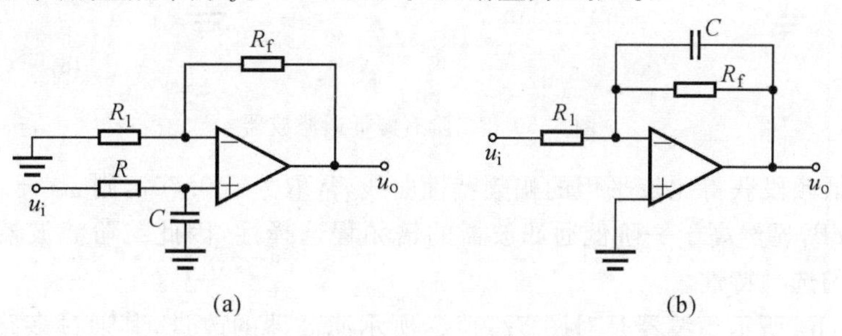

图 5-58　一阶有源低通滤波器

一阶滤波器的倍频程选择性仅为 4 dB(该值可由对数幅频特性求出)，说明其频率选择能力较差。为提高频率选择能力，使通频带以外的频率成分尽快衰减，应提高滤波器的阶次。

图 5-59 所示为二阶有源低通滤波器的电路原理，其中图 5-59(a) 所示的滤波器可看作图 5-58(a)、图 5-58(b) 所示的两个一阶低通滤波器的简单组合，共传递函数为

$$G(s) = \frac{U_o(s)}{U_i(s)} = G_1(s)G_2(s) = -\frac{R_f}{R_1}\frac{1}{(\tau s_1 + 1)(\tau s_2 + 1)} = \frac{K\omega_n^2}{s^2 + 2\xi\omega_n s + \omega_n^2} \quad (5\text{-}38)$$

式中：$G_1(s)$、$G_2(s)$—— 前、后低通滤波器的传递函数，$G_1(s) = \dfrac{1}{(\tau s_1 + 1)}$，$G_2(s) = \dfrac{1}{(\tau s_2 + 1)}$；

τ_1、τ_2—— 两个低通滤波器的时间常数，$\tau_1 = R_1C_1$，$\tau_2 = R_2C_2$；

K—— 二阶滤波器的通频带增益，$K = -R_f/R_1$；

ω_n—— 二阶滤波器的固有角频率，$\omega_n = 1/\sqrt{\tau_1\tau_2}$；

ξ—— 二阶滤波器的阻尼比，$\xi = \frac{1}{2}\omega_n(\tau_1+\tau_2)$。

该二阶滤波器的幅频和相频特性为

$$A(\omega) = \frac{K\omega_n^2}{\sqrt{(\omega_n^2-\omega^2)^2+(2\xi\omega_n\omega)^2}} \tag{5-39}$$

$$\varphi(\omega) = -\arctan\frac{2\xi\omega_n\omega}{\omega_n^2-\omega^2} \tag{5-40}$$

其截止角频率为

$$\omega_0 = \omega_n\sqrt{1-2\xi^2+\sqrt{4\xi^4-4\xi^2+2}} \tag{5-41}$$

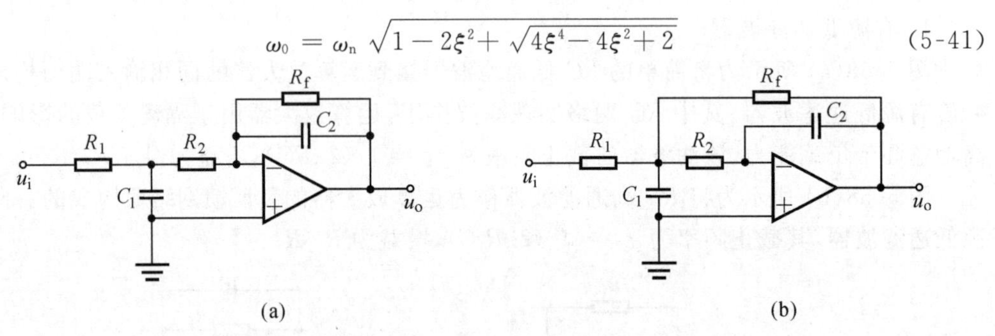

图 5-59　二阶有源低通滤波器

为了在低频段获得比较平坦的幅频特性曲线，常取 $\xi = 0.707$，则 $\omega_0 = \omega_n$，倍频程选择性为 7.4 dB，显然高于一阶低通滤波器的倍频程选择性，因此二阶滤波器比一阶滤波器具有较强的选频特性。

图 5-59(b) 所示滤波器是对图 5-59(a) 所示滤波器的改进，其通过多路负反馈以削弱 R_f 在调谐频率附近的负反馈作用，使滤波器的特性更接近理想的低通滤波器。该二阶滤波器的传递函数 $G(s)$、幅频特性 $A(\omega)$、相频特性 $\varphi(\omega)$、截止角频率 ω_0 分别与式(5-38)～式(5-41) 具有相同的表达形式，但其中的参数 K、ξ、ω_n 不同，这里分别为 $K = -R_f/R_1$，$\omega_n = 1/\sqrt{R_2R_fC_1C_2}$，$\xi = \sqrt{R_2R_fC_2/C_1}(1/R_1+1/R_2+1/R_f)$。

2) 有源高通滤波器

图 5-60(a) 所示为一个二阶有源高通滤波器的电路，它是将两个 RC 高通滤波器串联接在运算放大器的同相输入端而形成的，其传递函数为

$$G(s) = \frac{Ks^2}{s^2+2\xi\omega_n s+\omega_n^2} \tag{5-42}$$

式中：K—— 通频带增益，$K = 1+\frac{R_f}{R_1}$；

ω_n—— 固有角频率，$\omega_n = 1/\sqrt{R_2R_3C_1C_2}$；

ξ—— 阻尼比，$\xi = \dfrac{(1-K)R_3C_2 + R_2C_1 + R_2C_2}{2\sqrt{R_2R_3C_1C_2}}$。

该高通滤波器的截止角频率的计算式同式(5-41)。

图5-60(b)所示为另一个二阶有源高通滤波器的电路，其中信号从运算放大器的反相端输入，并通过多路负反馈来抑制元件参数变化的影响，保证在任何参数情况下，阻尼比ξ总是正值，滤波器总是工作在稳定状态。该滤波器的传递函数具有与式(5-42)相同的表达形式，但其中各参数应按

$$K = \frac{C_1}{C_3}$$

$$\omega_n = 1/\sqrt{R_1R_fC_2C_3}$$

$$\xi = \frac{C_1+C_2+C_3}{2}\sqrt{\frac{R_1}{R_fC_2C_3}}$$

来确定。可见无论电路中各元件参数取何值，阻尼比ξ永远是正值，该二阶系统总是稳定的。该滤波器的截止角频率也可按式(5-41)计算。

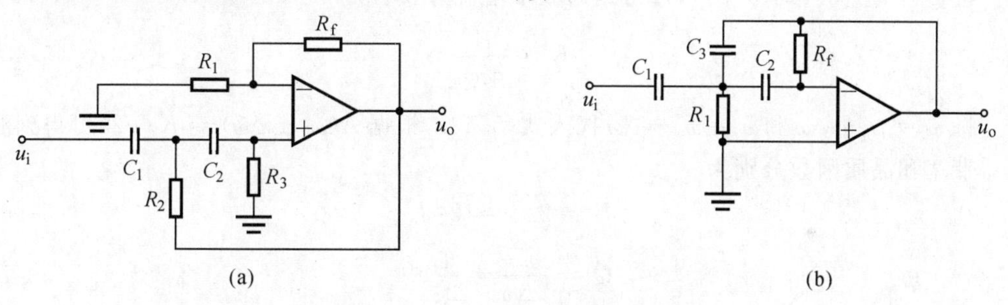

图5-60　二阶有源高通滤波器

3）有源带通滤波器

图5-61所示的二阶有源带通滤波器是由一个RC低通滤波器和一个RC高通滤波器串接在运算放大器的同相输入端构成的，其传递函数为

$$G(s) = \frac{K's}{s^2 + 2\xi\omega_n s + \omega_n^2} \tag{5-43}$$

式中：

$$K' = \frac{R_1+R_f}{R_1R_2C_1}$$

$$\omega_n = \sqrt{\frac{1}{R_3C_1C_2}\left(\frac{1}{R_2}+\frac{1}{R_4}\right)}$$

$$\xi = \frac{1}{2\omega_n}\left[\frac{1}{R_3C_2} + \frac{1}{C_1}\left(\frac{1}{R_2}+\frac{1}{R_3}+\frac{R_f}{R_1R_4}\right)\right]$$

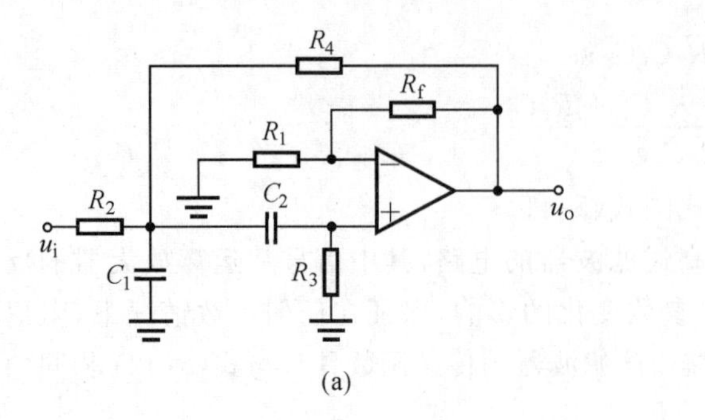

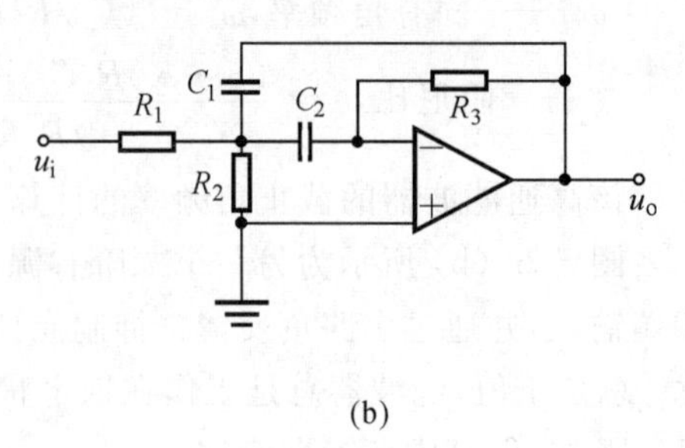

图 5-61　二阶有源带通滤波器

该带通滤波器的中心角频率 ω_0 就等于其固有角频率 ω_n。设上、下截止角频率分别为 $\omega_{02}=\omega_n-\Delta\omega,\omega_{01}=\omega_n+\Delta\omega$，则带宽为 $B=2\Delta\omega$。

在式(5-43)中用 $j\omega$ 替换 s，经整理可得到该带通滤波器的幅频特性为

$$A(\omega)=\frac{K'\omega}{\sqrt{(\omega_n^2-\omega^2)^2+(2\xi\omega_n\omega)^2}} \tag{5-44}$$

将 $\omega=\omega_n$ 代入式(5-44)，可得到通频带增益为

$$K=\frac{K'}{2\xi\omega_n} \tag{5-45}$$

将 $\omega=\omega_n+\Delta\omega$ 和 $\omega=\omega_n-\Delta\omega$ 代入式(5-43)，根据 $A(\omega_n\pm\Delta\omega)=K/\sqrt{2}$，可得到滤波器带宽和品质因数分别为

$$B=2\Delta\omega=2\xi\omega_n \tag{5-46}$$

$$Q=\frac{\omega_n}{2\Delta\omega}=\frac{1}{2\xi} \tag{5-47}$$

图 5-61(b)所示为另一个二阶有源带通滤波器，其传递函数与式(5-43)具有相同形式，但其中

$$K'=-\frac{1}{R_1C_1}$$

$$\omega_n=\sqrt{\frac{R_1+R_2}{R_1R_2R_3C_1C_2}}$$

$$\xi=\frac{C_1+C_2}{2}\sqrt{\frac{R_1R_2}{R_3C_1C_2(R_1+R_2)}}$$

采用上述类似方法，可求得该带通滤波器的通频带增益 K、带宽 B 和品质因数 Q，分别如式(5-45)、式(5-46)和式(5-47)所示。

4）有源带阻滤波器

图 5-62 所示为二阶有源带阻滤波器的电路，滤波器的传递函数为

$$G(s)=\frac{s^2-\omega_n^2}{s^2+2\xi\omega_n s+\omega_n^2} \tag{5-48}$$

式中：$\omega_n=\frac{1}{C\sqrt{R_1R_2}}$；

$\xi=\sqrt{\frac{R_1}{R_2}}$。

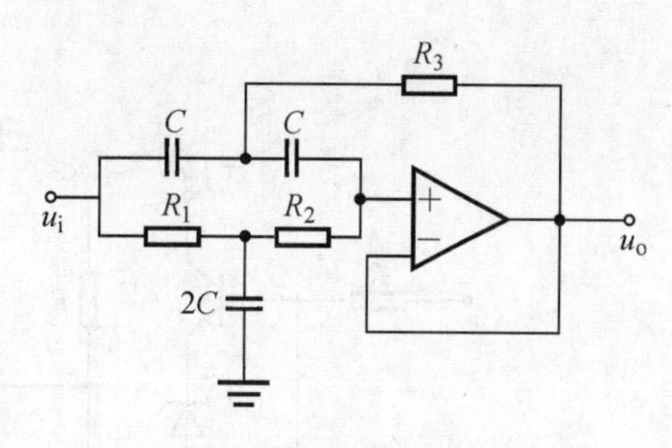

图 5-62 二阶有源带阻滤波器

滤波器的通带增益 K、阻带宽度 B 及品质因数 Q 分别为

$$K=1$$

$$B=2\Delta\omega=\frac{1}{R_2C}$$

$$Q=\frac{1}{2\xi}=\frac{1}{2}\sqrt{\frac{R_2}{R_1}}$$

上面介绍的是检测系统中常用的滤波器，在实际设计工作中，可根据具体情况合理选用。图 5-60(a)、图 5-61(a) 和图 5-62 所示的二阶有源滤波器，由于其信号都是来自运算放大器的同相端，而且电路中都引入了正反馈，因此滤波器性能易受元件参数变化的影响。这类滤波器主要用于对品质因数要求不高的场合。在设计或选用这类滤波器时，运算放大器的增益不宜选得过大，以保证阻尼比为正值，使滤波器工作在稳定状态。在图 5-60(b)、图 5-61(b) 所示的二阶有源滤波器中，不存在稳定性问题，且由于多路负反馈的作用，滤波器性能受元件参数变化影响较小，可用于对品质因数要求较高的场合。

5.4 数字信号的检测

随着微电子技术和信号处理技术的发展，在工程测试中，数字信号处理方法得到广泛的应用，已成为测试系统中的重要部分。数字式传感器通过接口与计算机连接，将数字信号直接送给计算机(或数字信号处理器) 进行处理。但传感器获取的测试信号中大多数为模拟信号，在送入计算机进行数字信号处理之前，一般先要对信号作预处理。常用的信号处理电路有脉冲信号处理电路、开关量信号处理电路等。

5.4.1 单脉冲信号

有些用于检测流量、转速的传感器发出的是脉冲信号，对于单路脉冲信号，可以进行简单的信号调理。如图 5-63 所示，引入计数器，在一定的采样时间内统计输入的脉冲个数，然后根据传感器的比例系数换算出所检测的物理量。例如获得 T(s) 时间内的输入脉冲个数为 n，则单位时间内的脉冲个数即脉冲频率为 n/T(Hz)，从而可换算出介质的流量或电动机的转速值。

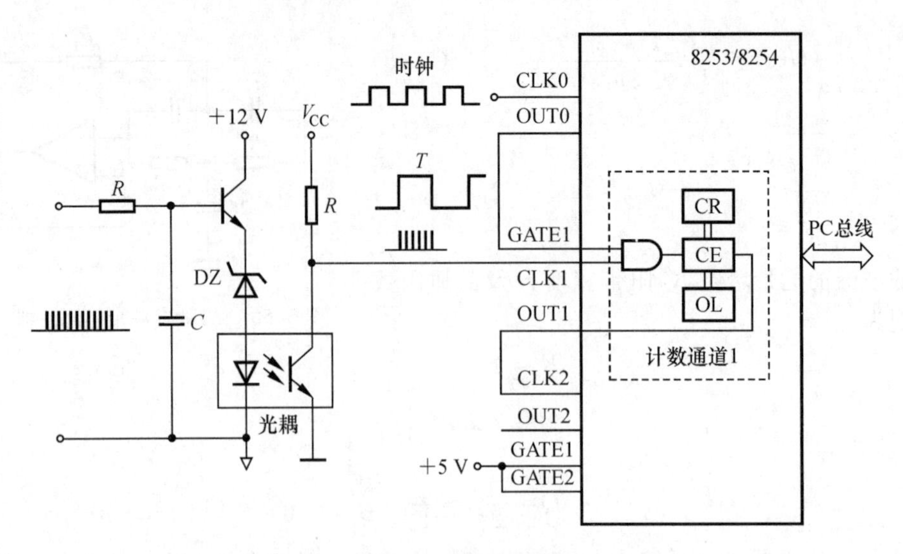

图 5-63　脉冲计数

5.4.2　光电编码器

对于电动机速度的检测,最常用的传感器是光电编码器。光电编码器是一种角度(角速度)检测装置,它将轴的角位移,利用光电转换原理转换成相应的电脉冲或数字量,具有体积小、精度高、工作可靠、接口数字化等优点。

光电编码器由光栅盘(也称码盘)和光电检测装置组成。光栅盘是在一定直径的圆板上等分地开通若干个长方形孔而形成的。由于光栅盘与电动机同轴,电动机旋转时,光栅盘与电动机同速旋转,经发光二极管等电子元件组成的检测装置检测输出若干脉冲信号;计算单位时间内光电编码器输出脉冲的个数就能反映当前电动机的转速。此外,为判断旋转方向,码盘提供相位差为 90° 的两路正交脉冲信号。

根据检测原理,编码器可分为光学式、磁式、感应式和电容式。根据其刻度方法及信号输出形式,可分为增量式、绝对式及混合式三种。

增量编码器是以脉冲形式输出信号的传感器。当码盘转动时,其输出信号是相位差为 90° 的 A 相和 B 相脉冲信号及只有一条透光狭缝的第三码道所产生的脉冲信号(它作为码盘的基准位置,给计数系统提供一个初始的零位信号)。从 A、B 两个输出信号的相位关系(超前或滞后)可判断旋转的方向。由图 5-64(a) 可见,当码盘正转时,A 通道脉冲波形比 B 通道超前 $\pi/2$;反转时,A 通道脉冲比 B 通道滞后 $\pi/2$。图 5-64(b) 所示为一实际电路,用 A 通道整形波的下沿触发单稳态产生的正脉冲与 B 通道整形波相“与”,当码盘正转时,只有正向口有脉冲输出;反之,只有逆向口有脉冲输出。因此,增量编码器是根据输出脉冲和脉冲计数来确定码盘的转动方向和相对角位移量的。通常，若编码器有 N 个(码道)输出信号，其相位差为 π/N，可计数脉冲为 $2N$ 倍光栅数，现在 $N=2$。图5-64电路的缺点是有时会产生误记脉冲，造成误差，这种情况出现在当某一道信号处于"高"或"低"电平状态，而另一道信号正处于"高"和"低"之间的往返变化状态，此时码盘虽然未产生位移，但是会产生单方向的输出脉冲。

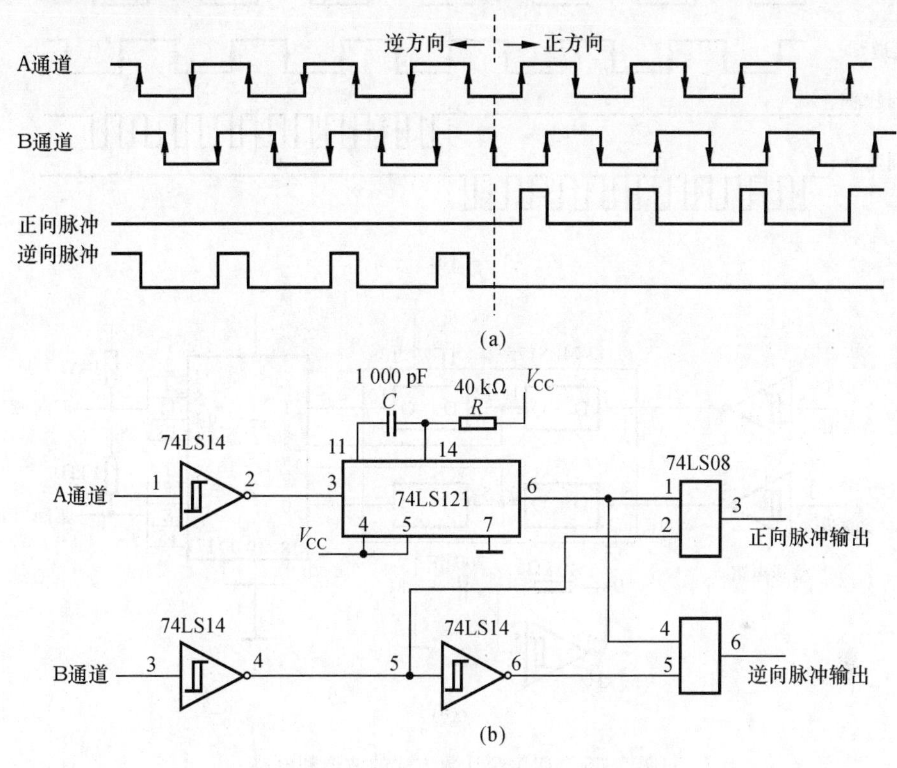

图 5-64　增量光电编码器基本波形和电路

图 5-65 所示为一个既能防止误发脉冲又能提高分辨率的四倍频细分电路。在这里，采用了有记忆功能的D触发器和时钟发生电路。由图5-65可见，每一通道有两个D触发器串接，这样，在时钟脉冲的间隔中，两个Q端(如对应B通道的74LS175的引脚2和引脚7)保持前两个时钟期的输入状态。若两者相同，则表示时钟间隔中无变化；否则，可以根据两者关系判断出它的变化方向，从而产生正向或反向输出脉冲。当某通道由于振动在高、低间往复变化时，将交替产生正向和反向脉冲，对两个计数器取代数和就可消除它们的影响(下面仪器的读数也将涉及这个问题)。由此可见，时钟发生器的频率应大于振动频率的最大可能值。由图 5-65 还可看出，在原来一个脉冲信号的周期内，得到了四个计数脉冲。例如，原每圈脉冲数为 1 000 的编码器可产生四倍频的脉冲数，为4 000 个，其分辨率为

0.09°。实际上，目前这类传感器产品都将光敏元件输出信号的放大整形等电路与传感检测元件封装在一起，所以只要加上细分与计数电路就可以组成一个角位移测量系统（SN74159 为 4—16 译码器）。

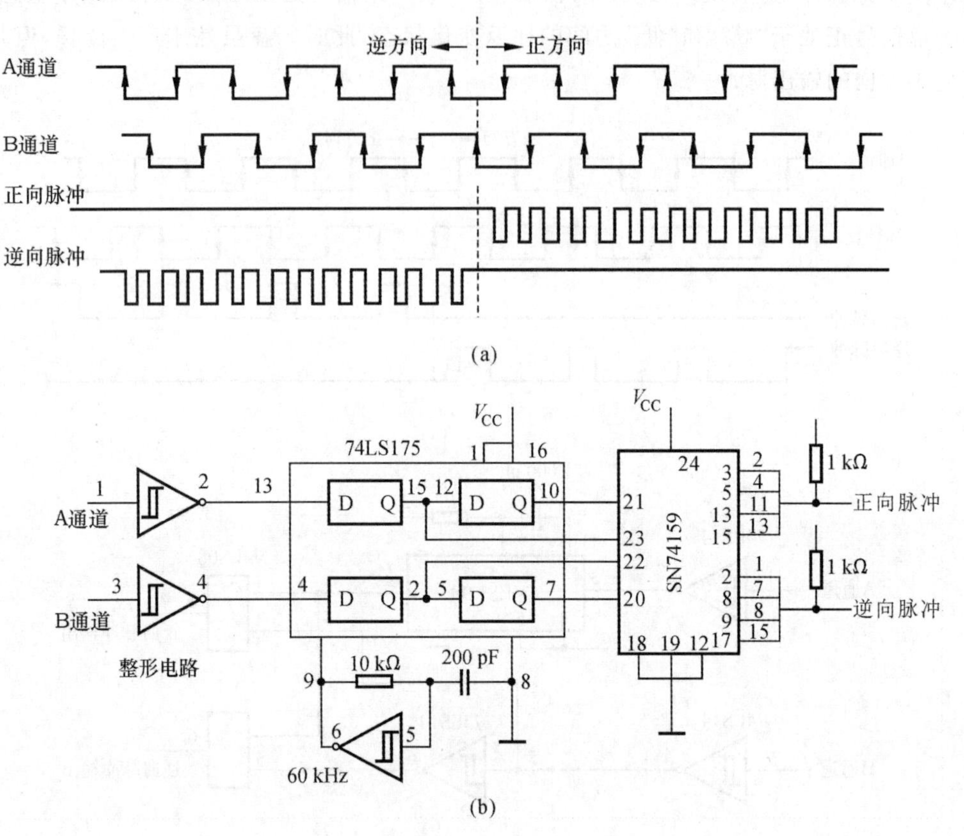

图 5-65　四倍频计数方式的波形和电路

5.4.3　开关信号

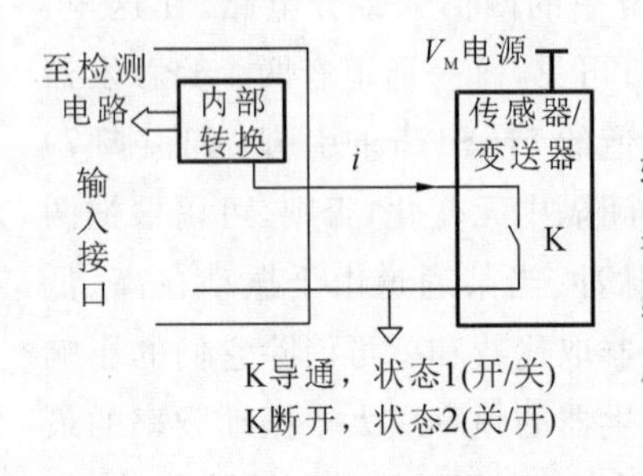

图 5-66　无源型开关量信号接口

在机电一体化系统中，常要引入一些状态量的反馈输入（如机械限位开关状态），在 5.2 节中所列位置传感器又可称为位置开关，就是用“开”和“关”显示监测位置物体是否到位。开关型传感器应以“开”和“关”两种状态信号的变化反映被测量的变化，其包括无源型和有源型。

无源型开关量的信号接口形式如图 5-66 所示。

有源型开关量信号分为电压型和电流型两种类型，

其信号接口形式如图 5-67 所示。

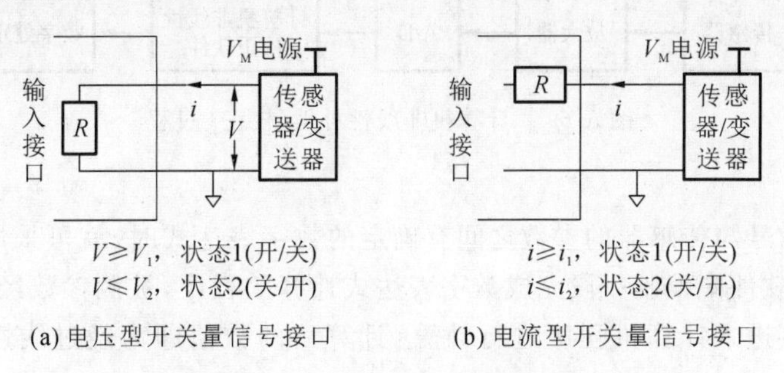

图 5-67 有源型开关量信号接口

光电开关传感器作为非接触式传感器，具有安装灵活、检测形式多样、工作可靠等特点，在工业和机电一体化系统中被广泛应用。如果应用不当会对检测系统造成严重干扰，甚至导致系统不能正常工作。

消除干扰的最有效方法是使检测系统部分的接地和强电控制电路的接地隔开，不让它们在电气上共地。目前，最常见的是采用光电隔离器，光电隔离器件体积小、响应速度快、寿命长、可靠性高。图 5-68 所示为光电隔离器件原理。

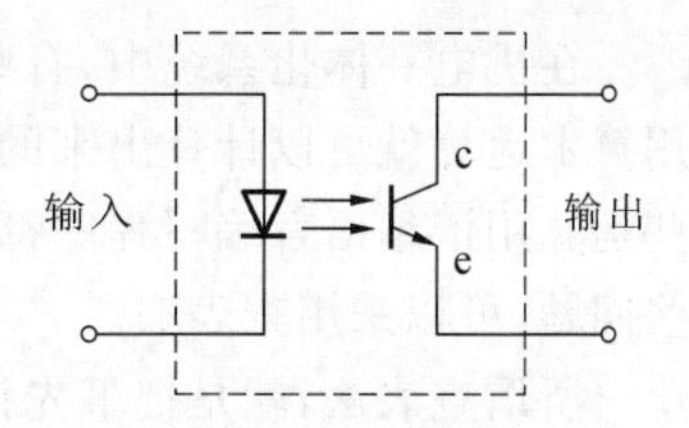

图 5-68 光电隔离器件原理

5.4.4 传感器非线性补偿处理

在机电一体化系统中，特别是对被测参量进行显示时，总是希望传感器及检测电路的输出和输入特性呈线性关系，使测量对象在整个刻度范围内灵敏度一致，以便于读数及对系统进行分析处理。但是很多检测元件如热敏电阻、光敏管、应变片等都具有不同程度的非线性特性，这使得在较大范围的动态检测存在着很大的误差。以往在使用由模拟电路组成的检测回路时，为了进行非线性补偿，通常用硬件电路组成各种补偿回路，如常用的反馈式补偿回路使用对数放大器、反对数放大器；应变测试中的温度漂移采用桥式补偿电路等。这不但增加了电路的复杂性，而且也很难达到理想的补偿效果。目前，非线性补偿完全可以用计算机的软件来完成，其补偿过程较简单，精确度也很高，又降低了硬件电路的复杂性。计算机在完成了非线性参数的线性化处理以后，还要进行工程量转换，即标度变换，才能显示或打印带物理单位（如 ℃）的数值。计算机非线性补偿（校正）过程如图 5-69 所示。

下面介绍非线性数据的软件处理方法。

用软件进行线性化处理，方法有计算法、查表法和插值法等三种。

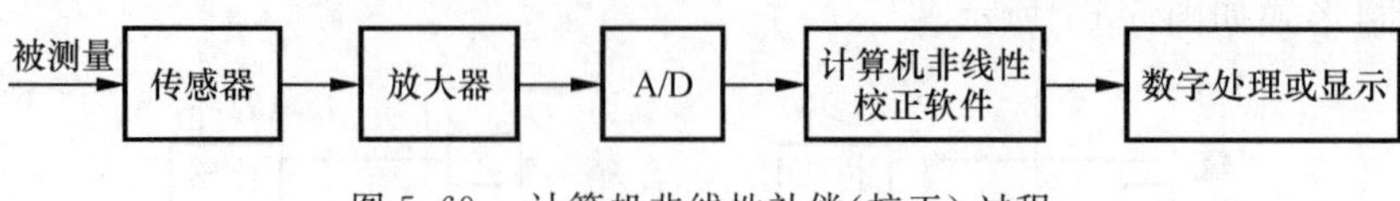

图 5-69　计算机非线性补偿（校正）过程

1. 计算法

当输出电信号与传感器的参数之间有确定的数字表达式时，就可采用计算法进行非线性补偿，即在软件中编制一段完成数字表达式计算的程序，被测参数经过采样、滤波和标度变换后直接进入计算机程序进行计算，计算后的数值即为经过线性化处理的输出参数。

在实际应用中，被测参数和传感器输出信号常常是一组测定的数据。这时如仍想采用计算法进行线性化处理，则可应用数学上曲线拟合的方法对被测参数和传感器输出电压进行拟合，得出误差最小的近似表达式。

2. 查表法

在机电一体化系统中，有些参数的计算是非常复杂的，如一些非线性参数，它们不是用算术运算就可以计算出来的，可能涉及指数、对数、三角函数，以及积分、微分等运算。这些运算用汇编语言编写程序都比较复杂，有些甚至无法建立相应的数学模型。为了解决这些问题，可以采用查表法。

所谓查表法，就是把事先计算或测得的数据按一定顺序编制成表格，查表程序的任务就是根据被测参数的值或者中间结果，查出最终所需要的结果。

查表是一种非数值计算方法，利用这种方法可以完成数据补偿、计算、转换等各种工作。它具有程序简单、执行速度快等优点。表的排列不同，查表的方法也不同。查表的方法有顺序查表法、计算查表法、对分搜索法等，下面介绍顺序查表法。顺序查表法是针对无序排列表格的一种方法。因为无序表格中所有各项的排列均无一定的规律，所以只能按照顺序从第1项开始逐项寻找，直到找到所要查找的关键字为止。如在以DATA为首地址的存储单元中，有一长度为100个字节的无序表格，设要查找的关键字放在HWORD单元，试用软件进行查找，若找到，则将关键字所在的内存单元地址存于R2、R3寄存器中，如未找到，将R2、R3寄存器清零。

由于待查找的是无序表格，因此只能按单元逐个搜索，由此可画出程序流程图，如图5-70所示。

顺序查表法虽然比较“笨”，但对无序表格和较短的表而言，仍是一种比较常用的方法。

3. 插值法

查表法占用的内存单元较多，表格的编制比较麻烦。在机电一体化系统中也常利用计算机的运算能力，使用插值计算法来减少列表单元和测量次数。

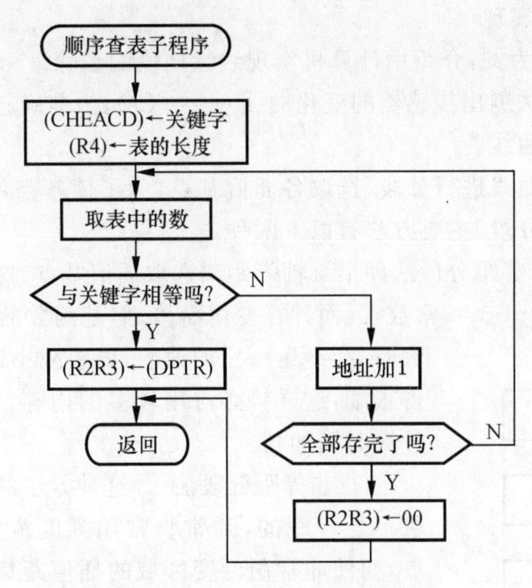

图 5-70 顺序查表法程序流程图

1) 插值原理

设某传感器的输出特性曲线(例如电阻 - 温度特性曲线)如图 5-71 所示。

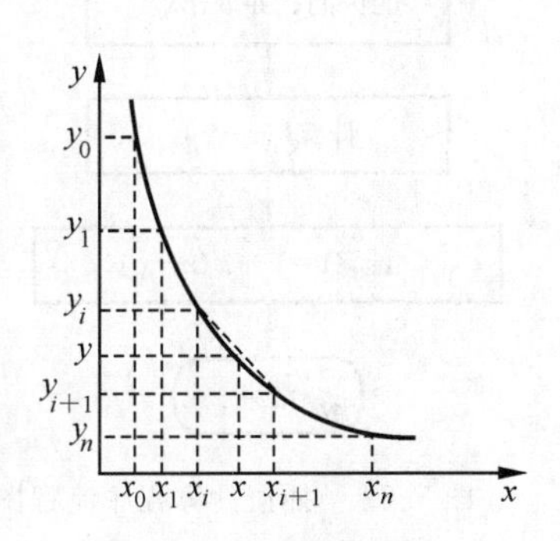

图 5-71 分段线性插值原理

从图 5-71 中可以看出,当已知某一输入值 x_i 以后,要想求出值 y_i 并非易事,因为其函数关系式 $y=f(x)$ 并不是简单的线性方程。为使问题简化,可以把该曲线按一定要求分成若干段,然后把相邻两分段点用直线连起来(如图中虚线所示),用此直线代替相应的各段曲线,即可求出输入值 x 所对应的输出值 y。例如,设 x 在 (x_i, x_i+1) 之间,则其对应的逼近值为

$$y = y_i + \frac{y_{i+1} - y_i}{x_{i+1} - x_i}(x - x_i) \tag{5-49}$$

将式(5-49) 进行化简,可得

$$y = y_i + k_i(x - x_i) \tag{5-50}$$

或

$$y = y_{i0} + k_i x \tag{5-51}$$

其中:$y_{i0} = y_i - k_i x_i$,k_i 为第 i 段直线的斜率。式(5-50) 为点斜式直线方程的形式,而式(5-51) 为截距式直线方程。在分段线性插值中,只要 n 取得足够大,即可获得良好的精度。

2）插值的计算机实现

下面以式(5-50)为例，介绍用计算机实现线性插值的步骤。

步骤 1　用实验法测出传感器的变化曲线 $y=f(x)$。为准确起见，要多测几次，以便求出一个比较精确的曲线。

步骤 2　将上述曲线进行分段，选取各插值基点。为了使基点的选取更合理，不同的曲线采用不同的方法分段。主要方法有以下两种。

① 等距分段法　等距分段法即沿 x 轴等距离选取插值基点。这种方法的主要优点是使式(5-49)中的 $x_{i+1}-x_i=$ 常数，因而计算变得简单。但是函数的曲率和斜率变化比较大时，会产生一定的误差，要想减小误差，则必须把基点分得很细，这样势必占用较多的内存，并使计算机所占用的计算时间加长。

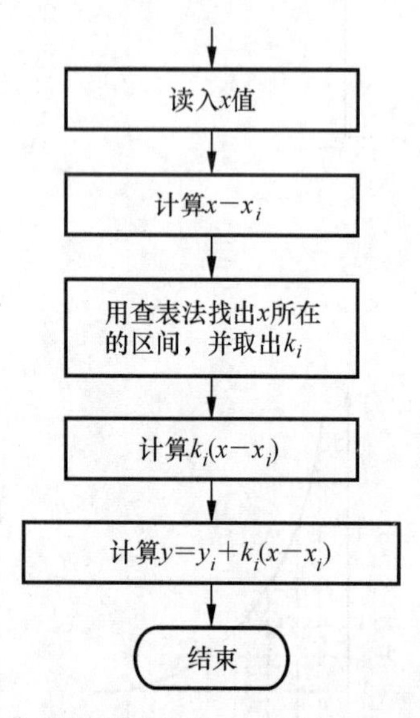

图 5-72　插值计算程序流程图

② 非等距分段法　这种方法的特点是函数基点的分段不是等距的，通常将常用刻度范围插值距离划分小一点，而使非常用刻度区域的插值距离大一点。但非等距插值点的选取比较麻烦。

步骤 3　确定并计算出各插值点 x_i、y_i 值及两相邻插值点间的拟合直线的斜率，并存放在存储器中。

步骤 4　计算 $x-x_i$。

步骤 5　找出 x 所在的区域 (x_i, x_{i+1})，并取出该段的斜率 k_i。

步骤 6　计算 $k_i(x-x_i)$。

步骤 7　计算结果 $y=y_i+k_i(x-x_i)$。

程序框图如图 5-72 所示。

对于非线性数据的处理，除了前边讲过的计算法、查表法和插值法以外，还有许多其他方法，如最小二乘拟合法、函数逼近法、数值积分法等。对于机电一体化系统，具体采用哪种方法来进行非线性化计算机处理，应根据实际情况和具体被测对象要求而定。

5.5　数据采集设计

5.5.1　概述

目前，微处理器、微控制器和个人计算机已广泛应用在机电一体化系统中，因此，如何与和这些装置接触的周围环境直接交换信息和模拟数据已经变得日益重要，例如，图 5-73 所示为来自传感器的模拟信号。人们可以利用模拟装置（如图形记录器，它可以在纸上画出实际信号的图形曲线）记录信号，或利用示波器显示信号。另一种选择是利用计算机来储存数据，这个过程称为计算机数据采集，它可以提供更紧凑的数据存储，得到更高的数据精度，并允许将数据用于实时控制系统，还能在事件发生很长时间之后进行数据处理。

为了能将模拟信号输入至数字电路或计算机中，必须将模拟信号变换为数字电路或计算机能识别的数据。这就必须在模拟信号离散的瞬间对信号作出数值评估，这个过程称为取样，其结果是由与每次取样对应的离散值组成的数字化信号，如图 5-73 所示。因此，数字化信号是一系列与模拟信号近似的数组成的信号。注意，数与数之间的时间关系是取样过程的固有特性，且未分别记录。取样数据点的集合形成数据数组，尽管这种表示方法形成的信号不再是连续的形式，但它仍然能精确描述原始的模拟信号。

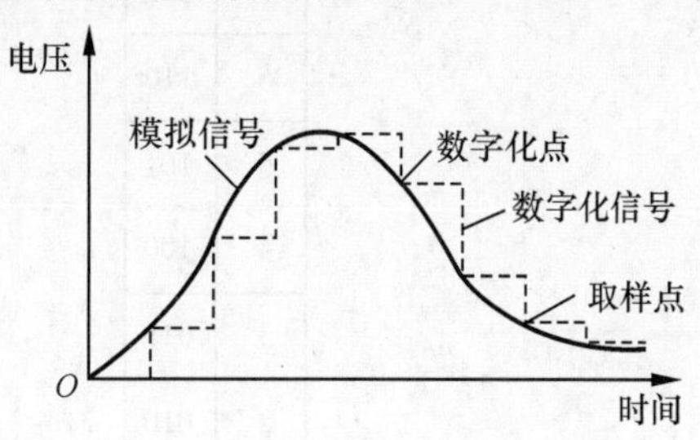

图 5-73　模拟信号与取样后的等效信号

一个重要的问题是，为了获得精确的表示，对信号的取样应当多快呢？很自然的回答也许是“尽可能快”。由此带来的结果是，需要专门的高速硬件，以及为了存储数据需要大量计算机存储器。一个较好的答案是，针对给定应用，选择所需的最低采样频率，同时保留所有重要的信号信息。

采样定理（也称香农采样定理）阐明，为了保留所有频率分量，需要以比信号中的最高频率分量高两倍的频率对信号采样。换句话说，为了如实地反映模拟信号，必须以频率 f_s 进行数字采样，且

$$f_s \geqslant 2f_{max}$$

式中：f_{max}—— 输入模拟信号中的最高频率分量；

f_s—— 采样频率。

所需最低频率的极限是 $2f_{max}$，称为奈奎斯特频率。如果用截断的傅里叶级数近似地表示信号，则最高频率分量是最高谐波频率，数字取样之间的时间间隔为

$$\Delta t = 1/f_s$$

例如，若采样频率是 5 000 Hz，则采样点之间的时间间隔为 0.2 ms。若以小于信号最高频率分量的两倍取样，便可能导致离散信号混叠。

5.5.2　量化理论

将采样模拟电压改变为数字形式的过程称为模 / 数（A/D）转换，其过程包含量化和编码两个步骤。量化被定义为将连续模拟输入信号变换成一组离散的输出状态；编码是指将数字代码字或数赋予每个输出状态。图 5-74 所示为将连续电压信号分为离散的输出状态的过程，而每个输出状态均被赋予唯一的代码。每个输入状态占据总电压范围的一个小

范围，阶梯信号代表数字信号的状态，该数字信号是由取样所示电压范围内出现的模拟信号的线形斜坡得到的。

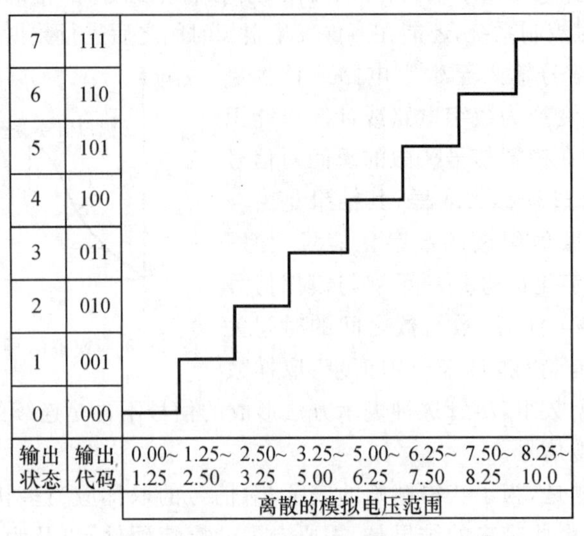

图 5-74 模 / 数转换

模 / 数(A/D) 转换器是将模拟电压转化成数字输出代码的电子器件，模 / 数转换器的输出可以与数字设备(如计算机) 直接相连。模 / 数转换器的分辨率是以数字方式逼近输入模拟值的位数来表示的。输出状态数 N 等于转换器可能输出的位组合数，有

$$N = 2^n \tag{5-52}$$

式中：n—— 位数。

对于图 5-74 所示的转换过程，3 位器件具有 2^3 或 8 个输出状态，如第 1 纵栏中所列出的那样，输出状态通常依次从 0 ～ ($N-1$) 编号。第 2 纵栏中列出了每个输出状态的对应数字。大多数模 / 数转换器为 8、10 或 12 位器件，分别能分辨 256、1 024 和 4 096 个输出状态。

在量化过程中，会出现的模拟判决点共 $N-1$ 个。在图 5-74 中，判决点出现在1.25 V，2.50 V，⋯ ，8.25 V处。模拟量化的细分程度 Q 被定义为模 / 数转换器的整个量程范围除以输出状态数，即

$$Q = (U_{\max} - U_{\min})/N \tag{5-53}$$

Q 是转换器可以分辨的模拟信号变化的测度。尽管分辨率被定义为模 / 数转换器的输出位数，但有时用它来指模拟量化的细分程度。对于上面的例子，模拟量化的细分程度是 (10/8) V = 1.25 V，这意味着数字化信号的幅度至多具有 1.25 V 的误差。

5.5.3 模 / 数转换

为了采集用于数字处理的模拟电压信号，必须正确选择和应用以下部件：

(1) 缓冲放大器；

(2) 低通滤波器；

(3) 取样 - 保持放大器；

(4) 模 / 数(A/D) 转换器；

(5) 计算机。

图 5-75 所示为模 / 数转换过程所需的部件。缓冲放大器提供的信号接近但不超过模 / 数转换器的满量程输入电压范围；低通滤波器用于消除信号中可能产生混叠的任何不希望的高频分量，低通滤波器的截止频率应不大于 $1/2f_s$；取样 - 保持放大器用于在模 / 数转换器的短暂转换期间维持固定的输入值(来自瞬时取样)；模 / 数转换器应具有适合系统和信号的分辨率及模拟量化的细分程度；计算机必须与模 / 数转换器合理连接，以便储存和处理数据。计算机还必须有足够大的存储器和永久性存储媒体来存放所有数据。

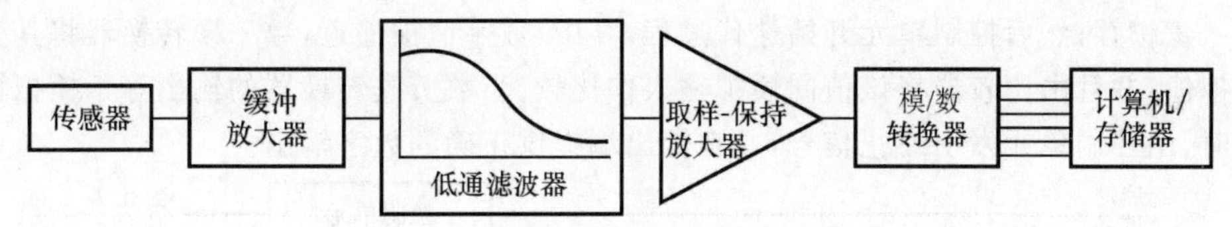

图 5-75　模 / 数转换中所使用的部件

各种名为数据采集和控制卡的PC机插件中封装了上述模 / 数转换部件。这类插件通常支持各种语言的编程接口，还提供可以调用各种软件的程序库，因此高级访问功能可被赋予插件。这里模 / 数转换功能就被简化为直接从程序或面向对象的人机界面中调用。通常，插件卡还提供其他输入和输出功能，包括二进制(与 TTL 兼容)I/O、数 / 模(D/A) 转换、计数器 - 定时器功能及限幅信号调节功能。选择数据采集和控制卡时，应知道的重要参数有模 / 数转换和数 / 模转换的分辨率(位数) 及最高取样频率，这些参数对计算机控制中的精确性和可靠性是十分关键的。

模 / 数转换过程需要一个很短、但有限的时间间隔。这个时间间隔在评估结果的精度时必须考虑。转换时间取决于以下因素：转换器的结构、转换所使用的方法及电路设计中所用元件的速度。由于模拟信号呈连续变化，故在取样时间窗口中进行转换时的不确定性将造成数字化数据的不确定性。在模 / 数转换的输入端没有取样 - 保持放大器的情况下，这是应当特别关注的。孔径时间是指时间窗口的连续时间，它与在这段时间内输入信号的变化而引起的数字输出的误差有关。图 5-76 所示为孔径时间与输入信号不确定性之间的关系。在孔径时

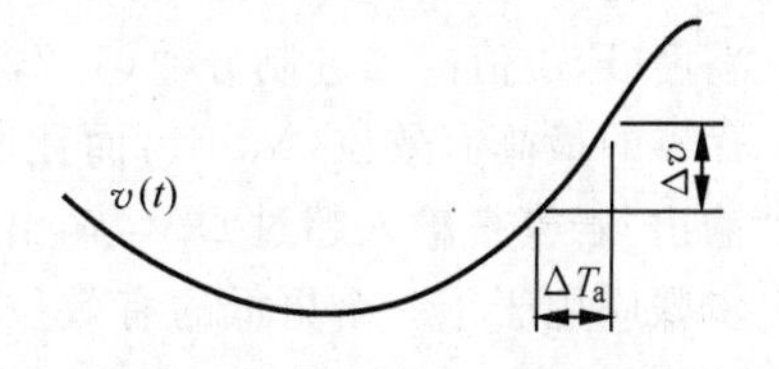

图 5-76　模 / 数转换的孔径时间与输入信号的关系

间 ΔT_a 期间，输入信号改变 Δv，有

$$\Delta v \approx \frac{\mathrm{d}v(t)}{\mathrm{d}t}\Delta T_a \tag{5-54}$$

在奈奎斯特频率或高于该频率处取样将给出信号中的正确频率分量。然而，为了获得精确的幅度分辨率，必须有孔径时间足够短的模 / 数转换器。对于 10 位和 12 位的分辨率的模 / 数转换器，孔径时间常常在纳秒范围内。

5.5.4 模 / 数转换器

模 / 数转换器是依据多种不同的原理来设计的，有逐次逼近型、高速或并行编码型、单斜率和双斜率积分型、开关电容器型以及 Δ- Σ 型。逐次逼近型模 / 数转换器由于速度快且价格低，得到了最广泛的使用。如图 5-77 所示，逐次逼近型模 / 数转换器在反馈环路中使用了一个数 / 模转换器(DAC)。当加上启动信号时，取样 - 保持放大器(S&H) 将模拟输入量锁存；然后控制单元开始迭代过程，其中，数字值被逼近，数 / 模转换器将其变换成模拟值，并且由比较器将该值同模拟输入作比较。当数 / 模转换器的输出等于模拟输入信号时，由控制单元发出终止信号，并在输出端提供正确的数字输出。

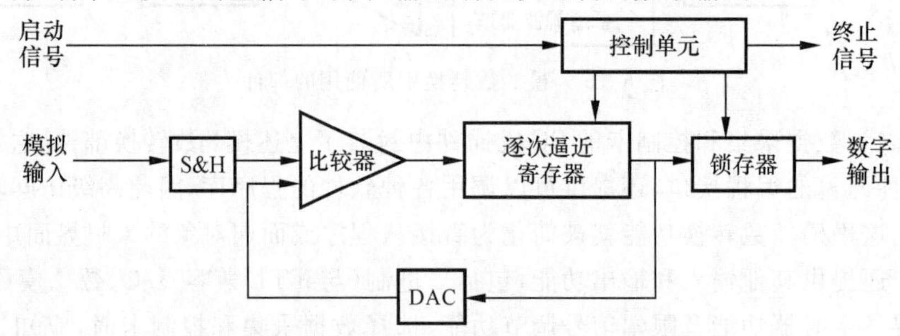

图 5-77 逐次逼近型模 / 数转换器

若 n 为模 / 数转换器的位数，则完成转换要用 n 步。更确切地说，输入与模 / 数转换器满度(FS) 值的二进制分数($1/2,1/4,1/8,\cdots,1/2^n$) 的组合作比较。控制单元首先接通寄存器的最高有效位(MSB)，而让所有比它低的位为 0。比较器测试相对于模拟输入的 DAC 输出。若模拟输入超过 DAC 输出，则保留该 MSB(高电平)，否则便复位到 0。然后，将这个步骤应用于下一个更低的有效位并重新进行比较。进行 n 次比较之后，转换器降到最低有效位(LSB)。这样，DAC 的输出便代表对模拟输入的最佳数字逼近。过程结束时，控制单元设定转换结束的终止信号。

图 5-78 中以图解方式说明 4 位逐次逼近步骤。MSB 为 1/2FS，在这种情况下，它比信号更大，因此，这一位被舍弃；第 2 位是 1/4FS 且比信号小，所以将其保留；第 3 位给出 (1/4 + 1/8)FS，它仍然小于模拟信号，所以第 3 位也被保留；第 4 位给出(1/4 + 1/8 + 1/16)FS 且比信号大，所以第四位被舍弃，转换即完成。转换数字结果是 0110。较高的

模/数转换器分辨率将给出更精确的值。

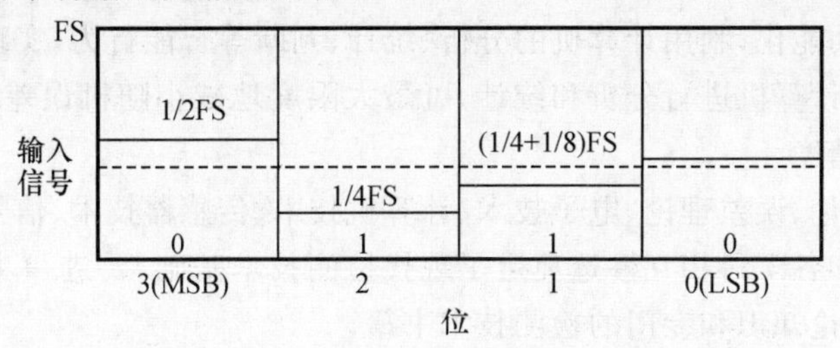

图 5-78　4位逐次逼近型模/数转换器逼近步骤

n位逐次逼近型模/数转换器的转换时间为$n\Delta T$,其中,ΔT是模/数转换器和控制单元的循环时间。8位、10位和12位逐次逼近型模/数转换器的典型转换时间范围为$1\sim100\ \mu s$。

如果模拟信号在输入至模/数转换器之前进行多路转换,那么,用一个模/数转换器便能对多个模拟信号进行数字化转换。模拟多路复用器利用晶体管或继电器和控制信号在多个模拟输入信号之间进行切换,这就大大降低了系统设计的成本。除成本之外,选择模/数转换器的另一些重要指标还有输入电压范围、输出分辨率和转换时间。

5.6 知识扩展

检测技术是信息技术的三大支柱之一,在科学研究和工程实践中得到了广泛应用,是推动科学技术发展的基础要素之一。近几十年,现代空间技术、导航、卫星通信、生物技术、计算机技术和集成电路等领域的技术发展对检测技术提出了新要求,也为检测技术的发展提供了空间。

现代检测系统的特点主要体现在以下两个方面。

(1) 传感器向微型化、数字化、智能化和网络化等方向发展。在硅器件上形成敏感元件,把传感器的微型化和可靠性提高到了新的高度;微电子机械加工技术进一步让敏感元件和微处理器及相关信号处理集成电路等封装在一起,为传感器的数字化、智能化和网络化提供了可能。在网络化方面,目前采用了多种现场总线和以太网(互联网),近年内流行的有FF、Profibus、CAN、LonWorks、AS-I、Interbus、TCP/IP等。此外,无线传感器网络是目前的热点领域之一。

随着新型敏感材料、敏感元件和纳米技术的发展,出现了诸如新一代光纤传感器、超导传感器、焦平面阵列红外探测器、生物传感器、纳米传感器、新型量子传感器、微型陀螺、网络化传感器、智能传感器、模糊传感器、多功能传感器等新型传感器。

(2) 现代检测系统以计算机为中心,向自动测量方向发展。依靠计算机信息处理能力,可以实时切换量程,获得更宽的测量频率范围和更广的测量动态范围;通过间接测量,可以用较简单的设备测出少量的基本参数,再由计算机换算出其他参数,最终实现检测系统的多参数和多功能化;利用计算机的分析、统计、判断等智能行为,实现系统的自诊断和自恢复功能;利用计算机进行分析和统计,可最大限度地减小随机误差和系统误差,从而获得更高的测量精度。

信息论、控制论、误差理论、电子技术、计算机技术、传感器技术、信号处理技术和集成电路技术的应用和各学科相互渗透奠定了现代检测技术基础。要进一步深入了解检测技术,可阅读相关理论知识和专门的检测技术书籍。

习　题

5-1　模拟式和数字式传感器信号检测系统是如何组成的?

5-2　简述电感传感器测量位移的原理。

5-3　简述光电传感器测速原理。

5-4　什么是压电效应?如何利用压电效应测量加速度?

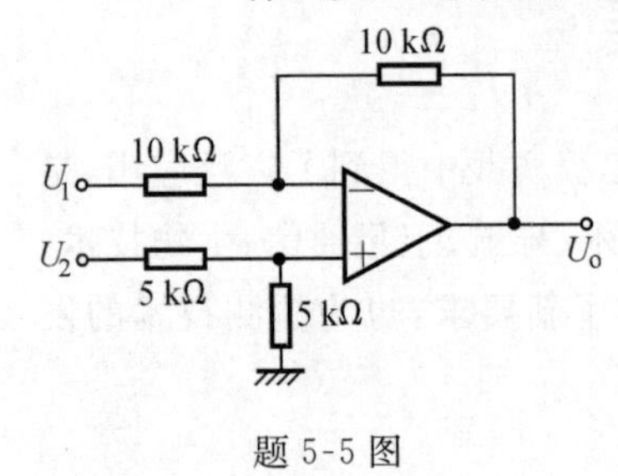

题 5-5 图

5-5　题 5-5 图所示为差分放大器电路。已知输入电压$U_1=1$ V,$U_2=0.5$ V。试求输出电压U_o的大小。

5-6　测量放大芯片 AD522 有什么特点?查找其芯片资料,构成一种信号放大电路。

5-7　简述程控增益芯片 AD521 的特点。查找其芯片资料,试用 AD521 构成实用放大电路。

5-8　在检测系统中,为何常对传感器信号进行调制?常用的调制方法有哪些?

5-9　什么是调制信号?什么是载波信号?什么是已调制信号?

5-10　相敏检波的原理是什么?

5-11　什么是低通、高通、带通、带阻滤波器?它们各自的通频带如何?

5-12　已知某电动机利用旋转光电编码器测速。旋转光电编码器光栅数为 1 024,0.01 s内测得脉冲为 4 096 个,试计算电动机的转速(r/min)。

5-13　如何利用软件对传感器进行线性化处理?

5-14　什么是采样?怎样才能保证采样过程中不丢失原信号中所包含的重要信息?

5-15　简述模/数转换的原理。

第 6 章　控制系统及接口设计

随着智能化要求的提高，以微控制器为基础的数字式控制在机电产品中的作用越来越大，所组成的控制系统的结构种类越来越多，但基本的功能、结构是一致的。

本章重点阐述以单片机和 PLC 为核心的控制系统的设计。单片机控制系统的设计又以接口设计为主，通过接口设计协调人与机、机与电之间的关系；对于 PLC 控制系统设计主要介绍 PLC 编程方法，以及它在顺序控制中的应用。

学习本章之前，需具备 51 系列单片机汇编语言设计和 PLC 的基础知识。

6.1　概　述

6.1.1　控制系统基本构成

控制系统是机电一体化产品中的重要组成部分，主要实现控制、协调和信息处理功能。应用于不同被控对象的控制装置在原理和结构上往往具有很大差异，控制系统的构成也千变万化，但一般来讲，各控制系统的基本构成相同。控制系统是由控制装置、执行机构、被控对象及传感与检测装置所组成的整体，其基本构成如图 6-1 所示。

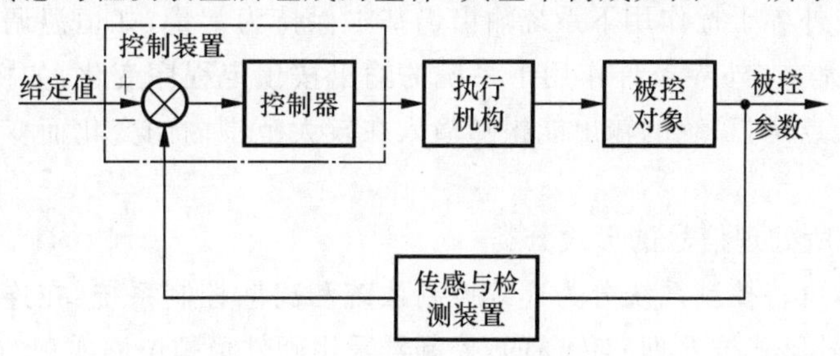

图 6-1　控制系统的基本组成

以控制系统（微电子系统）为出发点，机电系统中各要素与子系统的相接处必须具备一定的联系条件，这种联系条件就是接口。接口是联系机械系统与微电子系统（控制系统），对两者进行调整、匹配和缓冲的机电接口；也有联系操作者与机电系统（主要是控制系统），负责两者之间信息交换的人机接口。从接口的概念出发，机电一体化系统的组成如图 6-2 所示。

在某种意义上说，接口性能是系统综合性能优劣的决定性因素。接口的设计既是系统集成的要素，也是控制系统设计的主要内容之一。

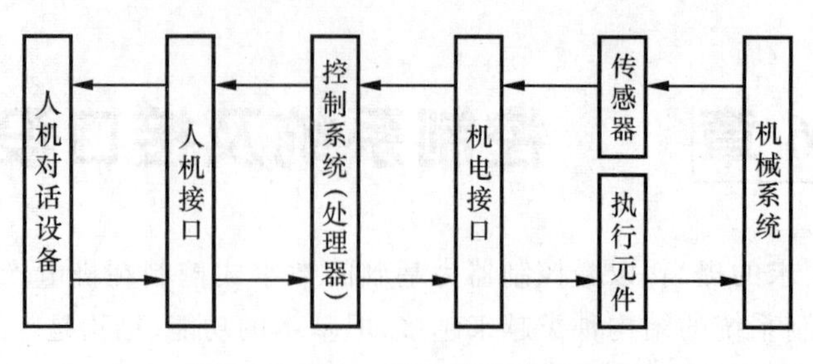

图 6-2　机电一体化系统基本组成

6.1.2　控制系统的分类

被控对象从简单到复杂，千变万化，机电一体化产品所采用的控制系统的形式也各有不同。

控制系统常见的分类方法如下。

1）按控制器所依据的判定准则分类

根据被控对象状态的函数，可将控制系统分为顺序控制系统和反馈控制系统。前者依据时间、逻辑、条件等顺序决定被控对象的运行步骤，如组合机床的控制系统；后者依据被控对象的运行状态决定被控对象的变化趋势，如闭环控制系统。

2）按系统输出的变化规律分类

按这种方式，可将控制系统分为镇定控制系统、程序控制系统和随动系统。镇定控制系统的特点是，在外界干扰作用下系统输出仍基本保持为常量，如恒温调节系统等。程序控制系统的特点是，在外界条件作用下系统的输出按预定程序变化，如机床的数控系统等。随动系统的特点是，系统的输出能跟随输入在较大范围内的变化而变化，如炮瞄雷达系统等。

3）按系统中所处理信号的形式分类

按这种方式，可将控制系统分为连续控制系统和离散控制系统。在连续控制系统中，信号是以模拟信号形式被处理和传递的，控制器采用硬件模拟电路实现。在离散控制系统中，主要采用计算机对数字信号进行处理，控制器是以软件算法为主的数字控制器。

4）按被控对象自身的特性分类

按这种方式，可将控制系统分成线性系统与非线性系统、确定系统与随机系统、集中参数系统与分布参数系统、时变系统与时不变系统等。

6.1.3　控制系统的设计内容

控制系统设计的基本方法是，把系统中的所有环节都抽象成数学模型进行分析和研究，其结果作为控制方案选择及控制器设计的依据，保证各环节在系统整体的要求下匹配和统筹设计。

从时间角度来看，内容包括基本设计和工程设计两大部分。基本设计的主要内容是确定控制方案，并在理论上进行系统性能分析和优化，与机电一体化产品总体设计同步进行；工程设计的主要内容是控制系统的详细设计，是基本设计中确定的控制方案的实现过程，包括系统中的控制装置、执行机构、检测与反馈装置的选择和相关软硬件设计，以及各种接口的选择和设计。执行机构、检测与反馈装置等的选择和设计已在前面的章节中论述，本章着重介绍控制装置和接口的选择及设计。

6.2　单片机接口及控制系统设计

单片机控制系统属于数字控制系统。与模拟控制系统不同，单片机控制系统需要将反映控制对象的模拟信号通过 A/D 转换变成单片机能够识别的数字信号，然后通过软件算法计算出控制量，最后经过 D/A 转换把控制信号输出到执行器上。单片机控制系统基本组成如图 6-3 所示。

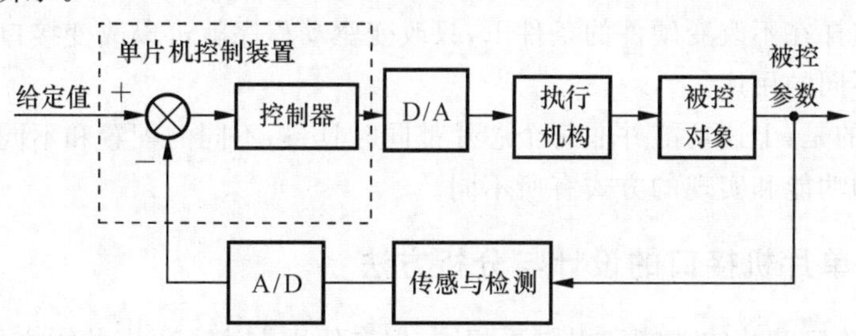

图 6-3　单片机控制系统基本组成

设计单片机控制系统的关键在于单片机接口电路设计和控制算法的设计。下面以 89S51 单片机为例，介绍这两个方面的内容。

6.2.1　单片机接口的作用和功能

单片机接口主要负责接收、解释并执行 CPU 发出的命令，传送外设的状态及双方的数据传输，管理双方的工作逻辑，协调它们的工作时序。总之，单片机接口作为 CPU 与外设之间一个界面，可使双方有条不紊地协调工作，从而完成 CPU 与外界的信息交换。

按 CPU 与外界交换信息的要求，一般来讲，单片机接口应具有如下功能。

(1) 数据缓冲功能　接口中一般都设置数据寄存器或锁存器，以解决高速 CPU 和低速外设之间的匹配问题，避免数据丢失。另外，这些锁存器常常有驱动作用。

(2) 设备选择功能　单片机控制系统中通常有多个外设，而 CPU 在同一时间只能与一台外设交换信息，这就要借助接口的地址译码对外设寻址，进行选择。

(3) 信息转换功能　由于外设所能提供和所需要的各种信号常常与单片机控制系统的总线信号不能兼容，因此信号转换不可避免，这是接口设计中的一个很重要方面。通常遇到的信号转换包括：信号的电平转换、A/D和D/A转换、串/并和并/串转换、数据宽度变换等。

(4) 接收、解释并执行CPU命令的功能　CPU向外设发送各种命令时，都是将命令以代码的形式先发到接口电路，然后由接口电路解释后，形成一系列控制信号发送到外设(被控对象)。为了实现CPU与外设之间的联络，接口电路还必须提供一些状态信号。

(5) 中断管理功能　当外设需要及时得到CPU的服务时，例如，在出现故障，要求CPU进行及时处理时，就应该在接口中设置中断控制逻辑，由它向CPU提出中断请求，进行中断优先级排队，接收中断响应信号及向CPU提供中断向量等有关中断事务工作，这样除了能使CPU实时处理紧急情况外，还能使快速CPU与慢速外设并行工作，从而提高CPU的效率。

(6) 可编程功能　为使接口具有较强的通用性、灵活性和可扩充性，现在的接口多数是可编程的。这样在不改变硬件的条件下，只改变驱动程序就可以改变接口的工作方式和功能，以适应不同的用途。

需要注意的是：上述功能并非每个芯片都同时具备，不同的配置和不同用途的单片机系统，其接口的功能和实现的方式有所不同。

6.2.2　单片机接口的设计与分析方法

尽管各种接口芯片的功能和引脚不相同，但在使用方法上仍有共同之处，使用这些芯片进行接口设计和分析的基本方法也是相同的。

1. 分析和设计接口两侧的情况

接口作为CPU与外设的中间环节，一方面要与CPU连接，另一方面要与外设连接。对CPU一侧，要弄清CPU的类型和引脚的定义，如数据线的宽度、地址范围、端口资源等。对89S51而言，它所提供的数据宽度为8位；89S51的地址线是16位的，所以寻址空间范围是64K，其中，P0口和P2口分别提供低8位地址和高8位地址；除了P0口和P2口外，89S51的P1口可作为双向I/O口使用。另外，89S51外设和外部存储器不分开寻址，因此设计外设接口时，要避免外设地址与外部存储器地址相冲突。除此之外，还要考虑逻辑关系和时序上的配合。

对于外设一侧，连接线只有三种：数据线、控制线和状态线。设计和分析的重点应该放在控制和状态线上，因为接口上的同一引脚接不同外设时作用可能不同。

2. 进行适当的信号转换

有些接口芯片的信号线可直接与CPU系统连接，有些信号线则需要经过一定的处理。这种处理包括逻辑上、时序上或电平上的。特别是接外设一侧的信号线，由于外设需要的电平常常不是 TTL 电平，而且要求有一定的驱动能力。因此大多数情况下，接口输出信号要经过一定的转换。

3. 接口驱动程序分析与设计

现在使用的接口芯片多数是可编程的，因此接口设计不仅仅是硬件上的问题，而且还包括编写驱动程序。编制驱动程序可按照以下三个步骤进行。

(1) 应熟悉接口芯片编程方法，如控制字各位的含义、控制字的使用顺序等。

(2) 根据具体的应用场合确定接口的工作方式，包括 CPU 与外设的数据传送方式和接口本身的工作方式。

(3) 根据硬件连接关系编写驱动程序，包括接口初始化程序和接口控制的输入 / 输出工作程序。

6.2.3　常用单片机接口设计

1. 独立式键盘输入接口设计

少数按键可以以独立方式接在 89S51 的 P1、P2、P3 口的任一端上。读入这些端子的状态即可知道键是否已按下。由于任何机械触点在接通或断开瞬间会产生一个抖动过程，对常用的按键来说，这一时间为 1 ～ 3 ms(见图 6-4)。因此，在程序中读入这些端子的状态时，发现是逻辑“0”后，还应延时 5 ～ 10 ms 后再次判读，以去除抖动，然后等按键放开后再执行指定程序，避免一次按键重复多次执行程序。

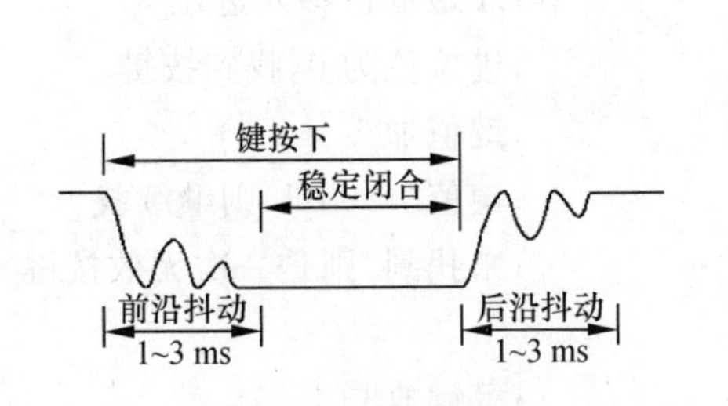

图 6-4　机械触点抖动过程

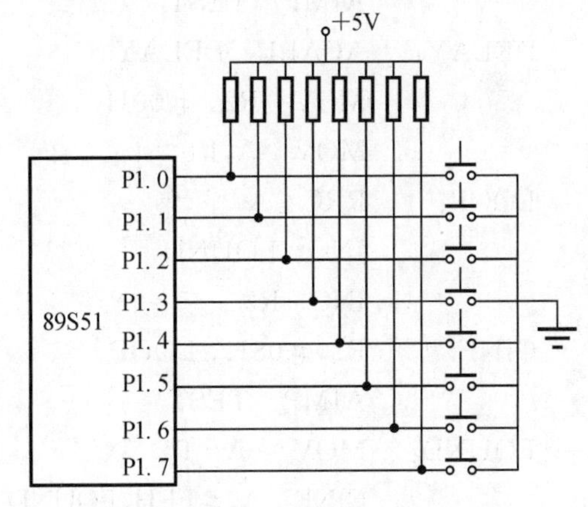

图 6-5　键盘硬件电路

例 6-1　如图 6-5 所示，P1. 0 ～ P1. 7 接 8 个按键。要求按一个键即进入对应的程序段。

分析　判断是否有键按下；若有键按下则去除抖动，然后把 P1 口值循环移入进位，来确定是哪一个键被按下。程序流程如图 6-6 所示。

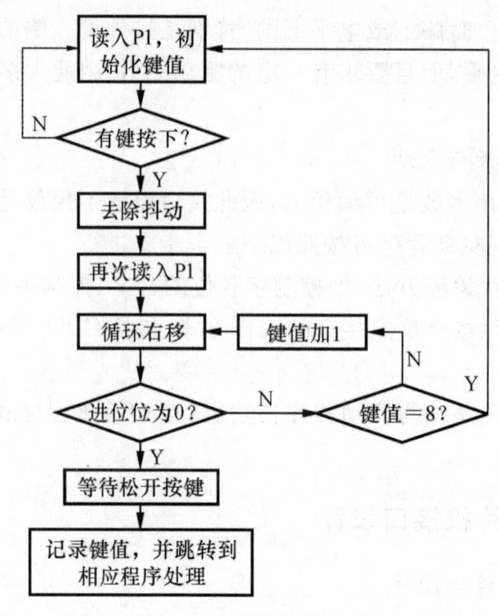

图 6-6　按键处理流程

参考源程序如下。

```
TEST:    MOV   A,P1
         CJNE  A,#FFH,DELAY       ;P1≠FFH,有键按下
         AJMP  TEST               ;P1=FFH,无键按下再测
DELAY:   ACALL DELAY              ;延时 5～10 ms
         MOV   R2,#00H            ;键入寄存器初值
         MOV   A,P1               ;再次读入 P1 口状态
LOOP:    RRC   A                  ;A 最低位移入进位
         JNC   FOUND              ;进位位为 0,找到按键
         INC   R2                 ;键值加 1
CJNE     R2,#08H,LOOP             ;键值≠08H,则继续找
         AJMP  TEST               ;未找到,则是一次无效按键
FOUND:   MOV   A  P1
         CJNE  A,#FFH,FOUND       ;等键放开
         MOV   A  R2
         ADD   A  R2              ;键值乘 2
         MOV   DPTR  #FIRST       ;设置跳转首地址
         JMP   @A+DPTR
```

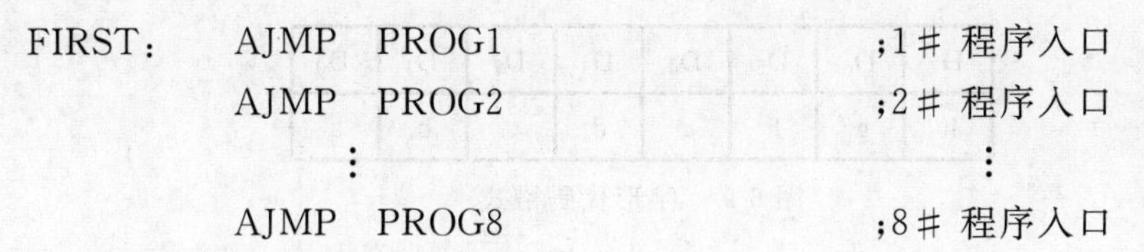

```
FIRST:    AJMP   PROG1        ;1# 程序入口
          AJMP   PROG2        ;2# 程序入口
           ⋮                    ⋮
          AJMP   PROG8        ;8# 程序入口
```

2. LED 显示接口电路设计

1）LED 显示器

LED显示器由8段发光二极管组成，如图6-7所示。当发光二极管导通时，相应的一个段显示。控制不同组合的二极管导通时，就能显示出不同的字符。这种显示器有共阳极和共阴极两种。共阴极 LED 显示器的发光二极管的阴极连接在一起，如图 6-8(a) 所示，通常是其公共阴极接地，当某个发光二极管的阳极为高电平时，发光二极管点亮，相应的段即显示。同样，共阳极 LED 显示器的发光二极管的阳极连接在一起，如图 6-8(b) 所示，通常是其公共阳极接正电压，当某个发光二极管的阴极接低电平时，发光二极管被点亮，相应的段即显示。

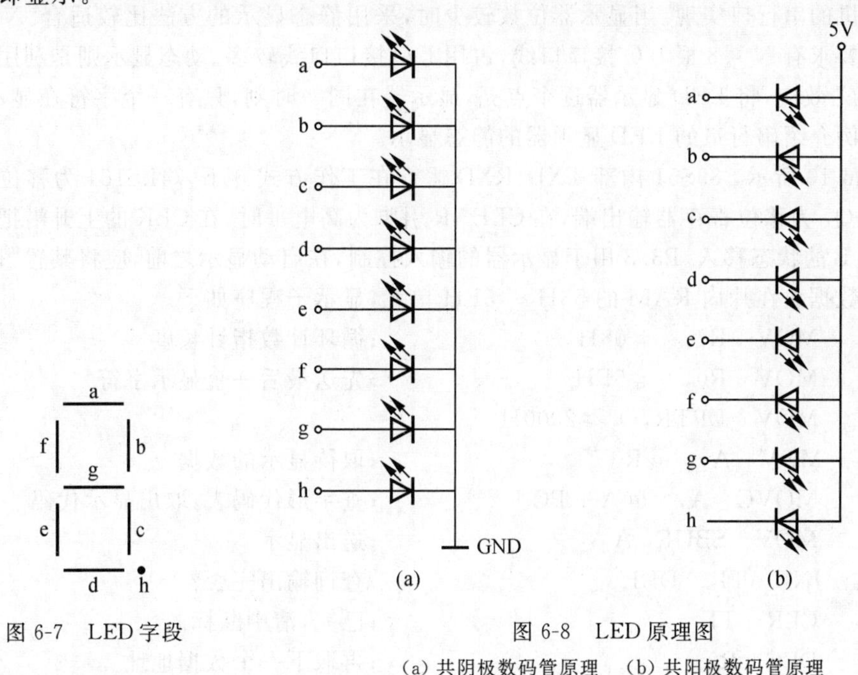

图 6-7　LED 字段

图 6-8　LED 原理图

(a) 共阴极数码管原理　(b) 共阳极数码管原理

LED 显示器所显示的字形(包括小数点 h) 是由字形代码确定的。字形代码可用一个字节来表示，如图 6-9 所示。例如，当共阴极数码管 a、b、c、d、e、f 导通，g、h 截止时，显示数字为 0，这时字形代码为 3F。共阴极 LED 的字形代码列于表 6-1 中，共阳极 LED 的字形代码取该表中的反码即可。

D_7	D_6	D_5	D_4	D_3	D_2	D_1	D_0
h	g	f	e	d	c	b	a

图 6-9　字形代码格式

表 6-1　共阴极 LED 的字形代码

显示内容	字形代码	显示内容	字形代码	显示内容	字形代码	显示内容	字形代码
0	3F	4	66	8	FF	C	B0
1	6	5	3D	9	67	D	5E
2	5B	6	FB	A	E7	E	79
3	4F	7	07	B	7C	F	71

2）LED 显示接口电路设计

单片机与LED显示器的连接分为静态显示连接和动态显示连接。LED显示器静态显示时，较小的电流能得到较高的亮度且字符不闪烁。在单片机系统设计中，静态显示通常利用单片机的串行口实现。当显示器位数较少时，采用静态显示的方法比较适合。N 位静态显示器要求有 $N\times 8$ 根 I/O 接口口线，占用 I/O 接口口线较多。动态显示则是利用人眼“视觉暂留”效应，将 LED 显示器逐个点亮，显示器在同一时刻，只有一个字符在显示。下面通过实例介绍串行口的 LED 显示器的静态显示。

如图 6-10 所示，89S51 内部 TXD、RXD 运行在工作方式 0 下，74LS164 为移位寄存器，Q0 ～ Q7 为移位寄存器输出端，在 CLEAR 引脚为高电平时，在 CLK 的上升沿把串行输入 A 和 B 的状态移入。P3.3 用于显示器的输入控制，在启动显示之前，应将其置“1”。如要显示的数据放在片内 RAM 的 58H ～ 5FH 单元，显示子程序如下。

```
DIR:  MOV   R7,  ＃08H          ;循环计数指针长度
      MOV   R0,  ＃5FH          ;先送最后一个显示字符
      MOV   DPTR,  ＃2000H
DL0:  MOV   A,  @R0             ;取待显示的数据
      MOVC  A,  @A＋PC          ;查字形代码表，取出显示代码
      MOV   SBUF, A             ;送出显示
DL1:  JNB   TI,  DL1            ;查询输出完否？
      CLR   TI                  ;已完，清中断标志
      DEC   R0                  ;再取下一个数据地址
      DJNZ  R7,  DL0
      CLR   P3.3                ;8 位送完，停止发送脉冲
      RET
ORG 2000H
TBT:  DB  C0H,  F9H,  A4H,
```

TBL1：DB　B0H，　99H，　92H，
TBL2：DB　82H，　F8H，　804H，
TBL3：DB　90H，　00H，　00H，

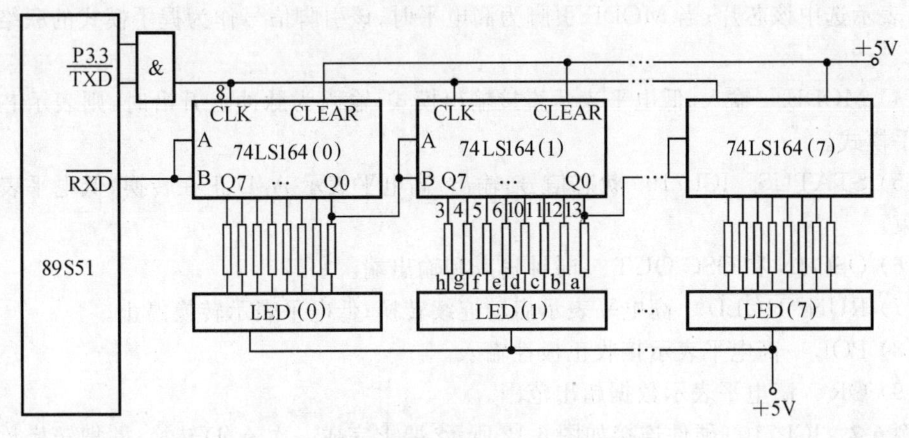

图 6-10　LED 静态接口示意图

3. A/D 转换接口电路设计

A/D 转换电路的功能是将连续变化的模拟量信号转换成数字信号，以适于计算机处理。A/D 转换按原理可分为并行方式、双积分方式、逐次逼近方式等。这里仅以双积分 A/D 转换器为例，介绍 A/D 转换接口电路的设计。

ICL7109 是美国 INTERSIL 公司生产的双积分式 12 位 A/D 转换器，其主要技术指标和主要引脚说明如下。

1）主要技术指标

（1）分辨率：12 位。

（2）噪声：15 μV（峰 - 峰值）。

（3）温漂：1 μV/℃。

（4）输入阻抗：10^{12} Ω。

（5）转换速率：7.5 次/s（时钟为 3.58 MHz）。

（6）输出方式：12 位二进制数。

2）主要引脚

图 6-11 所示为 ICL7109 引脚图，说明如下。

（1）B1 ～ B12　A/D 转换的三态输出数据。

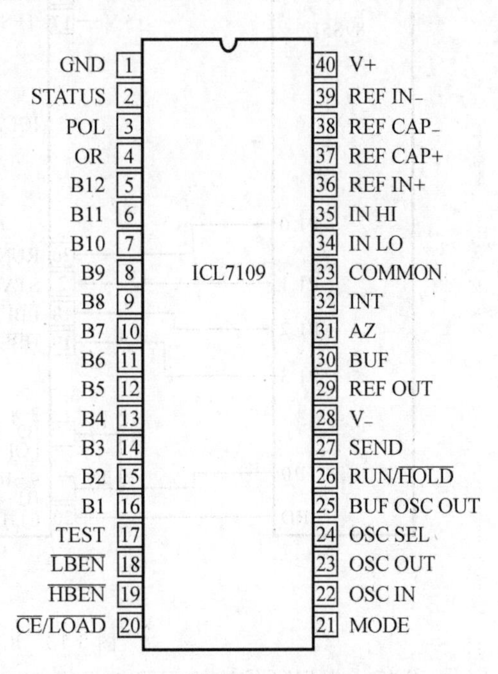

图 6-11　ICL7109 引脚图

(2) $\overline{\text{LBEN}}$、$\overline{\text{HBEN}}$　输入信号。当 MODE 引脚和 CE/LOAD 引脚都为低电平时，分别激活低 8 位数据和高 4 位数据；当 MODE 引脚为高电平时，输入信号作为握手信号。

(3) $\overline{\text{CE}}/\overline{\text{LOAD}}$　使能信号 / 输入信号。当 MODE 引脚为低电平时，CE/LOAD 为低电平，表示选中该芯片；当 MODE 引脚为高电平时，该引脚信号作为握手模式的联络信号使用。

(4) MODE　输入。低电平表示直接输出模式；输入为脉冲上升沿时，则表示芯片进入握手模式。

(5) STATUS　ICL7109 状态信号，输出。高电平表示 A/D 正在转换，低电平表示转换结束。

(6) OSC IN 和 OSC OUT　时钟输入和输出端。

(7) RUN/ $\overline{\text{HOLD}}$　高电平表示启动连续转换；低电平表示转换停止。

(8) POL　高电平表示接收正极性输入。

(9) OR　高电平表示数据超出范围。

例 6-2　ICL7109 硬件连接如图 6-12 所示。要求完成一次 A/D 转换，并把转换数据高字节存入 30H，数据低字节存入 31H 中。

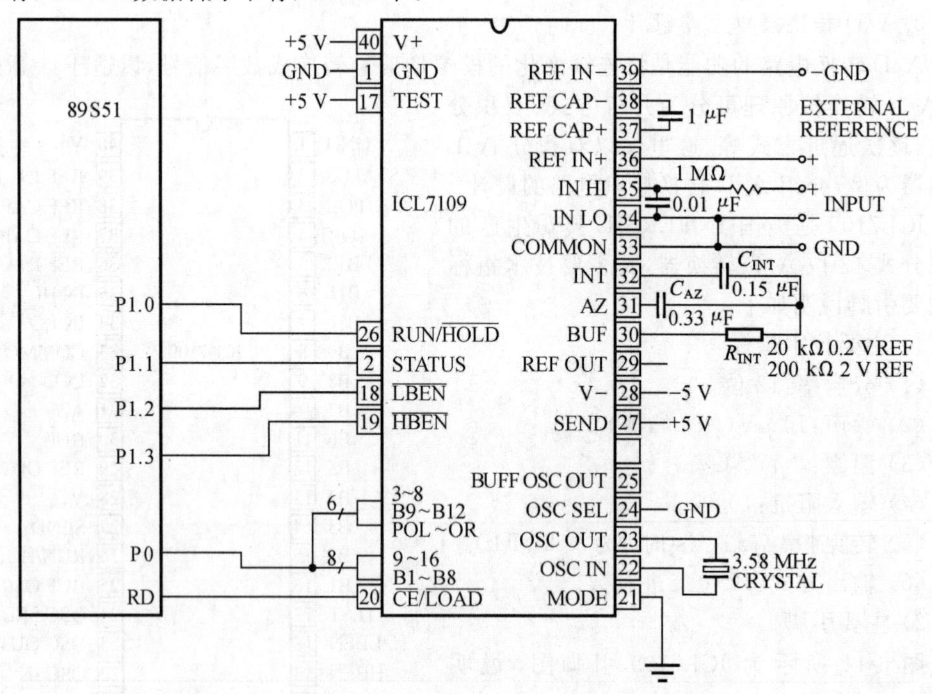

图 6-12　ICL7109 连接示意图

分析　根据硬件连接图可知，ICL7109 工作在直接输出模式（直接输出模式时序见图

6-13)。89S51 的 P1.0 ～ P1.3、RD 信号作为控制信号，P0 口作为数据交换口。

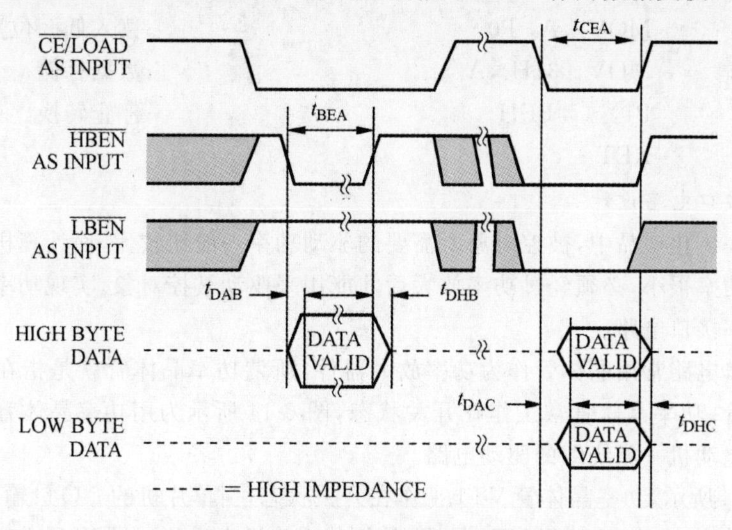

图 6-13　ICL7109 直接输出模式时序

由直接输出模式读 A/D 转换数据，参考程序如下。

```
        AND  P1,#FEH        ;停止转换
        AND  P3,#7FH        ;片选 ICL7109
        AND  P1,#F7H
        OR   P1,#01H        ;启动转换
        MOV  A,P1
        AND  A,#02H
LOOP1:  JB   NEXT1
        JMP  LOOP1          ;等待转换结束
NEXT1:  MOV  A, P0
        AND  A,#0FH         ; 读入高 4 位数据
        MOV  30H,A          ;数据存储
        OR   P3,#80H ;
        OR   P1,#08H
        AND  P1,#FBH
        AND  P3,#7FH ;
        MOV  A,P1
        AND  A,#02H
LOOP 2: JB   NEXT2
```

```
            JMP   LOOP2                ;等待转换结束
NEXT2:      MOV   A, P0                ;读入低8位数据
            MOV   31H ,A               ;数据存储
AND         P1,   #FEH                 ;停止转换
            RET
```

4.功率接口电路设计

在机电一体化产品中，被控对象所需要的驱动功率一般比较大，而计算机发出的数字控制信号的功率很小，必须经过功率放大后才能用来驱动被控对象。实现功率放大的接口电路称为功率接口电路。

功率接口电路常用晶体管作为功率放大器件。所谓功率晶体管就是指在大功率范围应用的晶体管。功率晶体管常工作在开关状态，图 6-14 所示为用功率晶体管作功率放大器件的步进电动机一相绕组的驱动电路。

如图 6-14 所示，功率晶体管 VT1 工作在开关状态，当单片机的 I/O 口输出高电平时，经过 7407 进行电流放大，使得 VT1 导通，从而使得步进电动机线圈 W 通电。当 P1.0 输出低电平时，VT1 截止，W 不通电。R_C 为限流电阻，VD1 为续流二极管，因步进电动机绕组 W 是一个感性负载，当 VT1 从饱和到截止时，绕组会产生一个很大的反电动势。这个反电动势和电源 V_{CC} 叠加在 VT1 的集电极上，很容易使 VT1 击穿。将续流二极管 VD1 反向接在 VT1 的集电极和电源 V_{CC} 之间，使得 VT1 在截止瞬间，W 上产生的反电动势通过 VD1 续流，从而保护 VT1 不受损坏。

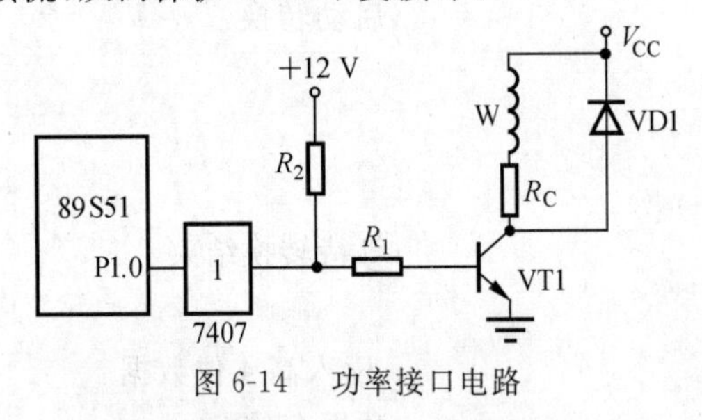

图 6-14　功率接口电路

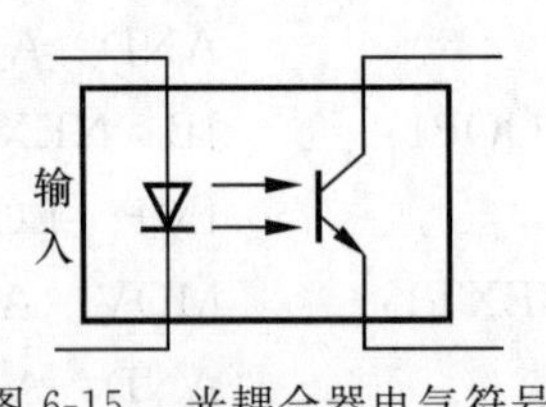

图 6-15　光耦合器电气符号

5.光耦合器驱动接口电路设计

光耦合器是把发光二极管和光敏晶体管或光敏晶闸管封装在一起，通过光信号实现电信号传递的器件。由于光耦合输入和输出之间没有直接的电气连接，电信号是通过光信号传递的，因此也称光隔离器，其电气符号如图 6-15 所示。

光耦合器具有以下特点。

(1) 光耦合器的信号传递采取电-光-电形式，发光部分和受光部分不接触，因此其绝缘电阻可高达 $10^{10}\,\Omega$ 以上，并能承受 2 000 V 以上的高压。被耦合的两个部分可以自成系

统,不“共地”,能够实现强电和弱电的电气隔离。

(2) 光耦合器的发光二极管是电流驱动器件,能够吸收尖峰干扰信号,所以具有很强的噪声抑制能力。

(3) 光耦合器作为开关应用时,具有耐用、可靠性高和高速的优点,响应时间一般为微秒级,高速型可达纳秒级。

图 6-16 所示为 89S51 单片机通过光耦合器控制步进电动机的接口电路。在这种场合应用时,应考虑两个参数:电流传输比和时间延迟。电流传输比是指光敏晶体管的集电极电流与发光二极管电流之比。不同结构的光耦合器的电流传输比相差很大,如光耦合器 4N25 的电流传输比 ≥20 %,而光耦合器 4N33 的电流传输比 ≥500 %。时间延迟是指在传输脉冲信号时,输出信号与输入信号间的延迟时间。图 6-16 中,R_2 为发光二极管限流电阻,它的取值为

$$R_2 = \frac{V_{CC} - U_f - U_d}{I_f}$$

式中:V_{CC}—— 电源电压;

U_f—— 发光二极管压降,取 1.5 V;

U_d—— 驱动器低电平,取 0.5 V;

I_f—— 发光二极管工作电流。

若取 I_f 为 10 mA,则

$$R_2 = \frac{5 - 1.5 - 0.5}{0.01}\ \Omega = 300\ \Omega$$

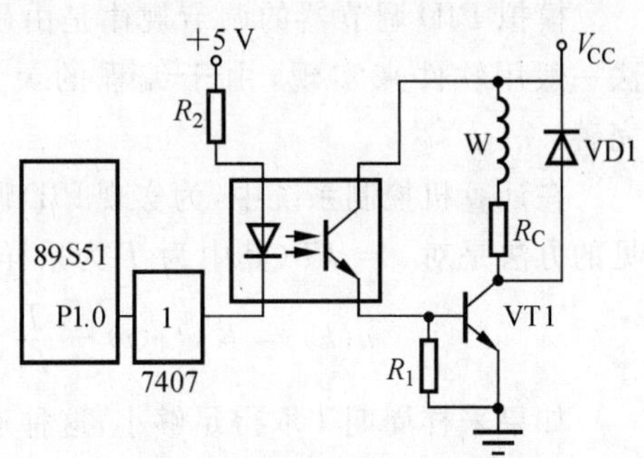

图 6-16　带光耦的功率控制电路

6.2.4　PID 控制算法

1. 模拟 PID 控制器及其调节规律的数字化

所谓 PID 控制是指比例(proportional)、积分(integral) 和微分(differential) 控制。对于实际的物理系统,其被控对象通常都有储能元件,这就使得系统对输入作用的响应有一定的惯性。另外,在能量和信息传输过程中,由于传输等因素,会引入一些时间上的滞后,这往往会导致系统的响应变差,甚至不稳定。因此,为了改善系统的调节品质,通常会在系统中引入偏差的比例调节,以保证系统的快速性;引入偏差的积分调节以提高控制精度;引入偏差的微分调节来消除系统惯性的影响。这就形成了按偏差 PID 调节的系统,控制结构如图 6-17 所示,其控制规律为

$$u(t) = K_P\left[e(t) + \frac{1}{T_I}\int e(t)\,dt + T_D\,\frac{de(t)}{dt}\right] \tag{6-1}$$

式中:$u(t)$—— 控制量;

$e(t)$—— 系统的控制偏差;

K_P—— 比例增益，K_P 与 δ 呈倒数关系，即 $K_P = 1/\delta$；

T_I—— 积分时间；

T_D—— 微分时间。

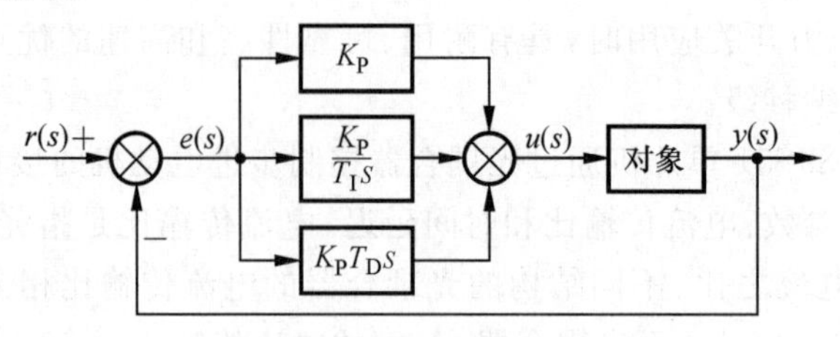

图 6-17　PID 控制系统框图

模拟 PID 调节器的调节规律是由硬件来实现的。在计算机控制系统中，PID 调节算法一般用软件来实现，由于编程的灵活性，PID 控制器的调节功能变得更加丰富和完善。

在计算机控制系统中，为实现 PID 调节算法，应对微分方程式(6-1) 进行离散化。最常见的方法是对 $t = kT$（其中为 T 为采样周期）采样时刻取控制量 $u(k)$，即

$$u(k) = K_P\left\{e(t) + \frac{T}{T_I}\sum_{j=0}^{k}e(j) + \frac{T_D}{T}[e(k) - e(k-1)]\right\} \tag{6-2}$$

如果采样周期 T 取得足够小，这种逼近就会相当准确，被控制的过程与连续过程将十分接近，因此这种控制方法称为准连续控制。

式(6-2) 提供了执行机构位置 $u(k)$（如阀门开度）的算法，称为位置式 PID 控制算法。当执行机构需要的不是控制量的绝对值，而是其增量（如驱动步进电动机）时，可由式(6-2) 导出如下公式：

$$\Delta u(k) = u(k) - u(k-1)$$

$$= K_P\left\{[e(k) - e(k-1)] + \frac{T}{T_I}e(k) + \frac{T_D}{T}[e(k) - 2e(k-1) + e(k-2)]\right\} \tag{6-3}$$

或

$$\Delta u(k) = Ae(k) - Be(k-1) + e(k-2) \tag{6-4}$$

式中：

$$A = K_P\left[1 + \frac{T}{T_I} + \frac{T_D}{T}\right];$$

$$B = K_P\left[1 + 2\cdot\frac{T_D}{T}\right];$$

$$C = K_P\cdot\frac{T_D}{T}$$

这种算法称为增量式 PID 控制算法。

增量式 PID 控制算法较之位置式 PID 控制算法有下列优点。

(1) 位置式 PID 控制算法的输出量与整个过去状态有关，计算公式中要用到偏差

$e(k)$ 的累加值，容易产生较大的累计误差，而且也需占用较多的存储单元，不便于计算机编程。增量式 PID 控制算法的输出量只与三个采样值有关，计算误差或精度不足对控制量的计算影响较小。

（2）当控制从手动切换到自动时，增量式 PID 调节易实现无冲击切换。另外，在计算机发生故障时，由于执行装置本身有"寄存"作用，故增量控制可使它保持原位。

在实际工程中，增量式 PID 算法比位置式 PID 算法应用广泛得多。

PID 计算程序可根据精度要求和计算速度选择定点计算或浮点计算。定点计算程序简单，运算速度快但精度有限。浮点计算适应范围宽、精度高，但程序复杂、运算速度慢。

在单片机控制系统中，既要考虑控制器的计算精度，又要考虑系统的实时性、通用性。这里给出一种较为实用的两字节定点 PID 计算方法，精度较高，程序又比较简单，总长为 16 位。图 6-18 给出了 PID 计算程序框图和内存分配。图 6-19 为两字节定点数格式。为使编程方便，设

$$\Delta e(k) = e(k) - e(k-1)$$

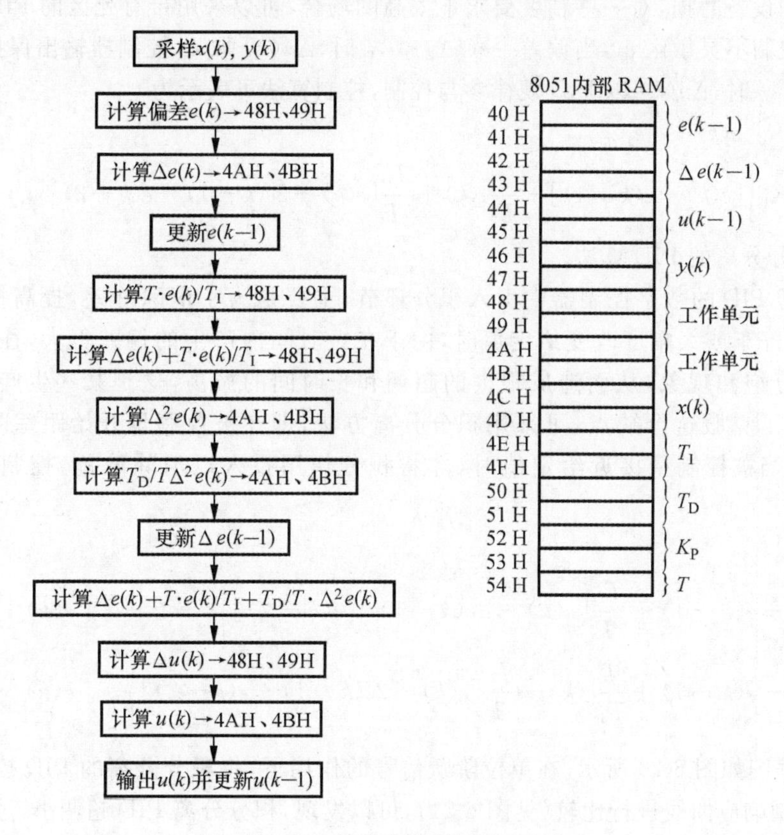

图 6-18　PID 计算程序框图及内存分配

$$\Delta^2 e(k) = \Delta e(k) - \Delta e(k-1) = e(k) - 2e(k) + e(k-1)$$

化简，有

$$\Delta u(k)=\left[\Delta e(k)+\frac{T}{T_{\mathrm{I}}}e(k)+\frac{T_{\mathrm{D}}}{T}\Delta^{2}e(k)\right] \tag{6-5}$$

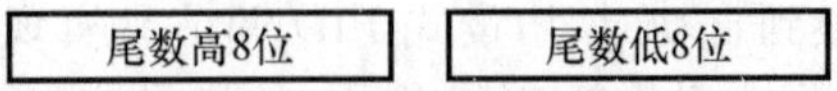

尾数高8位	尾数低8位

图 6-19　两字节定点数格式

调用程序前，将设定值 $x(k)$ 和测量值 $y(k)$ 以两字节定点数格式分别存于4CH、4DH 和 46H、47H 中。

2. 控制器的几种改进形式

1）带有死区的 PID 算法

在有些计算机控制系统中，为了避免控制动作过于频繁，消除由于频繁动作所引起的系统振荡和设备磨损，对一些精度要求不太高的场合，可以采用带有死区的 PID 控制。先人为设置控制不灵敏区 e_0，当偏差 $|e(k)|<e_0$ 时，$\Delta u(k)$ 取 0，控制器输出保持不变；当 $|e(k)|\geqslant e_0$ 时，$\Delta u(k)$ 以 PID 规律参与控制，控制算法可表示为

$$\Delta u(k)=\begin{cases}0, & |e(k)|<e_0\\ K_{\mathrm{P}}\left\{[e(k)-e(k-1)]+\dfrac{T}{T_{\mathrm{I}}}e(k)+\dfrac{T_{\mathrm{D}}}{T}[e(k)-2e(k-1)+e(k-2)]\right\}, & |e(k)|\geqslant e_0\end{cases}$$

2）积分分离的 PID 算法

在普通 PID 的数字控制器中引入积分环节，主要是为了消除静差，提高控制精度。但在启动、停车或大幅度改变给定值时，由于在短时间内产生的偏差很大，往往会产生严重的积分饱和现象，从而造成很大的超调和长时间的振荡，这是某些生产过程所不允许的。为了克服这个缺点，可采用积分分离方法，即在被控制量开始跟踪时，取消积分作用；而当被控制量接近给定值时，才将积分作用投入以消除静差。控制算法可改写为

$$\Delta u(k)=\begin{cases}K_{\mathrm{P}}\left\{e(k)-e(k-1)+\dfrac{T_{\mathrm{D}}}{T}[e(k)-2e(k-1)+e(k-2)]\right\}, & |e(k)|\geqslant\varepsilon\\ K_{\mathrm{P}}\left\{e(k)-e(k-1)+\dfrac{T}{T_{\mathrm{I}}}e(k)+\dfrac{T_{\mathrm{D}}}{T}[e(k)-2e(k-1)+e(k-2)]\right\}, & |e(k)|<\varepsilon\end{cases} \tag{6-6}$$

程序框图如图 6-20 所示。在单位阶跃信号的作用下，将积分分离的 PID 控制与普通的 PID 控制响应曲线进行比较（见图 6-21），可以发现，积分分离 PID 超调小，过渡过程时间短。

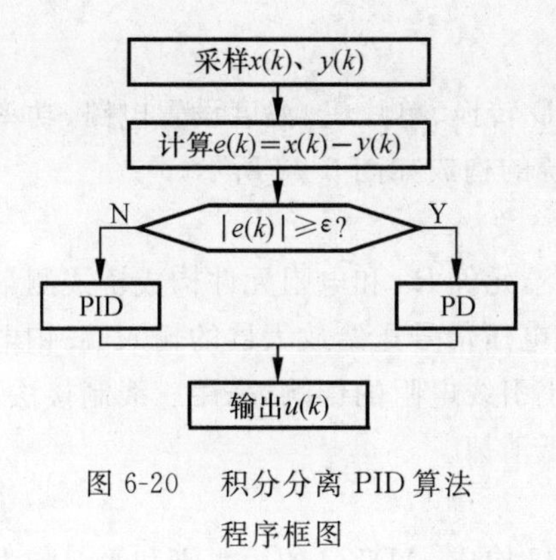

图 6-20　积分分离 PID 算法程序框图

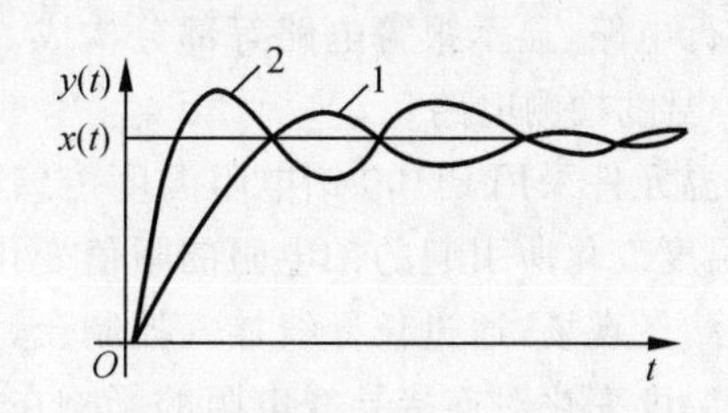

图 6-21　积分分离 PID 与普通 PID 响应曲线比较

1— 积分分离 PID 控制；2— 普通 PID 控制

6.2.5　单片机控制系统设计案例

1. 系统的功能要求

(1) 对化工合成装置的温度进行检测，并按工艺要求控制最高加热温度。

(2) 在升温阶段，控制合成装置的温度以 15 ℃/h 的速率上升。

(3) 加入触媒后，温度采用恒值控制。前期为 370 ℃，中期为 380 ℃，控制精度为 3 ℃。

(4) 最高温度连续三次达到 400 ℃ 时发出报警信号。

(5) 显示检测温度值。

(6) 留有扩充余地，以实现多回路控制。

2. 总体方案

根据上述功能要求，选择单片机 AT89C52 构成控制系统，采用带有死区的 PID 控制算法，当温度在给定的死区范围内时不予调节；当温度超出给定死区范围时，由控制系统按照运算结果驱动步进电动机，调节加热装置，以控制合成装置的温度。控制系统的总体方案如图 6-22 所示。

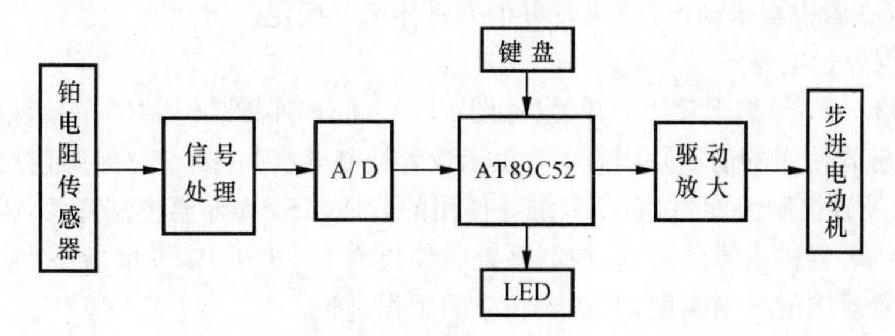

图 6-22　控制系统总体方案

3. 系统硬件

该系统的硬件电路由温度检测、信号放大、A/D 转换、单片机、温度设置电路、功率放大及执行电路、显示报警电路等部分构成。控制系统的构成如图 6-23 所示。

1）温度检测电路

测温元件采用 Pt100 铂电阻温度传感器。由测温元件 R_T 和电阻元件构成桥式测量电路，把温度变化所引起的铂电阻的阻值变化转换成电压信号送给放大器的输入端。铂电阻安装在测量现场，通过长导线接入控制台，为了减小引线电阻的影响，采用三线制接法，可将外界温度变化对连接导线电阻的影响在桥路中抵消掉。

2）信号放大电路

信号放大电路由单芯片集成精密放大器 AD522 构成。AD522 的第 1 脚和第 3 脚为信号差动输入端；第 2、14 脚之间外接电阻 R_G，用于调整放大倍数；第 4、6 脚为调零端；第 13 脚为数据屏蔽端；第 12 脚为测量端；第 11 脚为参考端，这两端间的电位差即为加到负载上的信号电压。使用时，测量端与输出端（第 7 脚）在外部相连接，输出放大后的信号。将信号地与放大器的电源地（第 9 脚）相连，为放大器的偏置电流提供通路。

AD522 的非线性度仅为 0.005 %（放大倍数为 100 时），在 0.1 ～ 100 Hz 的频带范围内，噪声电压的峰 - 峰值为 1.5 μV，其共模抑制比大于 110 dB。信号输入线的屏蔽接到放大器的数据屏蔽端，有效地减少了外部电场对输入信号的干扰。

3）A/D 转换电路

采用 ICL7109 构成 A/D 转换电路。ICL7109 采用双积分方式工作，转换速率不高，但仍可满足系统采样速率的要求。芯片有较强的抗噪声干扰能力，这对于保证整个系统的检测与控制精度是非常有利的。P1.6、P1.5、P1.3 线分别与 A/D 转换器的运行 / 保持输入端（RUN/ $\overline{\text{HOLD}}$）、字节使能端（$\overline{\text{HBEN}}$、$\overline{\text{LBEN}}$）及 $\overline{\text{CE}}$/ $\overline{\text{LOAD}}$ 端相连，用以控制 A/D 转换；P1.4 与 A/D 转换器的状态输入端 STATUS 相连接，并定义为输入，用以检测芯片的工作状态；方式选择端 MODE 接地，置 A/D 转换器为直接输出工作方式。这样，在片选和字节使能信号的控制下，CPU 可以直接读取 A/D 转换器的数据，ICL7109 的基准电压及相关的外接电容在图中均未画出，使用时可根据具体情况确定。

4）温度设置电路

在 P3.3 ～ P3.6 口上接 4 个开关（见图 6-23）。闭合 S4，P3.6 为“0”，表示设置控制温度为 370 ℃（触媒使用的前期）；闭合 S3，表示设置控制温度为 380 ℃（触媒使用的中期）；闭合 S2，表示设置控制温度为 390 ℃（触媒使用的后期）。S1 为降温控制开关，闭合 S1 时，停止加热，合成装置进入降温过程。控制系统软件检测 P3.3 ～ P3.6 的状态，发现某一开关闭合，即设置对应的控制温度，并转入相应的工作过程。

5）显示报警电路

用 AT89C52 的串行口扩展 4 片串 / 并转换的移位寄存器 74LS164（SN74HC164N），

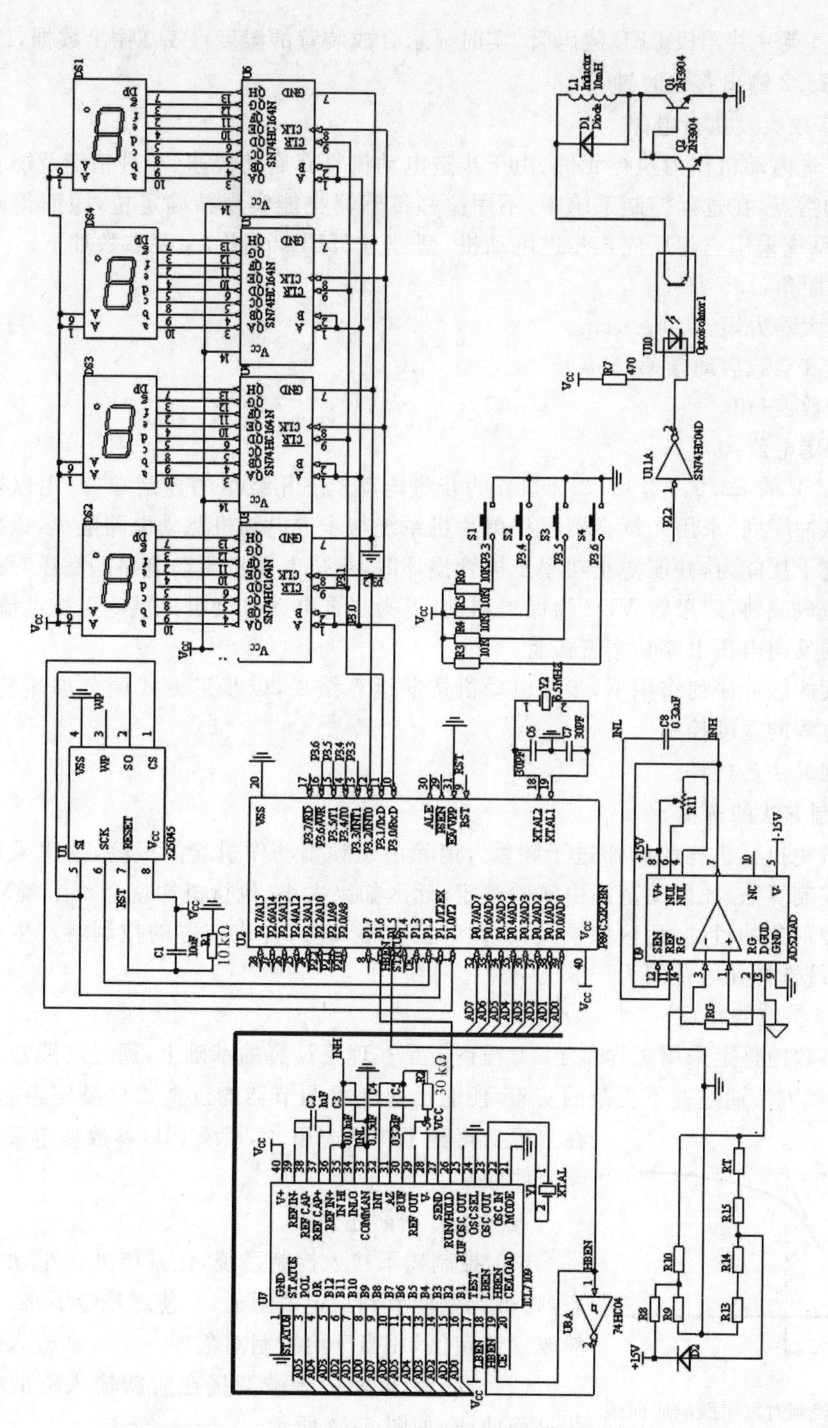

图 6-23　控制系统的构成

驱动4只1.5英寸共阳极LED数码管，实时显示合成装置的温度。P3.0输出数据，P3.1送消除信号，P3.2输出移位时钟。

6）功率放大及执行电路

采用步进电动机作为执行元件。由于步进电动机具有启动快速、步进精确及能直接接收数字量的特点，在过程控制系统中，不用位移传感器也能实现精确定位，因而得到了广泛应用。该系统采用三相反应式步进电动机，型号为55BF004-Ⅱ，主要参数如下。

（1）步距角：1.5°/3°。

（2）最大静力矩：50 kg·cm。

（3）最高空载启动频率：550步/s。

（4）相数：三相。

（5）额定电流：0.5 A。

AT89C52的P2.0、P2.1、P2.2口作为步进电动机三相绕组的控制端口，用以输出软件生成的脉冲序列。采用光耦合器可将单片机系统与步进电动机驱动电路隔离，以提高控制系统的抗干扰能力，并能防止功率三极管损坏时，步进电动机驱动电路的高压对控制系统的安全造成威胁。二极管VD2为保护器件，可为步进电动机绕组提供低阻抗续流回路，防止过高的反向电压击穿功率三极管。

在连续的脉冲序列作用下，步进电动机按照运算结果，以步进方式调节加热装置，实现对合成过程的温度控制。

4.控制算法的选择

1）控制方法的选择

为了避免执行机构的动作过于频繁，消除由于频繁动作引起的振荡，这里采用带死区的PID控制算法，死区的范围由实验整定。死区如果太小，执行机构就会动作频繁，达不到稳定被控对象的目的，死区如果太大，调节就会不及时，合成装置的控制将产生很大的滞后。该系统选择死区范围为$-2°\sim+2°$。

2）PID参数的整定

PID参数的整定采用工程整定。工程整定是在理论计算的基础上，通过实践总结出来的方法。这种方法通过并不复杂的实验，便能迅速获得调节器的近似最佳整定参数，因而在工程上得到了广泛应用。本系统PID参数整定采用扩充响应曲线法。

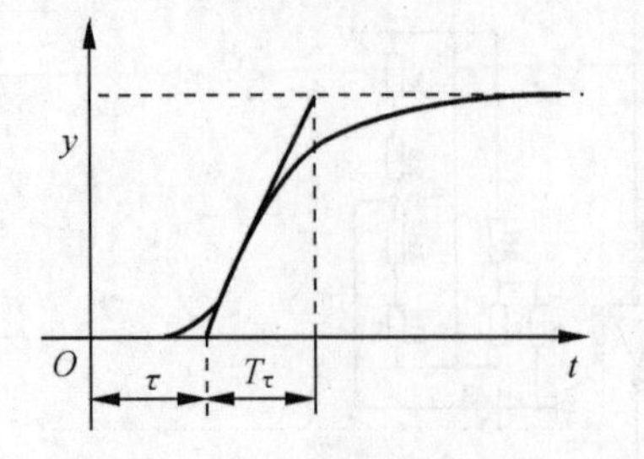

图6-24　控制对象阶跃响应曲线

现对该方法简述如下。

（1）控制器不接入控制系统，让系统处于手动操作状态，将被调量调节到给定值附近，并使之稳定下来。然后突然改变给定值，相当于给控制对象加一个阶跃输入信号。

（2）用记录仪表记录被调量在阶跃输入下的整个变化过程曲线，如图6-24所示。

(3) 在曲线拐点处作切线，求得滞后时间 τ、被控对象时间常数 T_τ 及 T_τ/τ。

(4) 由求得的 T_τ 和 τ 及 T_τ/τ，选择一个控制度，查表 6-2 即求得数字 PID 的控制参数 K_P、T_I、T_D 及采样周期 T。

表 6-2　按扩充响应曲线法整定 T 和 K_P、T_I、T_D

控制度	控制规律	τ	K_P	T_I	T_D
1.05	PI	0.1τ	$0.84\frac{T_\tau}{\tau}$	3.4τ	—
	PID	0.05τ	$1.15\frac{T_\tau}{\tau}$	2.0τ	0.45τ
1.2	PI	0.2τ	$0.78\frac{T_\tau}{\tau}$	3.6τ	—
	PID	0.16τ	$1.0\frac{T_\tau}{\tau}$	1.9τ	0.55τ
1.5	PI	0.5τ	$0.68\frac{T_\tau}{\tau}$	3.9τ	—
	PID	0.34τ	$0.85\frac{T_\tau}{\tau}$	1.62τ	0.65τ
2.0	PI	0.8τ	$0.57\frac{T_\tau}{\tau}$	4.2τ	—
	PID	0.6τ	$0.6\frac{T_\tau}{\tau}$	1.5τ	0.82τ
模拟调节器	PI	—	$0.9\frac{T_\tau}{\tau}$	3.3τ	—
	PID	—	$1.2\frac{T_\tau}{\tau}$	2.0τ	0.4τ
Ziegler-Nichols 整定式	PI	—	$0.9\frac{T_\tau}{\tau}$	3.3τ	—
	PID	—	$1.2\frac{T_\tau}{\tau}$	3.0τ	0.5τ

(5) 按求得的整定参数运行，在投运中观察控制效果，用探索法进一步寻求比较满意的参数。

一般选择控制度为 1.05，计算求得的参数还需要经过现场调试，从而获得最佳调节参数。

5. 系统软件设计

1) 系统软件功能

(1) 检测开关 S1、S2、S3、S4 的状态，设定温度控制值，控制系统转入相应的加热或降温阶段。

(2) 启动 A/D 转换，连续读取 5 次转换结果之后，进行滤波及非线性校正处理，将所得信号作为一次温度检测信号。

(3) 进行PID运算，按照运算结果，驱动步进电动机，以调节温度。

(4) 发现温度超限时，给出报警信号。

2) 主程序

完成系统初始化操作，判断温度是否超限，如果超限，则报警处理；如未超限则读入键盘状态，根据键值转入相应功能子程序。主程序流程如图6-25所示。

3) 主要子程序

(1) A/D转换子程序　该子程序通过P1口的P1.3～P1.6控制A/D转换，根据ICL7109的状态来判断转换是否完成。待A/D转换完成后，将芯片置为保持状态，分两次读入12位转换数据，然后存放在数据存储区。连续采样5次，经过中值滤波及线性化处理，得出一次温度检测值。A/D转换子程序流程如图6-26所示。

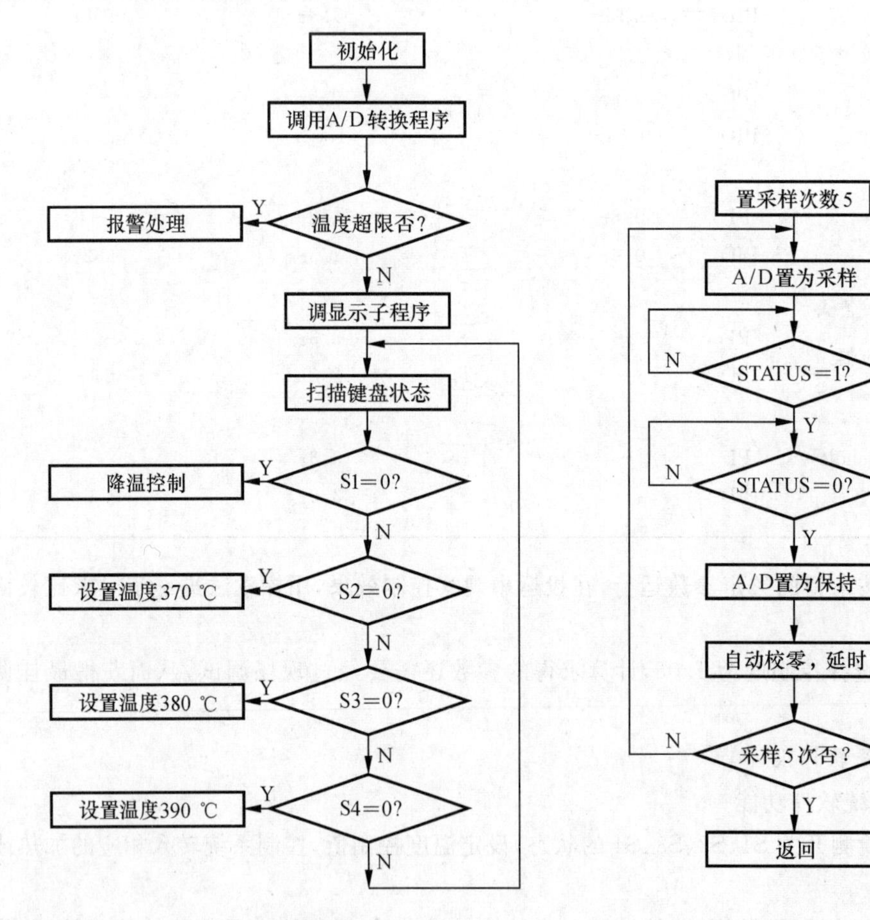

图6-25　主程序流程　　图6-26　A/D转换流程

(2) 步进电动机驱动程序　该系统采用三相步进电动机，采用三相六拍工作方式。由单片机的 P2.0 ～ P2.2 口控制步进电动机的三相线圈，驱动程序功能如下。

步进电动机的转动方向由三相绕组的脉冲顺序决定。当通电顺序为 A → AB → B → BC → C → CA 时，步进电动机正转；如果通电顺序为 A → AC → C → CB → B → BA，则步进电动机反转。根据步进电动机的转向和工作时绕组通电顺序的变换规律，可以在内存中设置步进电动机的状态表。

为了得到较好的代码，步进电动机驱动子程序可采用汇编语言编写。子程序 DPTR 中已经存放步进电动机的状态指针，正转时置 R3R2 = 0001H，R5R4 = FFFAH，反转时置 R3R2 = FFFFH，R5R4 = 0006H，每输出一个字节后延迟 100 ms。R3R2 和 R5R4 的内容设置是为了保证步进电动机按两种不同顺序改变状态表的地址指针，以完成正转和反转的操作。步进电动机程序流程如图 6-27 所示。

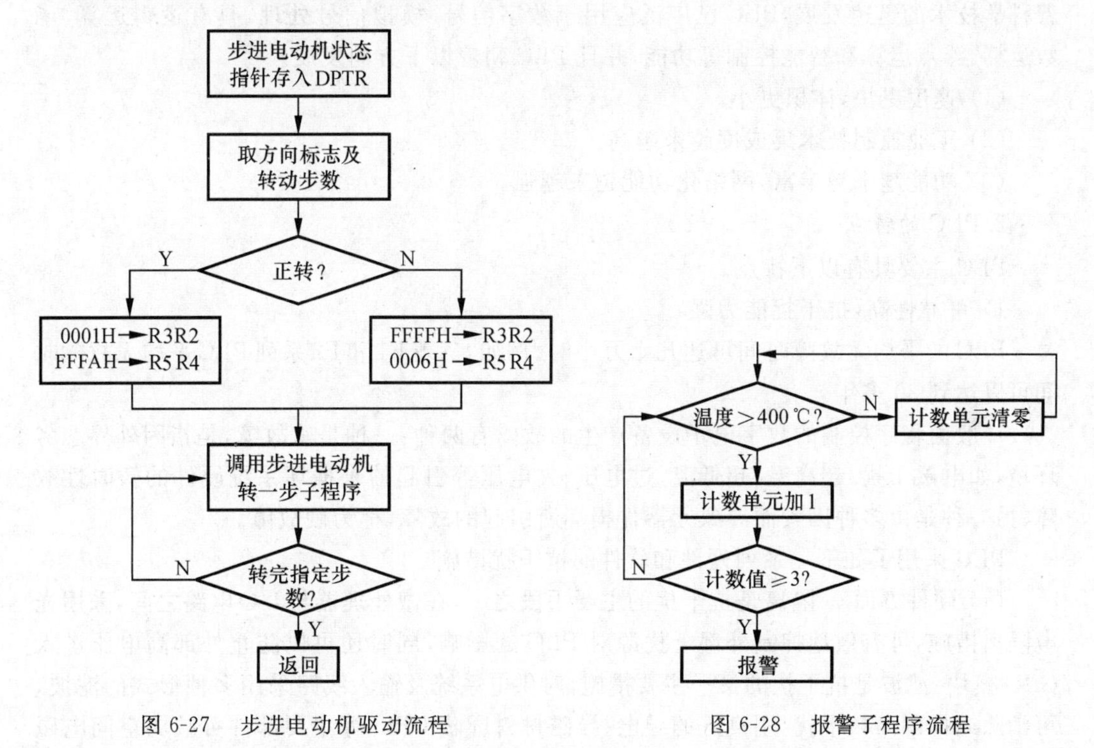

图 6-27　步进电动机驱动流程　　　图 6-28　报警子程序流程

(3) 报警子程序　合成装置的最高温度高于 400 ℃，将影响触媒的使用和产品的质量。因此，将 400 ℃ 定为合成装置的温度上限。当控制系统检测到温度超限时，应进行报警处理。该子程序设置为，当控制系统连续三次检测到温度超限后才进行报警，这样可以减少误报警。图 6-28 所示为报警子程序流程。

6.3 PLC 控制系统设计

6.3.1 PLC 概述

1. PLC 的由来和发展简介

可编程控制器的英文缩写为 PC，为了与个人计算机的 PC(personal computer) 相区别，仍习惯简称为 PLC。自 1969 年美国的 DEC 公司开发的第一台可编程控制器面世以来，经历了几十年的发展，PLC 已经成为一种最重要、最普及、应用场合最多的工业控制器。目前，PLC 的生产厂家众多，产品型号、规格不可胜数，其中有代表性的为德国的西门子，日本的三菱、欧姆龙和美国的 AB、GE 等公司。PLC 早期主要应用于逻辑顺序控制，随着科学技术的迅速发展，PLC 已广泛应用于数字信号、模拟信号处理，具有逻辑运算、函数运算、浮点运算和智能控制等功能，并且 PLC 朝着以下方向发展。

(1) 速度更快，体积更小。

(2) 工业控制技术集成度越来越高。

(3) 功能越来越丰富，网络化功能越来越强。

2. PLC 的特点

PLC 主要具有以下特点。

1) 可靠性高，抗干扰能力强

PLC 的平均无故障时间可达几十万小时。例如，三菱 F1 和 F2 系列 PLC 平均无故障时间可以达到 30 多年。

一般由程序控制的数字电子设备产生的故障有两种：一种是软故障，是指因外界恶劣环境，如电磁干扰、超高温、超低温、过电压、欠电压等引起的未损坏系统硬件的暂时性故障；另一种是由多种因素而导致元器件损坏所引起的故障，称为硬故障。

PLC 采用了如下一系列硬件和软件的抗干扰措施。

(1) 硬件方面　隔离是抗干扰的主要手段之一，在微处理器与 I/O 电路之间，采用光电隔离措施，可有效地抑制外部干扰源对 PLC 的影响，同时还可以防止外部高电压进入 CPU 模块。滤波是抗干扰的又一主要措施，对供电系统及输入线路采用多种形式的滤波，可消除或抑制高频干扰。用良好的导电、导磁材料屏蔽 CPU 等主要部件可减弱空间电磁干扰。此外，对有些模块还设置了连锁保护、自诊断电路等。

(2) 软件方面　设置故障检测与诊断程序，PLC 在每一次循环扫描过程的内部处理期间，都要检测系统硬件是否正常，锂电池电压是否过低，外部环境是否正常，如掉电、欠电压等。当软故障条件出现时，立即把当前状态重要信息存入指定存储器，软硬件配合封闭存储器，禁止对存储器进行任何不稳定的读 / 写操作，以避免存储信息被冲掉。这样，一旦外界环境正常后，便可恢复到故障发生前的状态，继续原来的工作。

2）编程简单，使用方便

考虑到企业中一般电气技术人员和技术工人的读图习惯和应用微机的实际水平，目前大多数的 PLC 采用继电器控制形式的梯形图编程方式。这是一种面向生产、面向用户的编程方式，与常用的程序语言相比，更容易被操作人员所接受并掌握。通过阅读 PLC 的使用手册或短期培训，电气技术人员可以很快熟悉梯形图语言，并编制一般的用户程序。配套的简易编程器的操作和使用也很简单。

3）功能完善、通用性强

现代 PLC 不仅具有逻辑运算、定时、计数、顺序控制等功能，而且还具有 A/D、D/A 转换及数值运算和数据处理等功能。因此，它既可对开关量进行控制，也可对模拟量进行控制；既可以控制单台设备，也可以控制一条生产线或全部生产工艺过程。PLC 还具有通信功能，可与相同或不同类型的 PLC 联网，并可与上位机通信构成分布式的控制系统。

由于 PLC 产品的系列化和模块化，有品种齐全的多种硬件装置供用户选用，可以组成满足各种控制要求的控制系统。

3. PLC 的编程语言

PLC 的编程语言有梯形图（ladder diagram）、语句表（statement list）、控制系统流程图（control system flowchart）等。其中梯形图和语句表最为常用。

梯形图是一种图形语言，它从传统的继电器控制方式演变而来，它简单，动作原理直观，可读性较强。梯形图有如下特点。

（1）梯形图中的寄存器、定时器等“电器”不是物理意义上的电器，而是由 PLC 内部电子电路构成的寄存器单元。读出寄存器的状态为高电位或低电位，相当于继电器的触点的通与断，而改变寄存器的状态，相当于继电器线圈的通电与断电。

（2）在梯形图中，没有真实的电流流动，为了便于分析 PLC 的周期扫描原理及控制信息在存储空间的分布情况，假设在梯形图中有“电流”流过。为了区别于真实的电流，将假设电流称为能流。能流在梯形图中只能单方向流动，即从左到右流动，并且按先上后下的顺序从左向右流动，不会产生反向流动。

（3）在梯形图中，最左边的竖线称为起始母线。若与起始母线相连的触点闭合，则可以使能流流过器件并到达下一个器件，若触点打开则将阻止能流流过。

画梯形图的要求如下。

① 每一个逻辑行必须从起始母线画起。

② 寄存器线圈不能直接接在左边的起始母线上。

③ 梯形图中的寄存器线圈只能使用一次，而其触点可以使用无数次。

④ 梯形图必须按照执行程序的顺序画出。

4. PLC 的工作原理

下面通过一个电路实例来说明 PLC 的工作过程。

例 6-3 有 2 个开关 X1、X2，其中任何一个接通都将立即点亮红灯，2 s 后点亮绿灯。为实现这个工作过程，选用 2 个按钮开关、2 个常开继电器及 1 个具有延时 2 s 后闭合触点的时间继电器，构成图 6-29 所示电路。

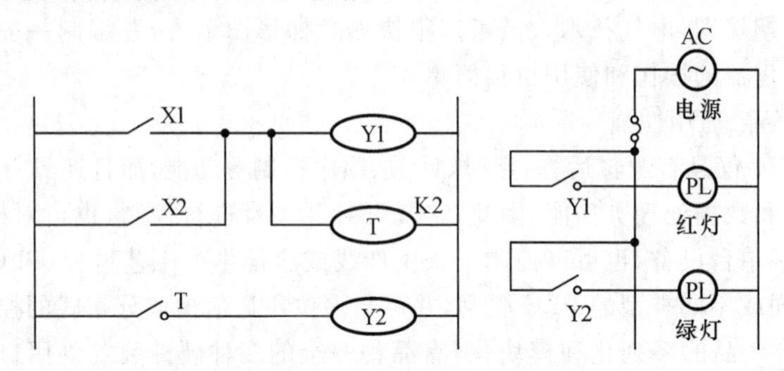

图 6-29 PLC 电路示意图

PLC 工作过程：先读入 X1、X2 触点信息，然后对 X1、X2 状态进行逻辑运算，若逻辑条件满足，Y1 线圈接通，此时外触点 Y1 接通，外电路形成回路，红灯亮；在定时时间未到时，时间继电器线圈 T 接通的条件不满足，因此 Y2 线圈不通电，绿灯不亮；2 s 后（时间常数为 K2），Y2 线圈才接通，Y2 触点接通，绿灯亮。分析上述工作过程，整个工作过程包括读入开关状态、逻辑运算、输出运算结果三个步骤。由于计算机每一特定时刻只能处理一件事，因此工作的次序是：输入 → 第一步运算 → 第二步运算 …… 最后一步运算 → 输出。这种工作方式称为扫描工作方式，从输入到输出的整个执行时间称为扫描周期。

5. PLC 的组成和结构

PLC 的基本结构如图 6-30 所示。

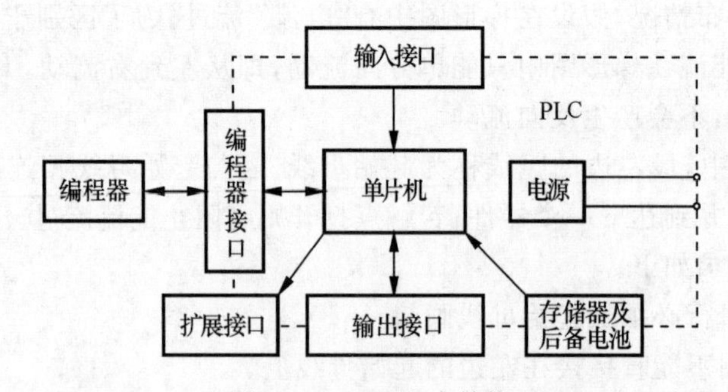

图 6-30 PLC 基本结构

（1）单片机 它包括中央处理器 CPU，存储器 RAM、ROM，并行接口 PIO，串行接口 SIO，时钟 CTC 等。它的作用是对整个可编程控制器的工作进行控制。

(2) 输入接口　输入信号包括开关量、模拟量及数字量。PLC 的一个重要特点是所有的输入、输出信号全部经过隔离，任何形式的信号最终都经过光电隔离或继电器输入或输出 PLC，这大大提高了 PLC 的抗干扰能力。

(3) 输出接口　输出接口通常有三种形式：一种是继电器输出型，CPU 接通继电器线圈，继而吸合触点，而外触点与外线路构成回路；另外两种分别是晶体管输出型和可控硅输出型。

(4) 电源　在小型可编程控制器内部都包括一个稳压电源，用来对单片机、I/O 板等内部器件供电。有些机型还可向外部提供 DC24V 稳压电源。

(5) 扩展接口　扩展接口用于扩展 I/O 单元和功能模块，它使得可编程控制器的功能配置更加灵活。

(6) 编程器接口　通过这个接口，可以连接各种形式的编程装置，还可以利用此接口做一些监控的工作。

(7) 存储器接口　通过这个接口，可以根据需要扩展存储器，其内部也是接到 PLC 内部总线上的。

6. PLC 的主要性能指标

(1) 基本的控制功能　顺序控制、定时、计数、逻辑运算和四则运算等。

(2) 输入 / 输出(I/O)　I/O 点数决定了 PLC 对输入 / 输出信号的处理能力。

(3) 编程语言　常用的是继电器梯形图编程方式。

(4) 扫描时间　一般1 000条指令执行时间为10 ms左右，小型和超小型的机器扫描时间可能大于 40 ms。

(5) 工作环境　一般都能在下列环境条件下工作：温度为0 ～ 60 ℃；湿度小于95%(无结霜)。

7. PLC 的扩展模块

PLC 扩展模块功能丰富，可以完善 CPU 的功能。这里以欧姆龙 C200H 系列为例，介绍其模拟量输入模块和模拟量输出模块。

1) C200H-AD003 模块

C200H-AD003 模块是欧姆龙 C200H、C200HS 和 C200HX/HG/HE 系列 PLC 的模拟量输入扩展模块。其主要技术指标如下。

(1) 有 8 个模拟量输入通道。

(2) 输入电压范围：0 ～ 10 V、－10 ～＋10 V、1 ～ 5 V。

(3) 输入电流范围：4 ～ 20 mA。

(4) A/D 转换精度：16 位。

（5）转换时间：1.0 ms/ 点。

（6）电流消耗：直流 5 V 或 26 V 时，最大消耗电流为 100 mA。

C200H-AD003 模块的外观如图 6-31 所示。

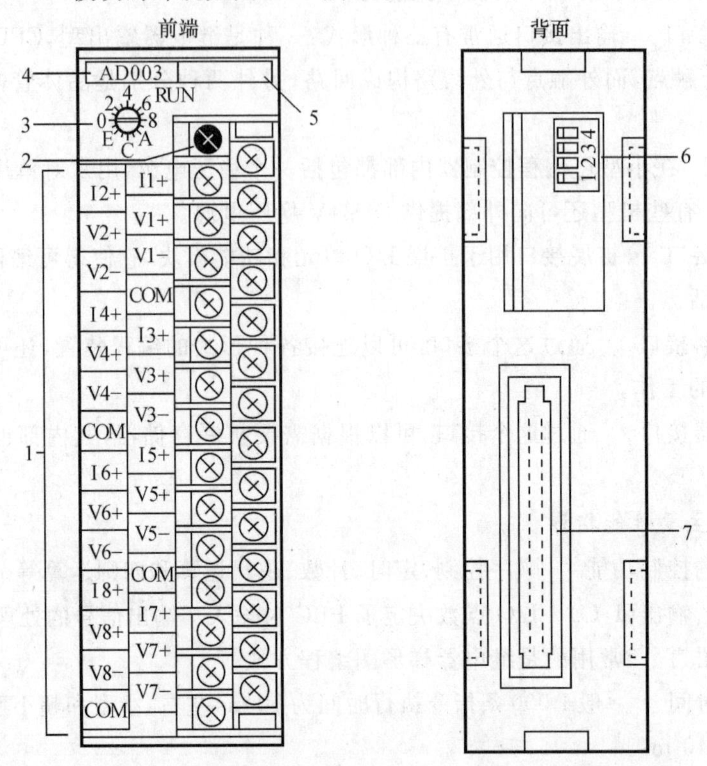

图 6-31　C200H-AD003 外观

1— 外部输入接线盒；2— 接线盒安装螺钉；3— 单元地址设置开关；

4— 模块标签；5— 指示灯；6— 操作模式开关；7— 背面连接口

改变单元地址设置开关可以改变 CPU 和模拟量数据交换的地址区域，即 IR 和 DM 字的地址。模式开关可以使得模块在正常模式和调整模式间转换。

图 6-32 所示为输入接线示意图。当使用电流输入时，对应通道的电压输入端 V＋和电流输入端 I＋必须短接（见图 6-32）；对未用到的输入通道，要么在输入电源单元地址中设置 0，要么把电压输入端 V＋和 V－短接。

如要读入转换数据，可采用图 6-33 所示的语句。

2）C200H-DA003 模块

C200H-DA003 模块是欧姆龙 C200H、C200HS 和 C200HX/HG/HE 系列 PLC 的模拟量输出扩展模块。其主要技术指标如下。

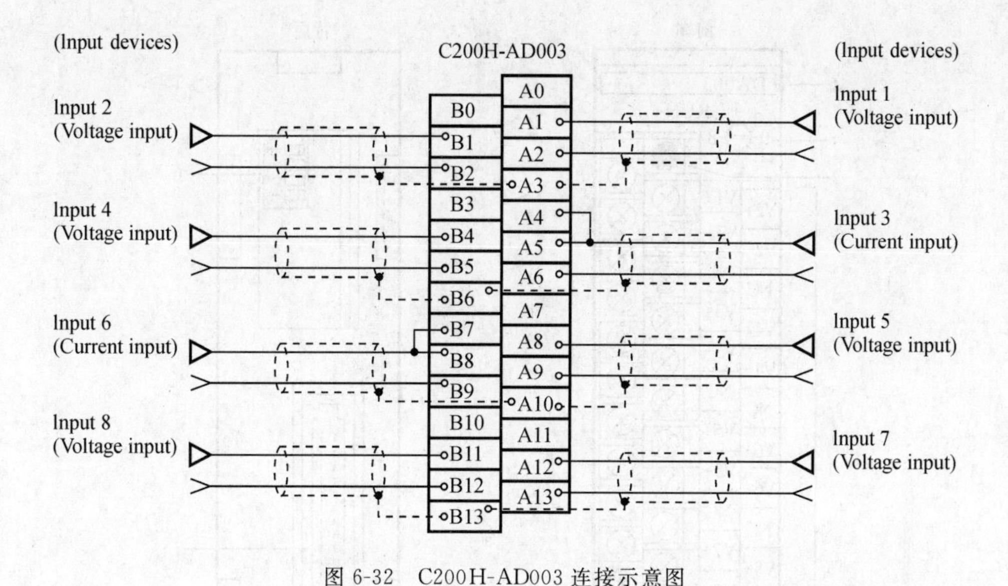

图 6-32 C200H-AD003 连接示意图

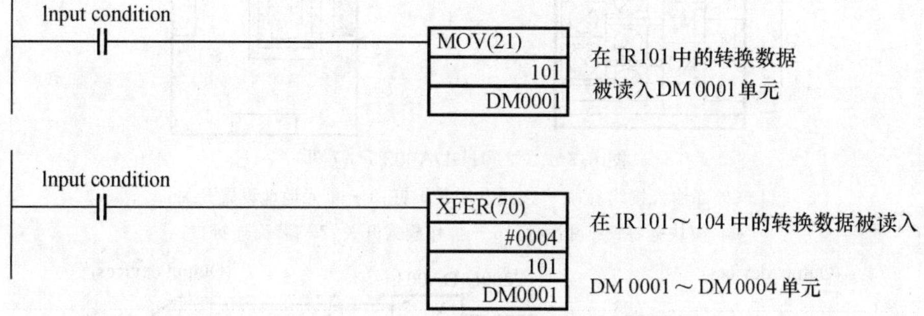

图 6-33 C200H-AD003 读入转换数据指令

(1) 有 8 个模拟量输出通道。

(2) 输出电压范围:0 ～ 10 V、－10 ～＋10 V、1 ～ 5 V。

(3) 最大输出信号:12 mA。

(4) 转换精度:±0.3 %(25 ℃)、±0.5 %(0 ～ 55 ℃)。

(5) 转换时间:1.0 ms/ 点。

(6) 电流消耗:直流 5 V 时最大消耗 100 mA 电流,26 V 时最大消耗 200 mA。

C200H-DA003 模块的外观如图 6-34 所示。单元地址设置开关和操作模式开关的功能与 C2000H-AD003 模块相似。

输出接线可以分为电压输出接线和电流输出接线。电压输出接线如图 6-35 所示。

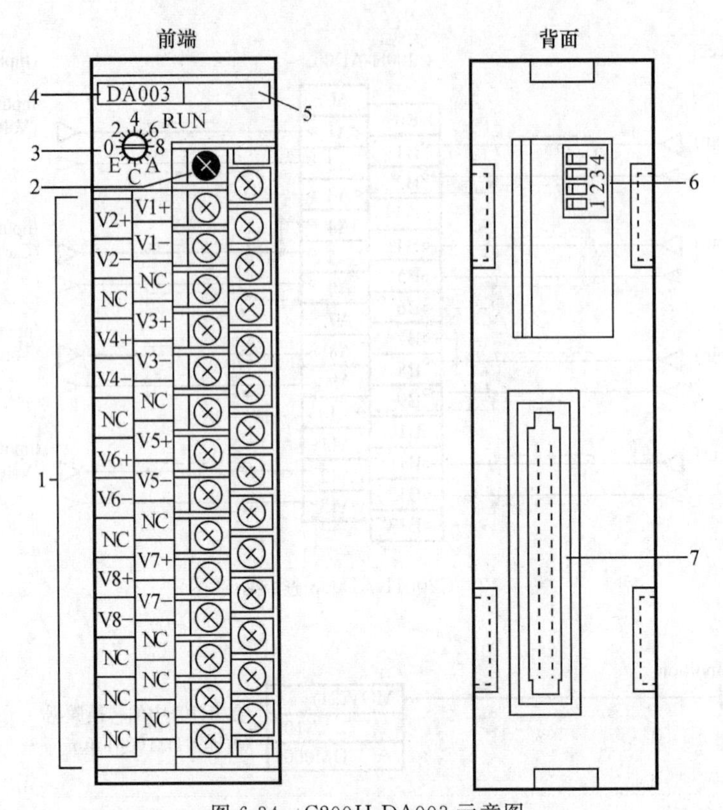

图 6-34　C200H-DA003 示意图

1— 外部输入接线盒；2— 接线盒安装螺钉；3— 单元地址设置开关；
4— 模块标签；5— 指示灯；6— 操作模式开关；7— 背面连接口

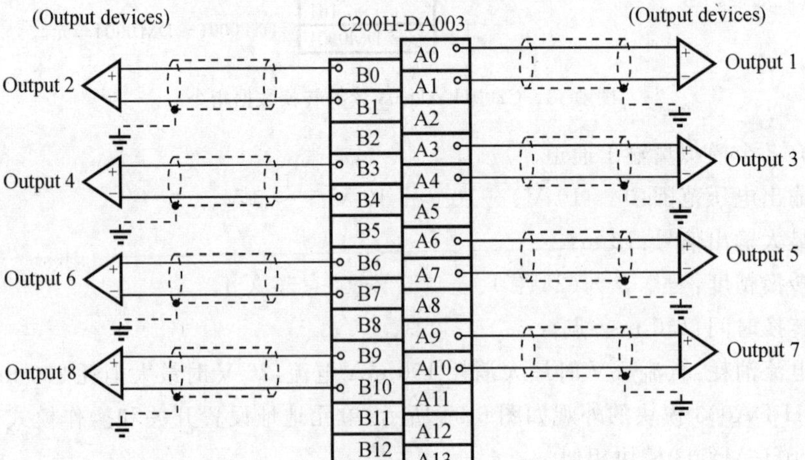

图 6-35　C200H-DA003 连接示意图

可以采用图 6-36 所示的语句输出 D/A 值。

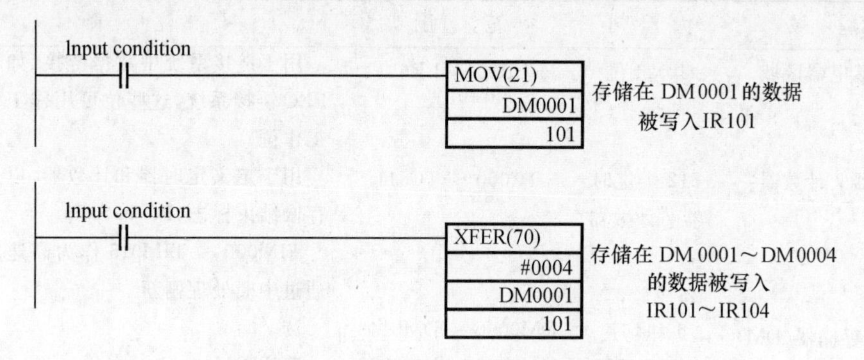

图 6-36 C200H-DA003 输出数据指令

6.3.2 PLC 的基本指令

不同型号的 PLC 的梯形图形式大同小异，其指令系统的内容也大致一样，但形式稍有不同。本节以欧姆龙 C200Hα 系列 PLC 为例，简单介绍逻辑指令和某些特殊的指令，详细内容可参考《可编程控制器 C200HX/200HG/C200HE 编程手册》。

PLC 的指令主要是对数据存储区域进行操作。表 6-3 列出了 C200Hα 系列 PLC 的数据区域的大小、范围和常用的简称。

(1) LOAD/LOAD NOT(LD/LD NOT)(取 / 取非) 梯形图中任何逻辑块的第一条指令便是 LD 或 LD NOT 指令。每一条这种指令需要一行助记符，如图 6-37 所示。

表 6-3 C200H 数据区域

区域	大小	范围	注释
内部继电器区域 1	3 776 位	IR000 ～ IR235	详见《可编程控制器 C200HX/200HG/C200HE 编程手册》3-1-2"IR/SR 区域概述"和 3-3"IR(内部继电器)区域"
特殊继电器区域 1	312 位	SR236 ～ SR255	详见 3-1-2"IR/SR 区域概述"和 3-4"SR(专用继电器)区域"
特殊继电器区域 2	704 位	SR256 ～ SR299	
内部继电器区域 2	3 392 位	IR300 ～ IR511	详见 3-1-2"IR/SR 区域概述"和 3-3"IR(内部继电器)区域"
临时继电器区域	8 位	TR00 ～ TR07	当编制某种类型的分支梯形图时，可用于临时存储和读取执行条件
保持继电器区域	1 600 位	HR00 ～ HR99	当 PLC 掉电时，用于存储数据和保留数据
辅助继电器区域	448 位	AR00 ～ AR27	包括标志位和特殊功能位。掉电时保留状态

续表

区域	大小	范围	注释
链接继电器区域	1 024 位	LR00 ~ LR63	用于链接系统中数据链接（如不用于PLC链接系统，这些位可用作工作字或工作位）
定时器／计数器区域	512 个定时器／计数器	TC000 ~ TC511	用于定义定时器和计数器，以及用来存取结束标志，PC和SV值 TIM000 ~ TIM015 作为高速定时器通过中断处理刷新
数据存储器(DM)区域	6 144 字	DM0000 ~ DM6143	读／写
	1 000 字	DM0000 ~ DM0999	普通 DM
	2 600 字	DM0000 ~ DM0999	特殊 I/O 单元区域
	3 400 字	DM0600 ~ DM0999	普通 DM
	31 字	DM0600 ~ DM0030	历史记录
	44 字	DM0600 ~ DM6143	链接测验区域（保留）
固定 DM 区域	512 字	DM6144 ~ DM6599	固定 DM 区域（只读）
	56 字	DM0600 ~ DM6655	PLC 设置
扩展数据存储器(EM)区域	6 144 字	DM0000 ~ DM6443	EM区域存储容量取决于使用PLC的型号。PLC可以是无EM区，1组6 144字EM区和3组6 144字EM区。和DM一样，EM只能按字存取。当PLC掉电时，EM区域中数据被保留

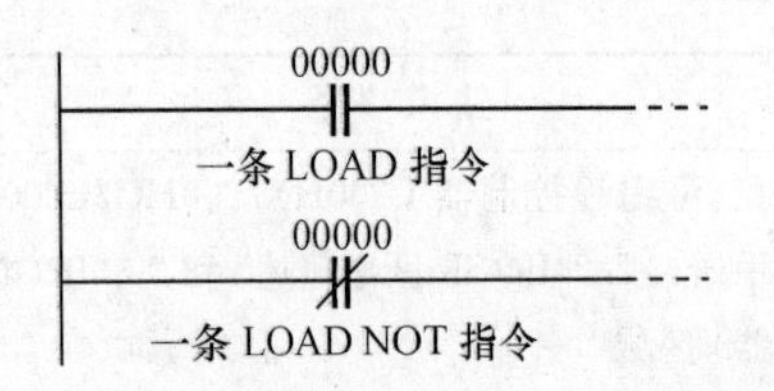

地址	指令	操作数
00000	LD	00000
00001	指令	
00002	LD NOT	00000
00003	指令	

图 6-37　LD/LD NOT 指令举例

当指令行上有唯一条件且为“ON”时，则右侧指令的执行条件为“ON”。对于LD指令（常开），当IR00000为“ON”时，执行条件为“ON”；对于LD NOT指令（常闭），当IR00000为“OFF”时，执行条件为“ON”。

(2) AND/AND NOT（与／与非）　当同一指令行上存在串联的两个或更多条件时，那么第一个条件对应于一条LD或LD NOT指令；余下条件对应AND或AND NOT指令。图6-38所示的例子有三个条件，按顺序（从左到右）分别对应一条LD指令、一条AND NOT指令和一条AND指令，而每条指令都需要用一行助记符表示。

地址	指令	操作数
00000	LD	00000
00001	AND NOT	00100
00002	AND	LR　0000
00003	指令	

图 6-38　AND/AND NOT 指令举例

只有当三个条件都为“ON”时，图 6-38 所示指令的执行条件才为“ON”，即 IR00000 为“ON”，IR00100 为“OFF”，LR 0000 为“ON”。

(3) OR/OR NOT(或 / 或非)　当两个或更多条件是放置在相互独立的指令行上，且这些指令行并联相接时，那么第一个条件对应一条 LD 或 LD NOT 指令，其他条件对应 OR 或 OR NOT 指令。图 6-39 所示的例子显示了三个条件，分别对应(按顺序自顶而下)LD NOT、OR NOT 及 OR 指令，而且，其中每条指令需要用一行助记符表示。

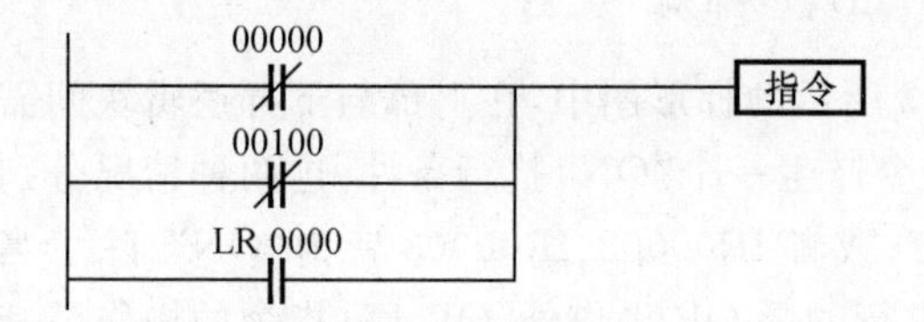

地址	指令	操作数
00000	LD NOT	00000
00001	OR NOT	00100
00002	OR	LR　0000
00003	指令	

图 6-39　OR/OR NOT 指令举例

只要三个条件中任一个为“ON”(即 IR00000 为“OFF”，或 IR00100 为“OFF”，或 LR0000 为“ON”)，则指令的执行条件为“ON”。

(4) OUTPUT/OUTPUT NOT(输出 / 输出非)　输出执行条件组合结果的最简单方法是使用 OUTPUT/OUTPUT NOT 指令直接输出。在 OUTPUT 指令作用下，只要执行条件为“ON”或“OFF”，则操作数将相应为“ON”或“OFF”；在 OUTPUT NOT 指令作用下，只要执行条件为“OFF”或“ON”，则操作数即相应变为“ON”或“OFF”，如图6-40 所示。在助记符形式中，上述指令中的每一条需要一行助记符。

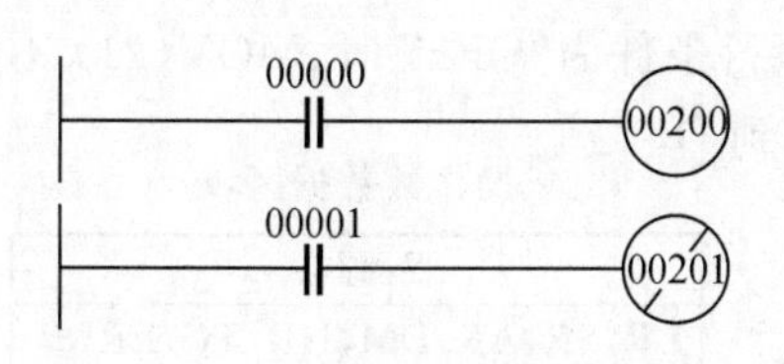

地址	指令	操作数
00000	LD	00000
00001	OUT PUT	00200

地址	指令	操作数
00000	LD	00001
00001	OUT PUT NOT	00201

图 6-40　OUTPUT/OUTPUT NOT 指令举例

在图 6-40 所示的例子中，只要 IR00000 为“ON”，IR00200 即变为“ON”，只要 IR00001 为“ON”，IR00201 即为“OFF”。

(5) AND LD(逻辑块与指令)　逻辑块指令不对应梯形图上特定的条件，它们只描述逻辑块之间的关系。AND LD 指令对两个逻辑块产生执行条件逻辑“与”。

如图 6-41 所示，两个逻辑块用虚线表示，产生一个“ON”执行条件的前提是：左边逻辑块中的任一个条件为“ON”(即 IR00000 为“ON”或 IR00001 为“ON”)，同时右边逻辑块中任一条件为“ON”(即 IR00002 为“ON”或 IR00003 为“OFF”)。

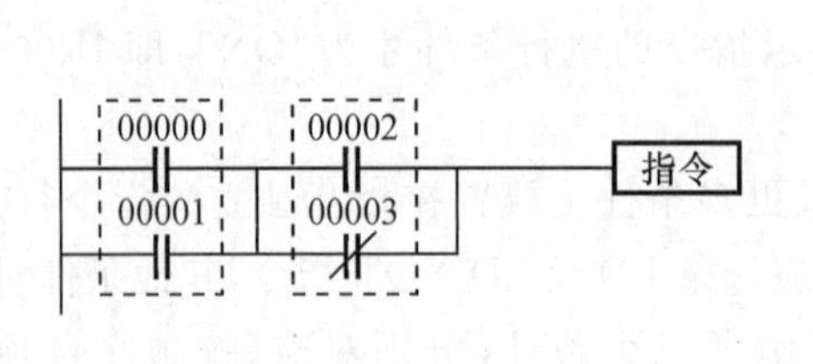

地址	指令	操作数
00000	LD	00000
00001	OR	00001
00002	LD	00002
00003	OR NOT	00003
00004	AND LD	
00005	指令	

图 6-41　AND LD 指令举例

(6) OR LD(逻辑块或指令)　在图 6-42 所示的梯形图中，在上部与下部逻辑块间需要一条 OR LD 指令。两种情况都会为右端指令产生一个“ON”执行条件。这两种情况分别是 IR00000 为“ON”，同时 IR00001 为“OFF”；或者 IR00002、IR00003 皆为“ON”。除了当前执行条件和最后“未使用”执行条件之间进行的是 OR 操作外，OR LD 指令的操作及其助记符和 AND LD 指令的操作完全一致。

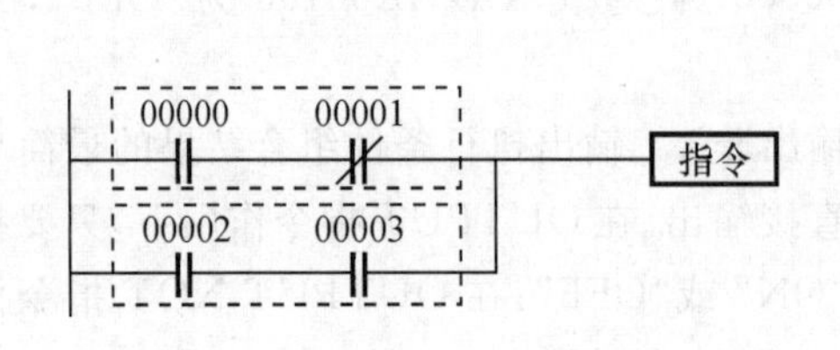

地址	指令	操作数
00000	LD	00000
00001	AND NOT	00001
00002	LD	00002
00003	AND	00003
00004	OR LD	
00005	指令	

图 6-42　OR LD 指令举例

(7) MOV(传送指令)　如图 6-43 所示，当执行条件为“OFF”时，MOV(21) 不执行；当执行条件为“ON”时，MOV(21) 将 S 内容传送到 D。

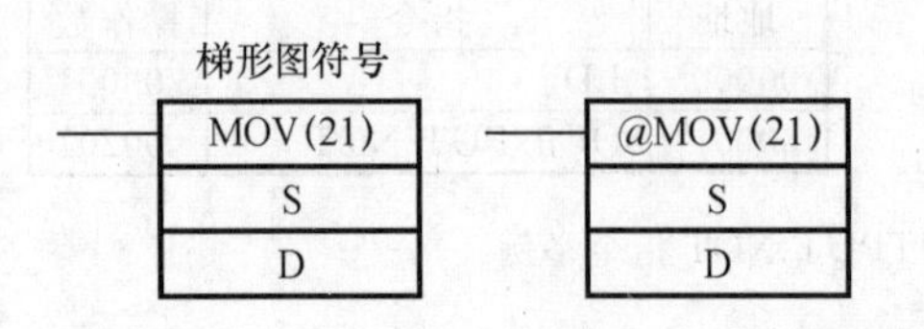

操作数数据区域

S:源字
LR,SR,AR,DM,HR,TC,LR,#

D:目标字
IR,SR,AR,DM,HR,LR

图 6-43　MOV 指令举例 1

其中，梯形图中符号“@”表示的是微分型指令。大多数指令都有非微分型指令和微分型指令两种，微分型指令是在指令助记符前加“@”标记。只要执行条件为“ON”，非微分型指令在每个循环周期就都将执行，而微分型指令仅在执行条件由“OFF”变为“ON”后执行一次。如果执行条件不发生变化，或者从上一指令循环周期的“ON”变为“OFF”，微分型指令是不执行的。现举例如下。

在图6-44(a)中，非微分型指令MOV(21)根据每次循环，IR00000闭合后将HR10的内容传送到DM0000中去。如果程序循环周期为80 ms，IR00000在2.0 s内保持“ON”状态，那么数据传送将发生25次，而仅最后一次送到DM0000的数据会被保存在那里。

在图6-44(b)中，微分型指令@MOV(21)仅仅在IR00000状态变为“ON”后将HR10中的内容传送一次到DM0000，尽管程序的循环周期也是80 ms，IR00000保持“ON”状态也是2 s，在IR00000由“OFF”状态变为“ON”状态的第一个循环周期中，数据传送操作只执行一次。在IR00000保持为“ON”状态的2 s时间内，HR10的内容可能变化很大，2 s后DM0000的最终内容会由于采用MOV(21)或@MOV(21)数据传送指令而不相同。

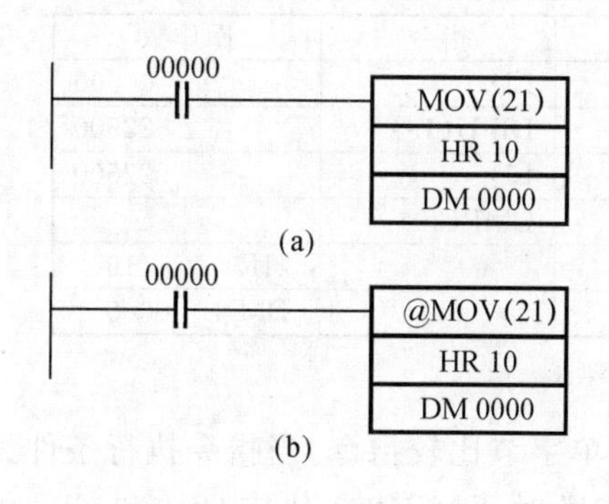

地址	指令	操作数
00000	LD	00000
00001	MOV(21)	
		HR　10
		DM　0000

地址	指令	操作数
00000	LD	00000
00001	@MOV(21)	
		HR　10
		DM　0000

图6-44　MOV指令举例2

(8) DIFU和DIFD(上升沿微分和下降沿微分指令)　如图6-45所示，DIFU和DIFD指令用于接通(ON)指定位仅一个扫描周期。

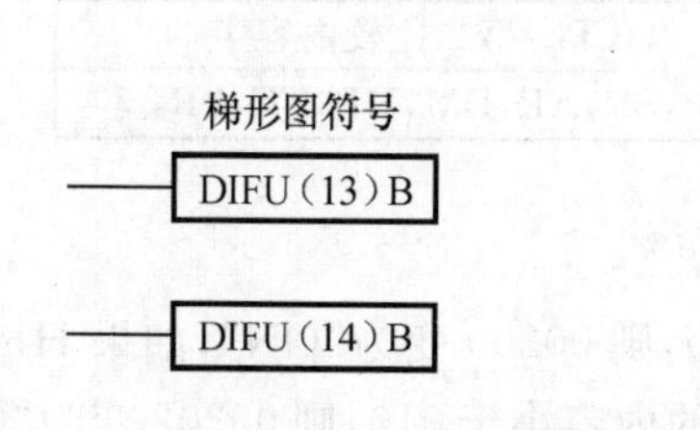

操作数数据区域

B:位
IR,AR,HR,LR

B:位
IR,AR,HR,LR

图6-45　DIFU和DIFD指令

每当执行 DIFU(13) 指令时，DIFU(13) 指令总是将当前执行条件与前一次比较。如果前一次执行条件为“OFF”，而当前执行条件为“ON”，DIFU(13) 指令使指定位为“ON”状态。假如前一次指令条件为“ON”，当前执行条件是“ON”或“OFF”，DIFU(13) 指令将使指令控制位变为“OFF”状态或保持“OFF”状态。DIFD 与 DIFU 相反，它是当前执行条件为“OFF”，前一次执行条件为“ON”时，使指令位为“ON”状态。

如图 6-46(a) 所示，只要指令执行条件为“ON”，就执行 CMP(20) 指令，它将 HR10 和 DM0000 两个操作数的内容作比较，并根据比较结果设置算术标志(GR、EQ 和 LE)。如果执行条件一直为“ON”，则当被比较的一个或两个操作数内容发生变化时，标志位状态在每个扫描周期中也会随之变化。但图 6-46(b) 所示的例子表明，使用 DIFU(13) 指令可使得 CMP(20) 指令只在每次所需的执行条件变成“ON”时才执行一次。

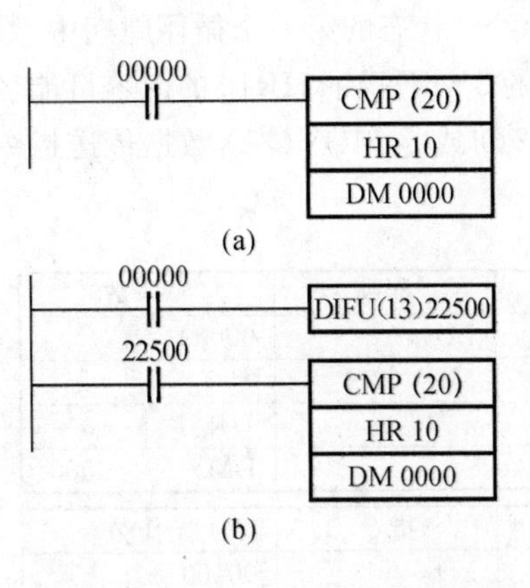

地址	指令	操作数
00000	LD	00000
00001	CMP(20)	
		HR 10
		DM 0000

地址	指令	操作数
00000	LD	00000
00001	DIFU(13)	22500
00002	LD	22500
00003	CMP(20)	
		HR 10
		DM 0000

图 6-46　DIFU 指令举例

(9) CMP(单字节比较指令)　图 6-47 所示为单字节比较指令。当指令执行条件为“OFF”时，CMP(20) 指令不执行。当执行条件为“ON”时，CMP(20) 比较 CP1 和 CP2 内容，并将比较结果输出到 SR 区的 GR、EQ 和 LE 标志。

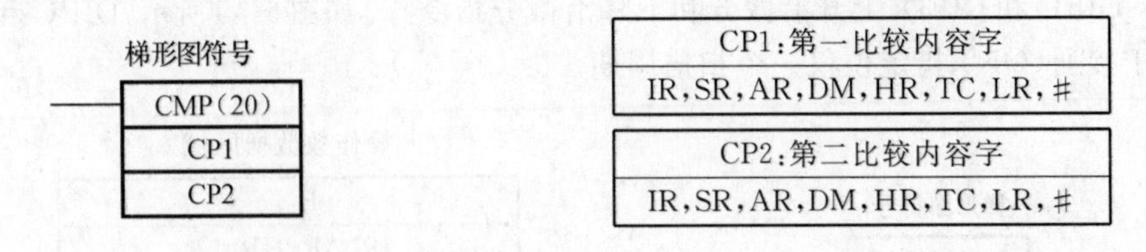

图 6-47　CMP 指令

如图 6-48 所示，如果 HR09 中的内容大于 010，则 00200 变为“ON”；如果 HR09 中的内容等于 010，则 00201 变为“ON”；如果 HR09 中的内容小于 010，则 00202 变为“ON”。在一些应用中，三个输出中只有一个是必需的，那么就不必用 TRO 指令。用这样的编程方式，只有执行 CMP(20)，00200、00201 和 00202 中的状态才会变化。

图 6-48　CMP 指令举例

(10) BCD(二进制数转换 BCD 码指令)　图 6-49 所示为二进制数转换 BCD 码指令。

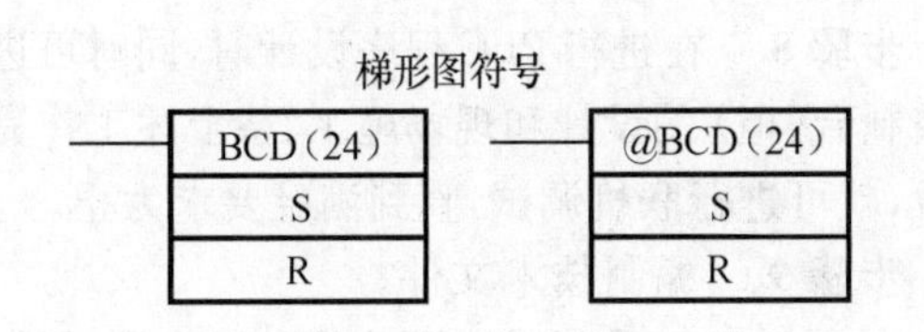

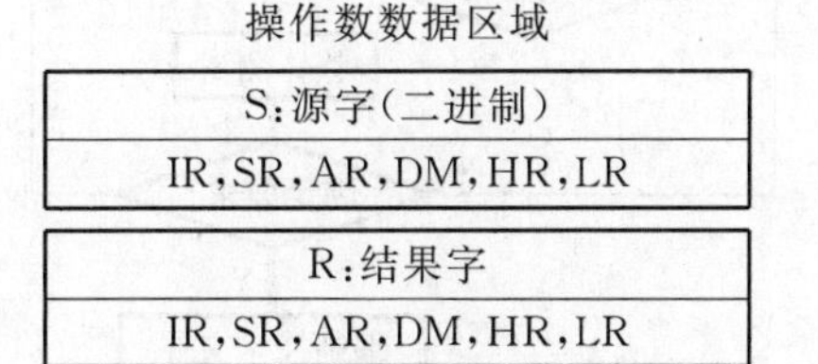

图 6-49　BCD 指令

BCD(24) 指令可将 S 中的二进制(十六进制)数转换成等值的 BCD 数，并将 BCD 数输出到 R 中。转换过程中，S 中的内容保持不变，仅 R 中的内容发生变化。

6.3.3　PLC 控制系统设计

1. PLC 控制系统设计步骤

PLC 控制系统的基本设计步骤如下。

步骤 1　深入了解和分析被控对象的工艺条件和控制要求，如控制的基本方式、需要完成的动作(动作顺序、动作条件、必需的保护和连锁功能等)、操作方式(手动、自动、连续、单周期和单步等)。

步骤 2　根据被控对象对 PLC 控制系统的功能要求和所需要的 I/O 点数等，选择合适类型的 PLC。如果需要网络控制，还须选择具有网络通信功能的 PLC。

步骤 3　根据控制要求所需的用户 I/O 设备，确定 PLC 的 I/O 点数，并设计 I/O 端子的接线图。

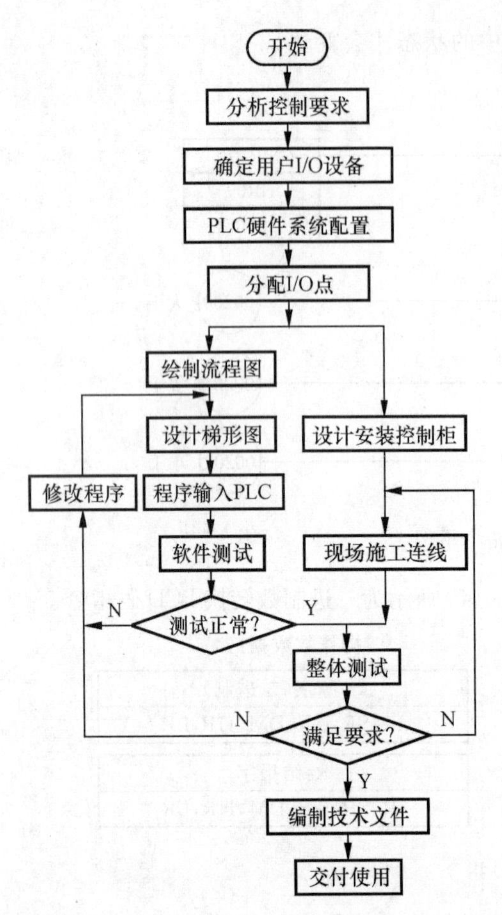

图 6-50 PLC 控制系统设计流程

步骤 4 对较复杂的控制系统，应根据生产工艺要求，画出工作循环图表，必要时画出详细的状态流程图表。它能清楚地表明动作的顺序和条件。

步骤 5 根据工作循环图表或状态流程图表设计梯形图。如果被控对象已经有了继电器控制线路图，可把线路图转换为梯形图。设计梯形图是编制程序的关键一步，也是比较困难的一步。要设计好梯形图，首先应熟悉控制要求，同时还要有电气设计的实践经验。

步骤 6 根据梯形图编制程序清单。

步骤 7 用PLC编程器将程序键入PLC的用户程序存储器，并检查键入的程序是否正确。如果控制系统由几个部分组成，应先做局部测试，然后再进行整体调试；若控制程序的步序较多，先进行分段调试，最后再连接起来总调。

步骤 8 在进行PLC程序设计时，同时可进行控制台(柜)的设计和现场施工。待上述工作完成后，就可进行联机调试，直到满足要求为止。

步骤 9 编制技术文件。

以上是PLC控制系统设计的一般步骤，根据控制系统的规模、控制要求的繁简、控制程序步序的多少，依实际情况有的步骤可以省略。PLC控制系统设计流程如图 6-50 所示。

2. PLC 控制系统设计举例

例 6-4 设计一个用于 20 工位转台定位的控制系统。

1) 系统组成与控制要求

(1) 系统组成 该系统由转台、转台减速器、转台伺服电动机、转台编码器、转盘伺服驱动器、转盘伺服电动机、转盘减速器、转盘、转盘编码器、电磁执行器(20 只)、触摸屏及 PLC 等组成。转台控制系统结构如图 6-51 所示。

(2) 控制要求 转台的控制要求如下。

① 共有 20 个工位，转台每旋转 18° 转换一个工位，转台伺服电动机完成一次启动、运行及停止，转台编码器旋转 18°，转台编码器的最高转速为 8 r/min；转盘伺服电动机驱动转盘旋转 18°，转盘编码器旋转 18°。

② 两只编码器均应具有停电记忆功能，分辨率为 0.36°。

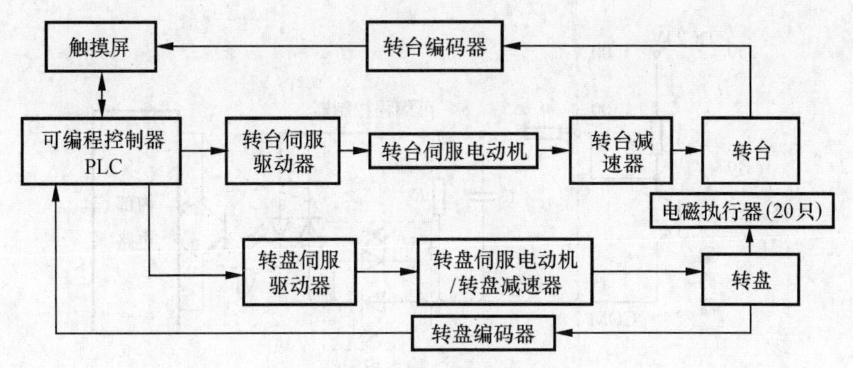

图 6-51　转台控制系统结构

③ 转台在旋转过程中，要求在规定的角度 θ_1 处开始第一级减速运行，在 θ_2 处开始第二级减速，在 θ_3 处停止；若停止点偏差超过 1°，则报警。

④ 转盘编码器在 0°、18°、36°、54°、72°、90°、108°、126°、144°、162°、180°、198°、216°、234°、252°、270°、288°、306°、324°、342° 处发出相应的输出信号，用于对 20 只电磁执行器进行控制。

2) 控制系统设计

(1) 传感器　为了满足控制要求，应选择绝对式旋转编码器。绝对式旋转编码器能够直接将被测角度用数字量表示出来。本控制系统选用 10 位绝对式旋转编码器，型号为 EA63A1024G8/28CN10X3MAA。它是单转绝对式编码器，分辨率为 1 024，标准格雷码输出，编码器采用 DC8 ～ 28 V 电源，NPN 集电极开路输出，负逻辑。编码器旋转一周产生输出的数据范围为 0 ～ 1 023，即 1 024 个数，则每个数相应的度数为 360°/1 024 = 0.351 562 5°，每 1° 对应的数为 1 024/360° = 2.844 444 4。

(2) 编码器与 PLC 的接口　当编码器采用并行输出方式时，编码器与 PLC 的接口电路如图 6-52 所示。PLC 输入单元为欧姆龙公司的 C200H-ID212 型晶体管输入单元。采用这种输入单元时，应注意晶体管输入单元的响应时间和 PLC 的扫描周期。在本控制系统中，规定主编码器最高转速为 8 r/min，PLC 程序扫描周期不大于 10 ms，能够满足要求。

(3) 驱动器　对于要求精确定位的位置控制系统，应采用交流伺服电动机和交流伺服驱动器。本控制系统采用日本松下公司的 MINAS A 伺服驱动器和伺服电动机。

该驱动器采用 IGBT PWM 正弦波控制，控制方式可以为位置控制，也可以为转矩控制。

(4) 交流伺服电动机　本控制系统采用交流永磁伺服电动机。这种同步伺服电动机转子上装有永磁材料，可产生恒磁场。

在定子铁芯上绕有三相绕组，其出线端接在交流伺服驱动器的输出端上。在伺服电动机轴的非负载端装有旋转编码器，用于检测转子速度、磁极位置。

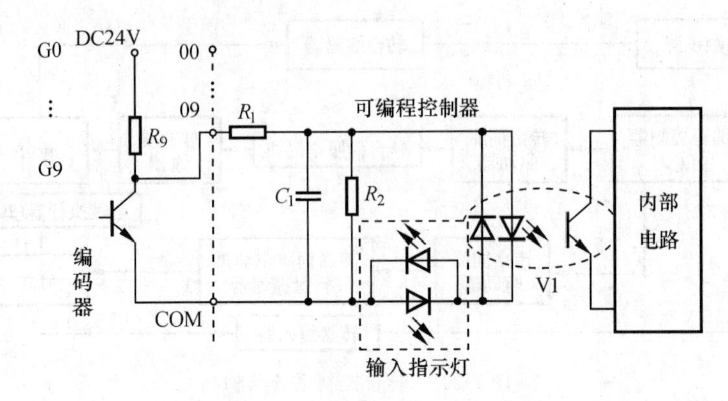

图 6-52　编码器与 PLC 的接口电路

(5) PLC 系统　由控制系统结构框图可知，控制系统包括两个位置闭环，即转台位置闭环和转盘位置闭环。这两个闭环之间没有机械上的硬连接，通过控制器实现严格的同步。本系统采用日本欧姆龙公司的 C200Hα 系列 PLC，PLC 系统由 CPU 单元 C200HG-CPU43、电源单元 PA204S、晶体管输入单元 ID212、晶体管输出单元 OD212、继电器输出单元 OC225 及模拟输出单元 DA003 等组成。PLC 系统的配置如图 6-53 所示。

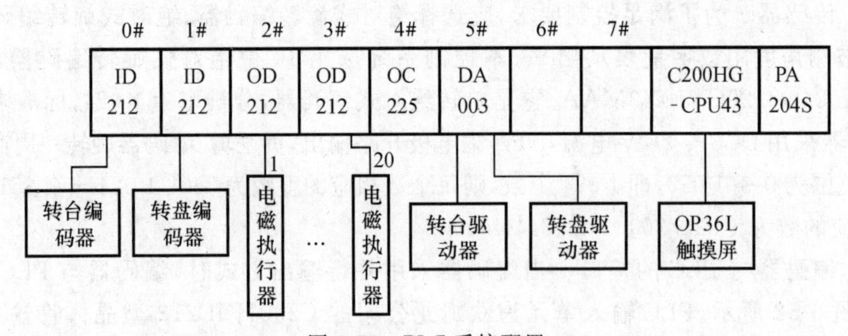

图 6-53　PLC 系统配置

位于 0＃ 槽和 1＃ 槽的晶体管输入单元 ID212 用于转台和转盘编码器的数字量输入，以便进行格雷码/二进制码的转换。位于 2＃ 槽和 3＃ 槽的晶体管输出单元 OD212 用于对 20 个电磁执行器进行控制。

3) PLC 系统编程

(1) 格雷码/二进制码转换程序　利用异或原理，可将格雷码转换为二进制数，其梯形图如图 6-54 和图 6-55 所示。

(2) 转台定位控制程序　按控制要求，控制系统要对转台位置进行检测和控制，故采用 10 位绝对式编码器，构成全闭环位置控制系统。根据控制要求，转台伺服电动机每完成一次启动、运行及停车，经过 20∶1 的减速器，驱动转台旋转 18°，转换一个工位。伺服电动机的内藏编码器用于同伺服驱动器一起构成速度闭环控制，位置闭环控制由 PLC 承担。转换一个工位的梯形图如图 6-56 所示。

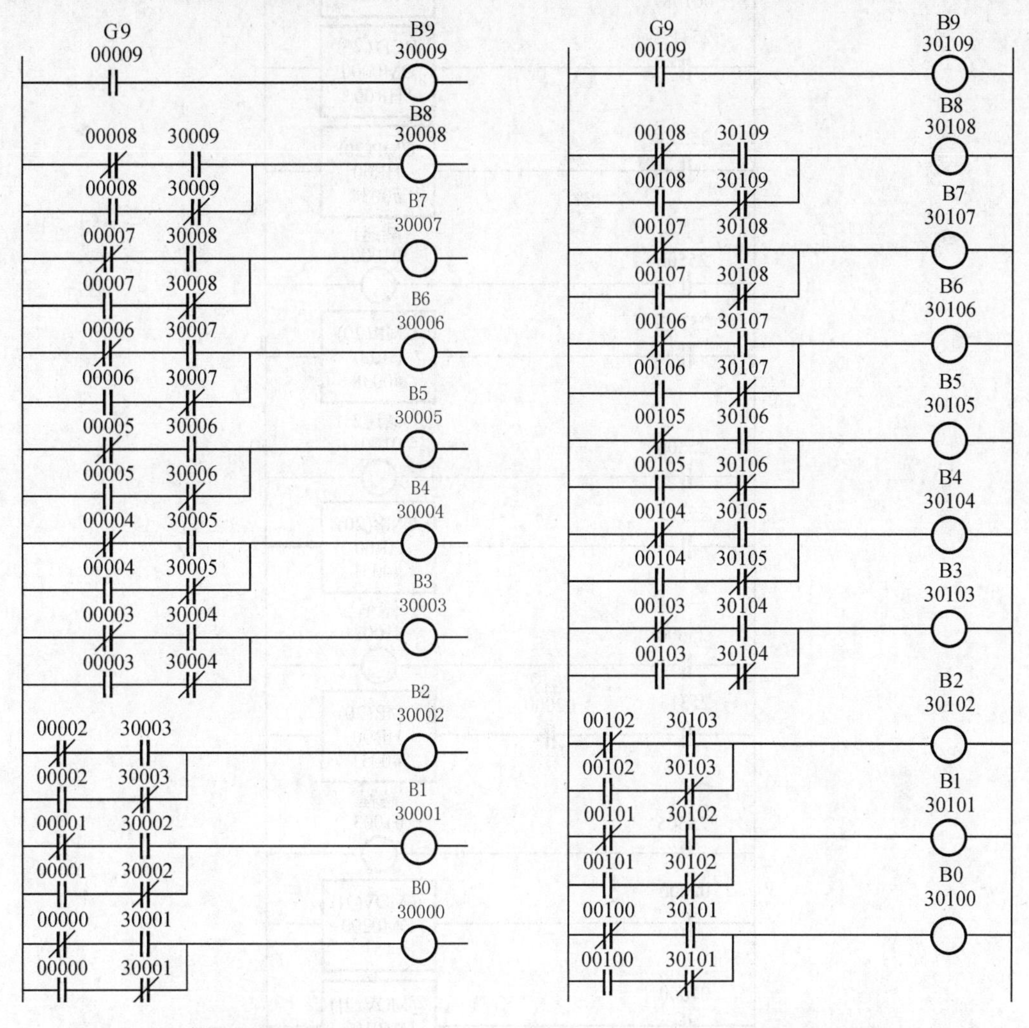

图 6-54　转台编码器格雷码转换成二进制数梯形图

图 6-55　转盘编码器格雷码转换成二进制数梯形图

(3) 转盘定位控制程序　转盘与转台有严格的同步关系，转盘每转过 18°都要发出对应的控制信号。当电源中断或紧急停车时，要求对当时的角位置进行记忆。

转盘绝对式编码器格雷码输出线 G0 ～ G9 接 1# 槽的 ID212 型晶体管输入单元 00 ～ 09，即 G0 ～ G9 对应的位是 00100 ～ 00109。

转盘定位控制梯形图如图 6-57 所示。

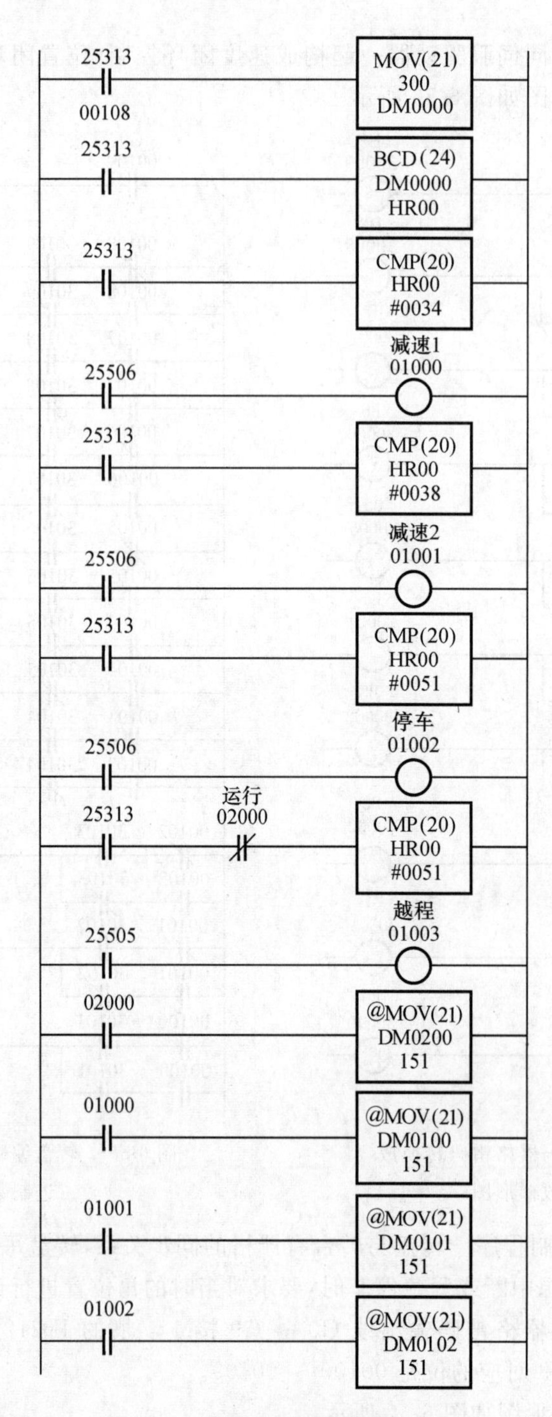

图 6-56　转台定位控制程序梯形图

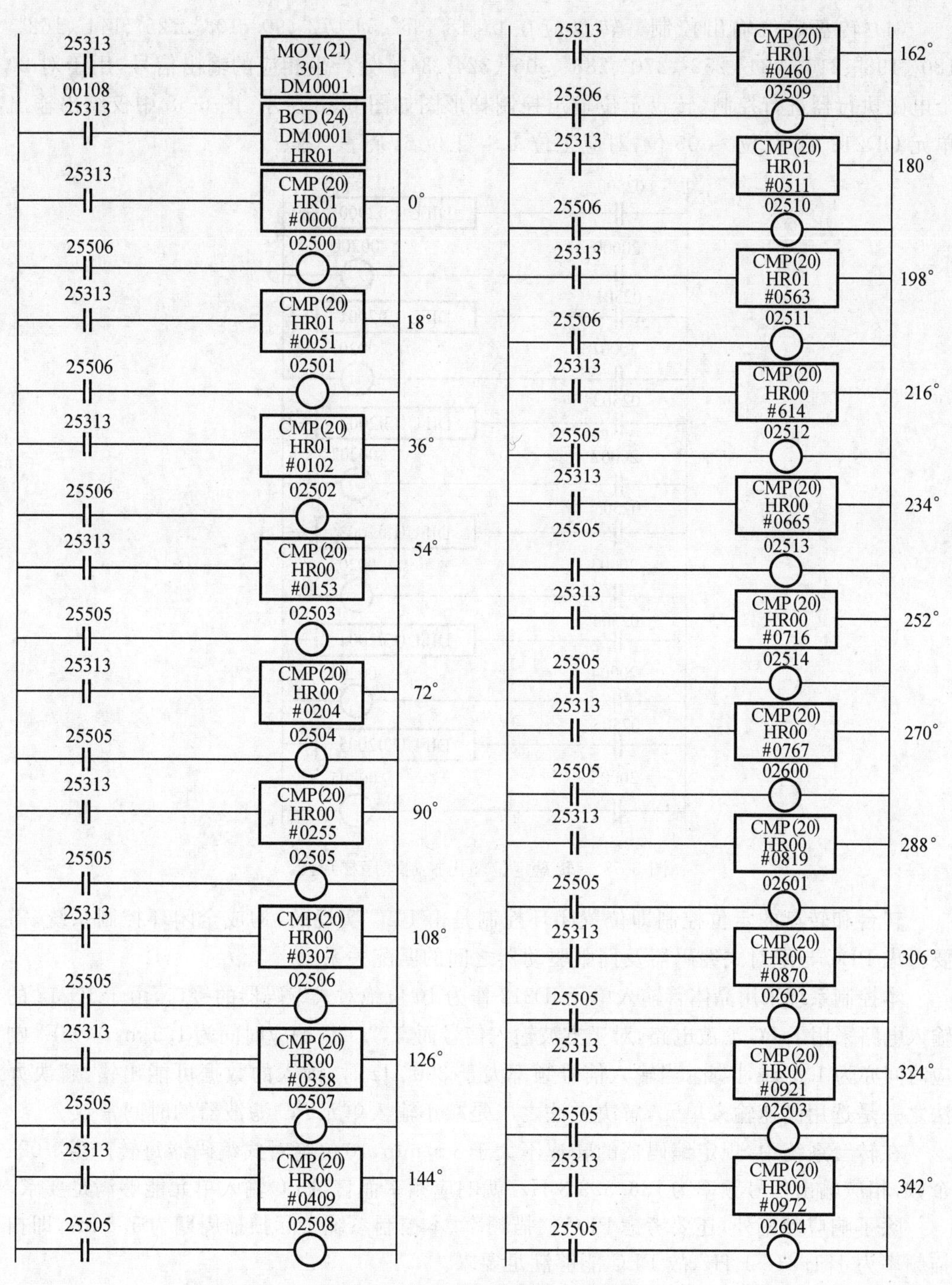

图 6-57　转盘定位控制程序梯形图

(4) 转盘定位输出控制　转盘应在 0°、18°、36°、54°、72°、90°、108°、126°、144°、162°、180°、198°、216°、234°、252°、270°、288°、306°、324°、342° 处产生相应的输出信号，用于对 20 个电磁执行器进行控制。转盘定位输出控制梯形图如图 6-58 所示。图 6-58 中仅绘出输出单元 OD212 的 00 位 ～ 05 位，对应工位 1 ～ 工位 6，余下类推。

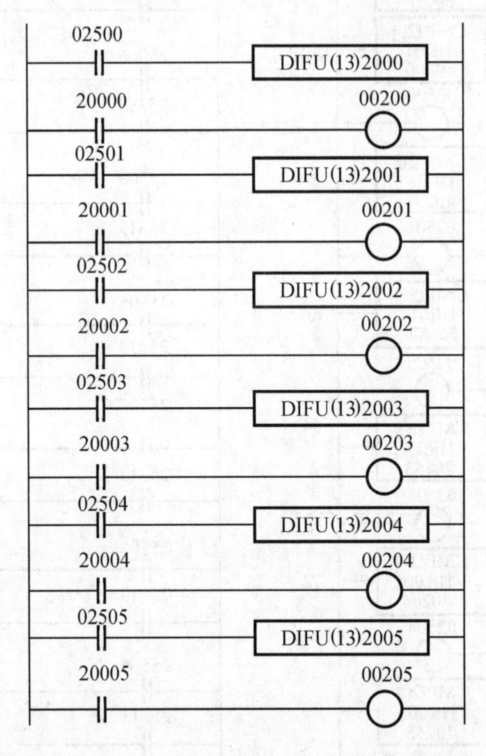

图 6-58　转盘定位输出控制程序梯形图

转台和转盘的定位控制即位置闭环控制是由 PLC 实现的，构成全闭环控制系统。需要考虑 PLC 与绝对式编码器及伺服驱动器之间的匹配关系。

本控制系统采用晶体管输入单元 ID212 作为 10 位绝对式编码器的接口，由于 ID212 的输入电路采用了 *RC* 滤波电路，对于方波输入信号而言，"ON" 响应时间为 1.5 ms，"OFF" 响应时间亦为 1.5 ms，因此，当输入信号频率大于 300 Hz 时，读入的数据可能出错。解决办法之一是选用高速输入单元，解决方法之二是减小输入单元 *RC* 滤波器的时间常数。

在转台系统中，规定编码器的转速不大于 8 r/min，10 位绝对式编码器每转产生 1 024 个数，相应输出信号频率为 136.533 3 Hz。就响应频率而言，PLC 输入单元能够满足要求。

除了响应频率外，还要考虑 PLC 扫描频率。本控制系统实际扫描周期为 5.5 ms，即扫描频率为 181.818 1 Hz，故 PLC 能够满足要求。

6.4 基于运动控制器的控制系统设计

由于对机电一体化系统运动控制的要求越来越高，越来越多的系统采用专用的运动控制模块对运动进行直接控制，对整个系统来说这就构成了一个层级控制结构。针对电动机的运动控制，所研发的运动控制器越来越通用化和产品化，在机电系统中的应用越来越广泛。

6.4.1 运动控制器概述

运动控制器最早用于多轴运动控制，特别典型的是在数控机床、加工中心和机器人中的应用，是控制技术与运动系统相结合的产物。作为专用控制器的运动控制器可以极大地简化主机控制算法，把主机的轨迹插补从伺服闭环控制中分离出来，减少了主机计算负担；同时所有控制参数都可以由程序设定，系统硬件设计得到简化；位置环的调整被置于底层控制，降低了与其他部分的耦合度，有利于提高系统的稳定性。运动控制器的研发始于20世纪末，目前，国内外相继推出了各类运动控制器，产品不断迭代升级成熟，成为了机电一体化系统中的模块化单元，促进了系统由传统的封闭型控制系统向开放型转变。

运动控制器的应用广泛，类型繁多，并没有明确的定义，很多厂家将其称为多轴运动控制器，从专门的运动控制功能角度看，其基本的功能结构和输入输出接口配置逻辑是一致的，如图6-59所示。

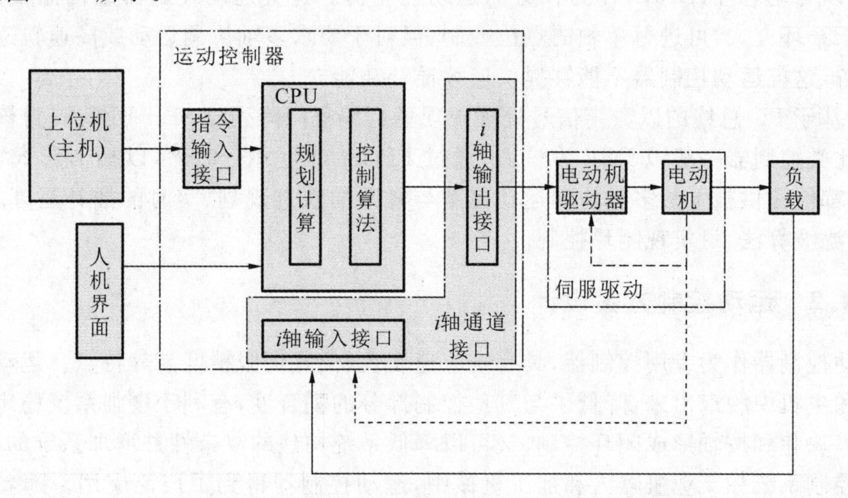

图6-59 运动控制器功能结构和外部接口示意图

运动控制器从上位机（主机）或人机界面接收某个轴的运动控制指令，通过算法实现插补和生成加速减速曲线等，得到运动控制输出，按轴（点）构成闭环控制的输入输出通道。

(1)指令输入接口　运动控制器从上位机获得某个轴的运动控制目标，可以是位置或速度。通过上位机或人机界面还可实现运动控制器的参数配置等功能。接口形式由控制器的结构形式确定。

(2)数据输入接口　输入数据从内容上看有运动状态标志、实时运动参数(位置、速度和力矩等参数)；从来源上看主要是伺服驱动模块和负载的反馈；从形式上看主要有编码器输入与其他数字和模拟信号接口输入，以及各种数据总线的输入。

(3)控制输出接口　输出的信号直接给伺服驱动单元，信号的形式一般有模拟信号、数字信号和脉冲信号；模拟信号的输出形式又有 PWM 和电压电流模拟输出。

以上给出的功能结构模型和相应的接口单元定义是一般性的，具体的定义不同的产品有所不同。

目前市场上的运动控制器按照技术方案不同，可分为模拟电路型、基于微控制单元型、基于可编程控制器型、基于数字信号处理型等；按照系统结构不同，可分为基于总线的运动控制器和独立应用的运动控制器以及混合型运动控制器；按照位置控制原理，可分为开环、闭环和半闭环三种类型；按照被控量的性质，可分为位置控制、速度和加速度控制、同步控制、力和力矩控制。

根据运动控制器的控制核心不同，运动控制器可分为：

(1)以单片机或微处理器为核心的运动控制器。这类运动控制器速度较慢、精度不高、成本较低，适用于低速运动控制或轨迹要求不高的场合。

(2)以专用芯片(ASIC)作为核心的运动控制器。这类运动控制器结构比较简单，大都工作于开环方式，可进行单轴的点位控制，但对于要求多轴协调运动或高速轨迹插补控制的设备，这类运动控制器不能够提供连续插补功能。

(3)基于 PC 总线的以数字信号处理＋现场可编程门阵列(DSP＋FPGA)为核心的控制器。此类控制器一般以 DSP 为核心，通过 FPGA 产生并行时序，以插卡形式嵌入 PC 机，通常都能提供板上的多轴协调运动控制与复杂的轨迹规划、实时的插补运算、误差补偿、伺服滤波算法，可实现闭环控制。

6.4.2　运动控制方案设计

运动控制器作为专用控制器，具有响应速度快、位置伺服精度高等特点。运动控制从主程序和主机中脱离出来，降低了与其他控制部分的耦合度，有利于增强系统稳定性。系统构建模块化和按轴形成闭环控制，又可以降低系统构建的复杂性并增加系统的灵活性。在多轴控制系统如工业机器人和加工机械中，运动控制器得到了广泛应用。随着其运动功能的丰富，应用也越来越广泛。

与负载直接联系的电动机驱动装置发展历程更久一些，与各类电动机配套的驱动装置和伺服驱动系统的功能也越来越完善。运动控制器的功能和伺服驱动系统功能之间产生重叠，因此在多轴控制中，两者的功能分配是设计方案的重要内容之一。

目前被工业界广泛应用的交流伺服系统(电动机+驱动),通常具有力矩控制、速度控制和位置控制等闭环控制功能,而常用的运动控制器除了轨迹规划功能外,还具有位置控制和速度控制等闭环控制功能。两者的组合方案主要有三种,如图6-60所示。

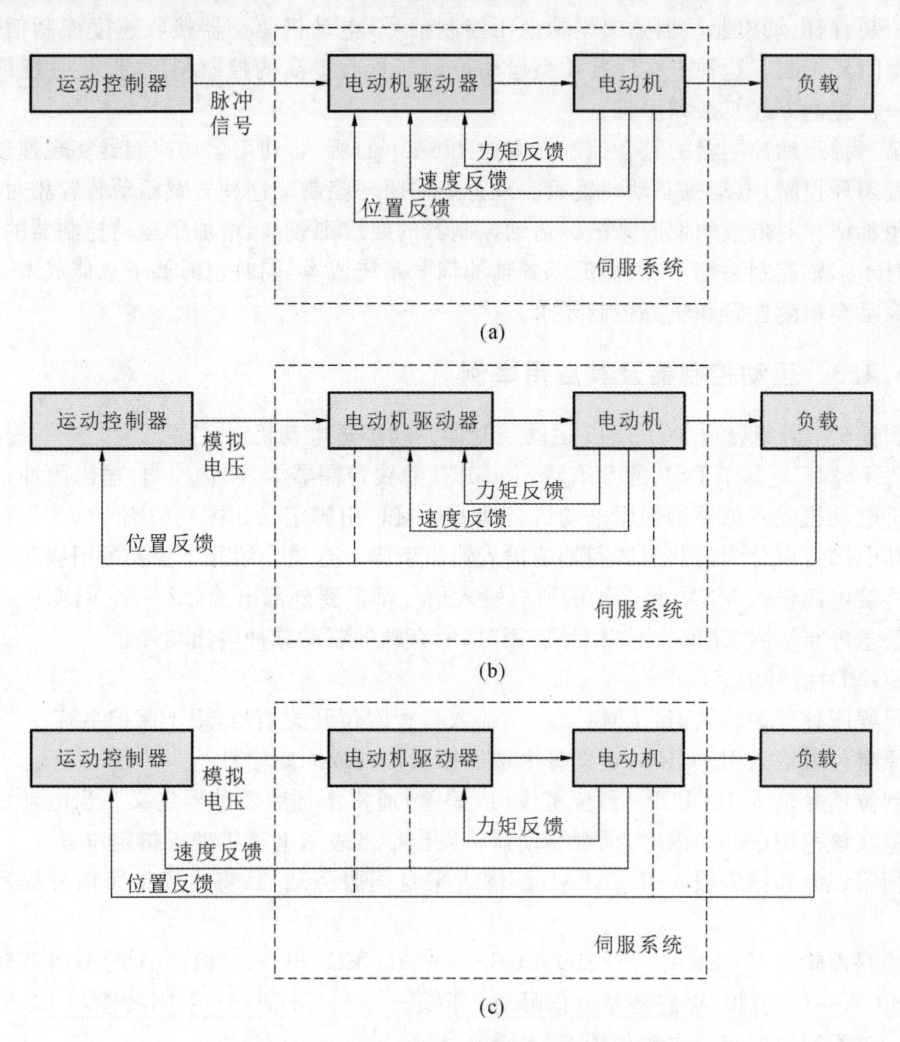

图6-60　运动控制器与伺服系统的组合方案

(a) 运动控制器的开环控制方案　(b) 运动控制器的位置闭环控制方案　(c) 运动控制器的复合控制方案

第一种运动控制器的开环控制方案如图6-60(a)所示,充分发挥伺服系统的作用,电动机驱动与电动机之间形成力矩、速度和位置的闭环控制,运动控制器只需要完成运动规划和插补功能。该方案中的运动控制器输出的通常是脉冲信号,这类控制器又称为脉冲型运动控制器,从运动控制的角度看,类似于开环步进系统。这种控制方案可以采用价格相对低廉的控制器，通常也比较稳定和可靠。

第二种运动控制器的位置闭环控制方案如图 6-60(b)所示，利用伺服系统实现力矩和速度闭环控制，位置闭环则依靠运动控制器实现。运动控制器接收位置反馈信号，进行闭环控制，向电动机驱动器输出模拟电压控制信号，电动机驱动器接收速度控制信号，完成速度闭环控制。这种方案比脉冲型运动控制器具有更高的控制精度，但是系统的调整比第一种控制方式复杂和困难。

第三种运动控制器的复合控制方案如图 6-60(c)所示，利用运动控制器实现速度闭环和位置闭环控制，电动机驱动装置只实现力矩的闭环控制。这种方案驱动装置相对简单，可使用价格相对低廉的伺服系统。运动控制器的要求则较高，增加了运动控制器的成本。但是对于多轴控制系统，大大降低了各轴的伺服系统成本，同时也降低了总体成本。该方案可满足高精度位置和轨迹控制要求。

6.4.3 运动控制器及其应用举例

例 6-5 研华公司 PCI-1245 运动控制器驱动步进电动机。

PCI-1245 是基于 DSP 的 SoftMotion PCI 总线控制器卡，四轴控制，输出脉冲信号控制步进电动机或者脉冲型伺服电动机。其 I/O 接口引脚定义如图 6-61 所示。

其引脚可以分为公共引脚和轴的输入输出引脚。这里介绍几个主要的引脚。

外接电源输入 VEX：每个轴的所有输入信号都需要外部电源(12～24 VDC)。

紧急停止输入 EMG：当该信号启用时，所有轴的驱动脉冲输出均停止。

EGND：信号地。

行程限位开关输入 ID_LMT＋/－：输入行程限位开关信号，用于保护系统。

原点位置输入 ID_ORG：定义每个轴的原始位置或原始信号。

到位信号输入 ID_INP：到位范围(或偏差)通常由伺服驱动器定义。当电动机运动并偏差在该范围(偏差)内时，伺服驱动器将发出信号表示电动机处于指定位置。

伺服误差和报警输入 ID_ALM：该输入来自伺服驱动器，将生成报警信号提示操作错误。

编码器输入 ID_ECA＋/－、ID_ECB＋/－、ID_ECZ＋/－：相位 A 的编码器输出连接至 ECA＋/－引脚，它们是差分信号对。ECB＋/－、ECZ＋/－引脚功能与 ECA＋/－相同。该类通道的接口电路如图 6-62 所示。

输出脉冲 ID_CW±/PULS±、ID_CCW±/DIR±：脉冲命令有两种类型。一种是顺时针 CW/计数器顺时针 CCW 模式；另一种是脉冲 PULS/方向 DIR 模式。CW＋/PULS＋和 CW－/PULS－是差分信号对，CCW＋/DIR＋和 CCW－/DIR－是不同的信号对。通道接口有光耦合器接口和线性驱动器接口方式，如图 6-63 和图 6-64 所示。

激活开启伺服 ID_OUT6/SVON：生成一个数字量输出，激活伺服驱动以进入运动状态。

Signal	Pin	Pin	Signal
VEX	1	51	VEX
EMG	2	52	NC
X_LMT+	3	53	Z_LMT+
X_LMT−	4	54	Z_LMT−
X_IN1/LTC	5	55	Z_IN1/LTC
X_IN2/RDY	6	56	Z_IN2/RDY
X_ORG	7	57	Z_ORG
Y_LMT+	8	58	U_LMT+
Y_LMT−	9	59	U_LMT−
Y_IN1/LTC	10	60	U_IN1/LTC
Y_IN2/RDY	11	61	U_IN2/RDY
Y_ORG	12	62	U_ORG
X_INP	13	63	U_INP
X_ALM	14	64	Z_ALM
X_ECA+	15	65	Z_ECA+
X_ECA−	16	66	Z_ECA−
X_ECB+	17	67	Z_ECB+
X_ECB−	18	68	Z_ECB−
X_ECZ+	19	69	Z_ECZ+
X_ECZ−	20	70	Z_ECZ−
Y_INP	21	71	U_INP
Y_ALM	22	72	U_ALM
Y_ECA+	23	73	U_ECA+
Y_ECA−	24	74	U_ECA−
Y_ECB+	25	75	U_ECB+
Y_ECB−	26	76	U_ECB−
Y_ECZ+	27	77	U_ECZ+
Y_ECZ−	28	78	U_ECZ−
X_IN4/JOG+	29	79	Z_IN4
X_IN5/JOG−	30	80	Z_IN5
Y_IN4	31	81	U_IN4
Y_IN5	32	82	U_IN5
EGND	33	83	EGND
X_OUT4/CAM-DO	34	84	Z_OUT4/CAM-DO
X_OUT5/CMP	35	85	Z_OUT5/CMP
X_OUT6/SVON	36	86	Z_OUT6/SVON
X_OUT7/ERC	37	87	Z_OUT7/ERC
X_CW+/PULS+	38	88	Z_CW+/PULS+
X_CW−/PULS−	39	89	Z_CW−/PULS−
X_CCW+/DIR+	40	90	Z_CCW+/DIR+
X_CCW−/DIR−	41	91	Z_CCW−/DIR−
EGND	42	92	EGND
Y_OUT4/CAM-DO	43	93	U_OUT4/CAM-DO
Y_OUT5/CMP	44	94	U_OUT5/CMP
Y_OUT6/SVON	45	95	U_OUT6/SVON
Y_OUT7/ERC	46	96	U_OUT7/ERC
Y_CW+/PULS+	47	97	U_CW+/PULS+
Y_CW−/PULS−	48	98	U_CW−/PULS−
Y_CCW+/DIR+	49	99	U_CCW+/DIR+
Y_CCW−/DIR−	50	100	U_CCW−/DIR−

图 6-61 PCI-1245 的 I/O 接口引脚定义

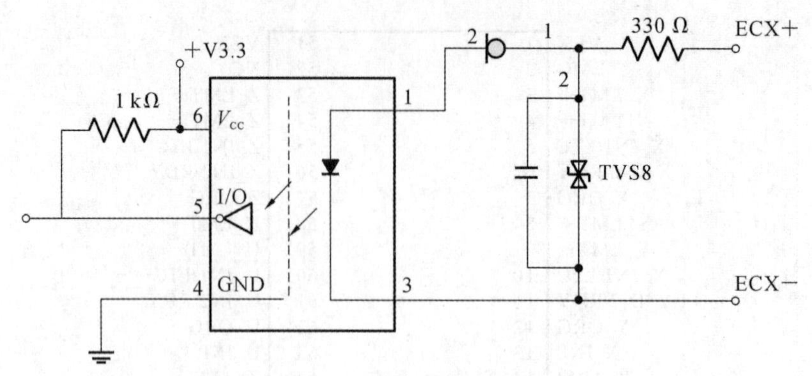

图 6-62　编码器反馈电路

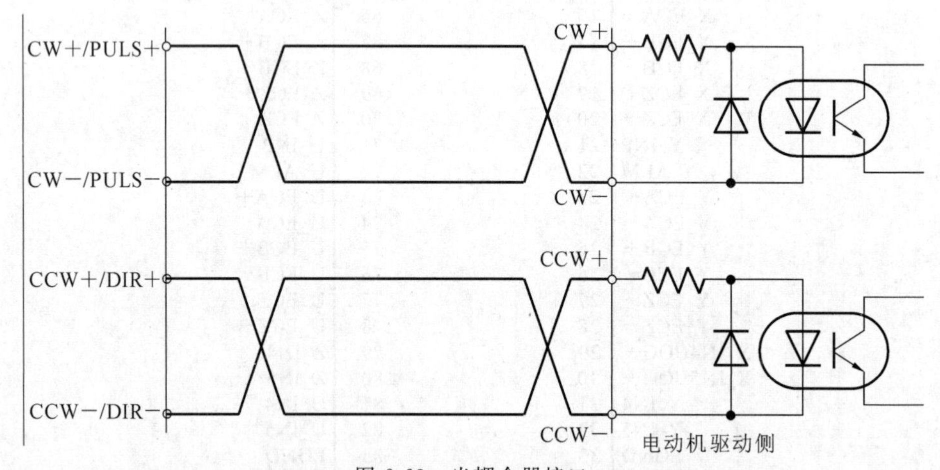

图 6-63　光耦合器接口

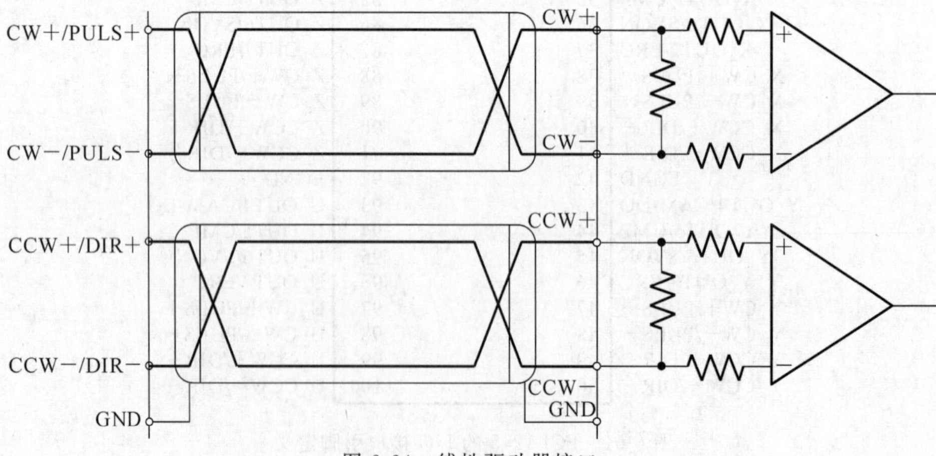

图 6-64　线性驱动器接口

图 6-65 所示为运动控制器与步进电动机的连接示例。其中，步进电动机为常见的两相步进电动机，两相步进电动机驱动器中 A＋、A－为步进电动机其中一相提供驱动电流，B＋、B－为另一相提供驱动电流，两相步进电动机驱动器另一侧为控制信号输入侧，PUL＋、PUL－为脉冲输入端，DIR＋、DIR－为方向信号输入端，ENA＋、ENA－为使能信号输入端，分别和运动控制器相应端相连。图 6-65 中未示出步进电动机的限位信号与运动控制器的连接以及编码器等输入的连接。

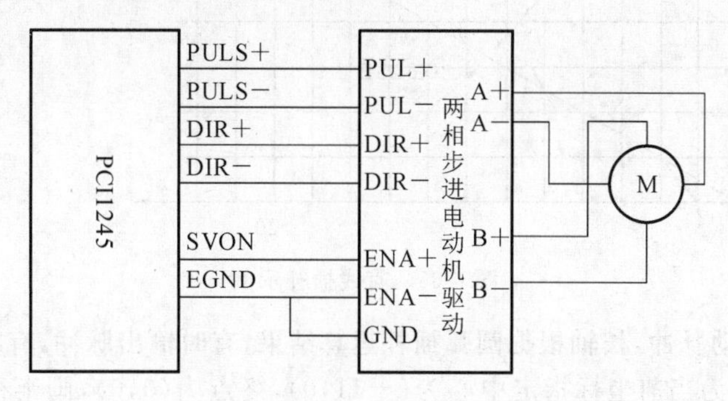

图 6-65　运动控制器与步进电动机连接示意图

通过 API 设置可以得到三种运动模式——点到点（P to P）、恒速连续运动（continue）和返回原点运动（homing），实现多种运动控制功能。主要的运动控制功能如下：

1）加减速曲线功能

加减速曲线设置是运动控制器的主要功能之一，一般有直性（T 型）加减速驱动和 S 型加减速驱动，高端运动控制器还具备根据负载情况、用户指定速度曲线的功能。直性加减速驱动是使速度线性地从驱动开始的初始速度加速到指定的驱动速度。当加速度和减速度设置一样时，速度时间图就是对称的梯形，当加速度和减速度不一样时，就不是对称的。

2）插补功能

插补是运动控制器常用功能之一，常用的插补算法有直线插补和圆弧插补。

直线插补能选择 4 轴中的任意 2 轴或 3 轴，例如当选择 X、Y 轴直线插补时，从当前位置到相对位置（X：，Y：＋100），如图 6-66 所示，从当前坐标执行直线插补，终点坐标由针对当前位置的相对数值设定，精确设定每个轴的输出脉冲数。在每个轴独立运行时，输出脉冲数设定为没有符号的数值。但是，在插补驱动时，用相对数值设定当前位置的终点坐标。对指定直线的位置精度，在整个插补范围内有±0.5 个最低有效位（LSB）。直线插补驱动脉冲输出以设定的终点数值中绝对值最大的为长轴。在插补驱动中，此轴一直输出脉冲，其他的轴是短轴，根据直线插补运算的结果，有时候输出脉冲，有时不输出脉冲。

圆弧插补如图 6-67 所示，由 X 轴和 Y 轴定义一个平面，绕中心坐标把它分为 0～7 的 8 个象限。如图所示，在 0 象限的插补坐标（X，Y）上，Y 的绝对值一直比 X 的绝对值小，绝对值小的轴称为短轴，1、2、5、6 象限是 X 轴，0、3、4、7 象限是 Y 轴，短轴在这些象限

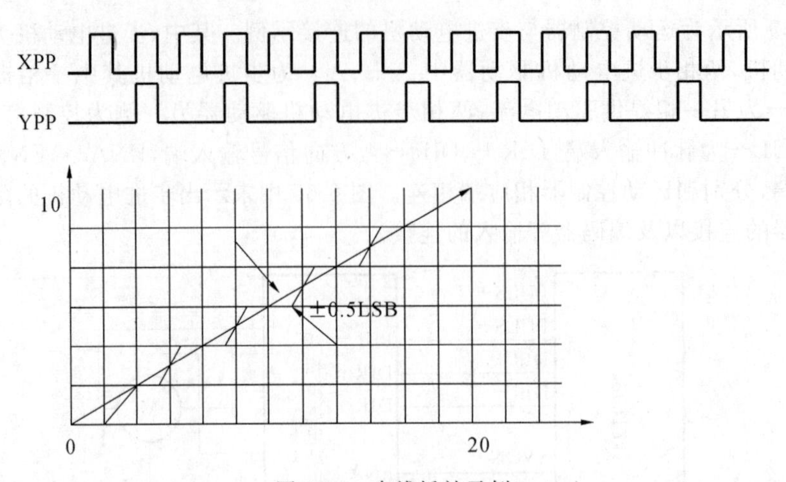

图 6-66　直线插补示例

之间一直输出驱动脉冲，长轴根据圆弧插补运算结果，有时输出脉冲，有时不输出脉冲。

图 6-68 所示为当前坐标指定中心为(－11,0)，终点为(0,0)，画半径为 11 的完整圆的例子，图 6-69 所示为运动控制卡与之相应的信号输出波形。

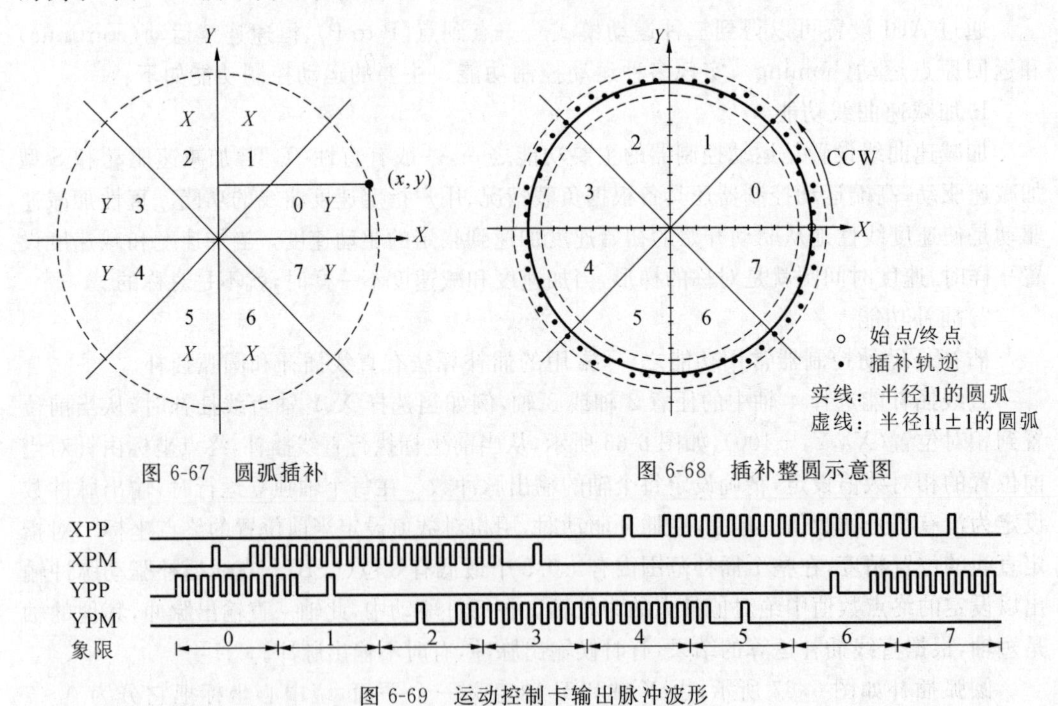

图 6-67　圆弧插补

图 6-68　插补整圆示意图

图 6-69　运动控制卡输出脉冲波形

例 6-6　安川 MP2200 运动控制器驱动伺服电动机。

图 6-70 所示为运动控制器驱动一台交流伺服电动机的例子。其中，SGDV 驱动器对

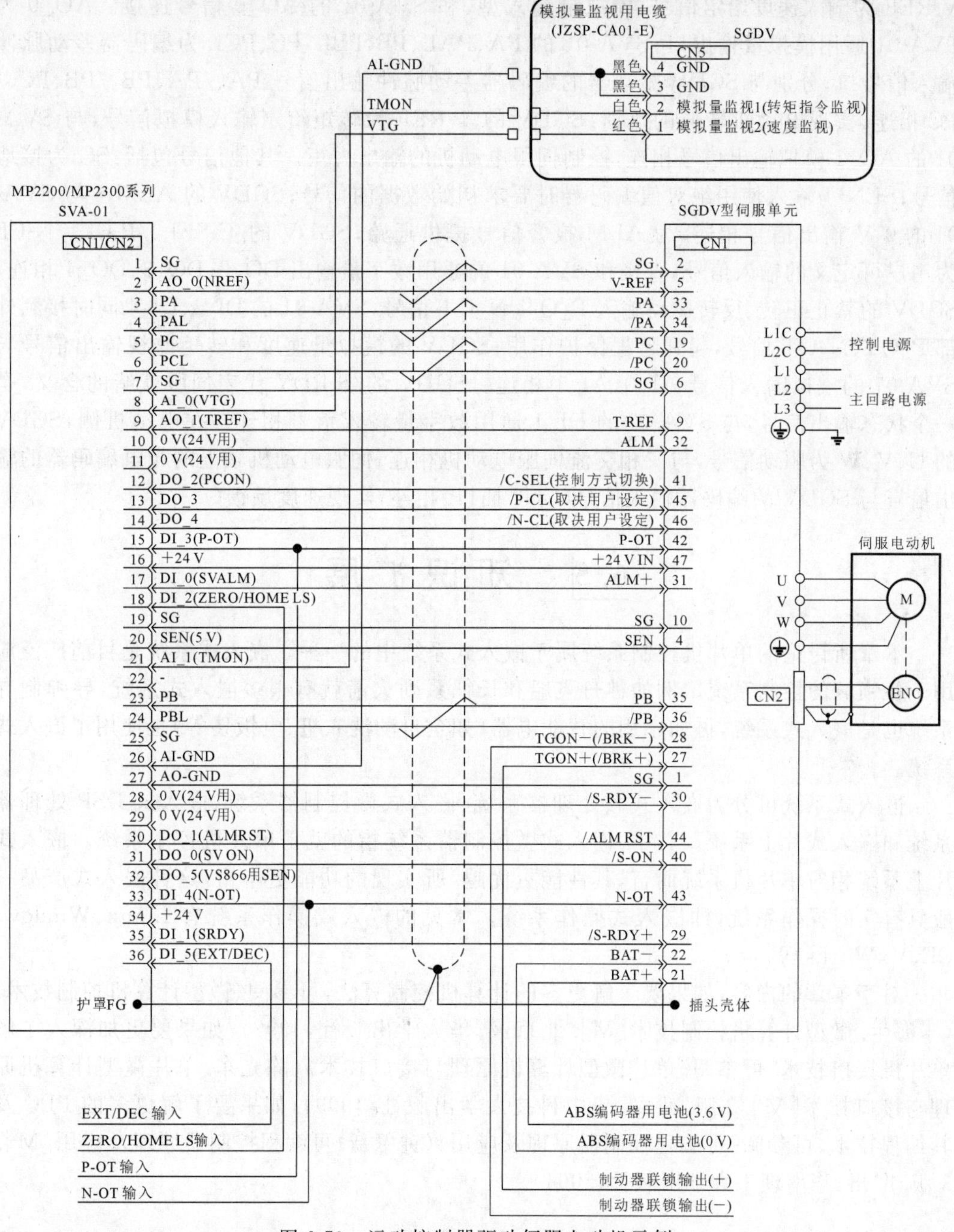

图 6-70　运动控制器驱动伺服电动机示例

应安川∑-V系列交流伺服电动机驱动器，SVA-01为安川MP2200系列的运动控制模块。V-REF为输入速度给定信号，模拟量输入型，和SVA-01的AO_0信号连接。AO_0为SVA-01通用模拟量输出口；SVA-01的PA、PAL、PB、PBL、PC、PCL为编码器差动脉冲输入信号口，分别与SGDV驱动器的编码器差动脉冲输出信号PA、/PA、PB、/PB、PC、/PC相连，实现电动机转速的反馈；SGDV的T-REF为转矩给定输入模拟信号，与SVA-01的AO_1模拟输出信号相连，控制伺服电动机的输出力矩。其他信号包括：SG为接地信号；SEN为输入使用绝对值编码器时要求初始数据的信号；SGDV的ALM＋与SVA-01的0 V输出信号相连，为ALM报警信号提供通路；SGDV的/C-SEL、/P-CL、/N-CL为用户可定义的输入信号，直接和SVA-01的通用数字量输出DO_2、DO_3、DO_4相连；SGDV的禁止正转、反转驱动输入P_OT、N_OT信号，SVA-01的DI_3、DI_4同时接到外部P_OT、N_OT信号，起到超程保护作用；SGDV的模拟量速度和转矩监视输出信号与SVA-01的模拟输入信号AI_0、AI_1相连。SGDV的/S-RDY代表伺服就绪的含义，是一个状态输出信号，与SVA-01的DI_1通用数字量输入信号相连。在电动机侧，SGDV的U、V、W为驱动信号，与三相交流伺服电动机相连；伺服电动机轴上的光电编码器的输出信号与SGDV的编码器输入信号(CN2插口)相连，实现速度反馈。

6.5 知识扩展

本章所讨论的单片机控制系统属于嵌入式系统中的一种。嵌入式系统是目前广泛应用于各领域的控制系统。例如神舟飞船和长征系列火箭就有很多嵌入式系统，导弹制导系统也是嵌入式系统，再如家用的智能电器(如全自动洗衣机、电饭煲等)也使用了嵌入式系统。

嵌入式系统可分为嵌入式微处理器系统、嵌入式微控制器系统、嵌入式DSP处理器系统和嵌入式片上系统。其中，嵌入式微控制器系统指的就是单片机控制系统。嵌入式片上系统相对单片机系统而言，其性能更优越，所实现的功能更丰富，这种嵌入式产品一般具有实时操作系统，即嵌入式操作系统。常见的嵌入式操作系统有Linux、Windows CE、VxWorks等。

对于本章的内容，如果要了解更多的计算机控制算法，可参阅《微型计算机控制技术》(于海生. 微型计算机控制技术[M]. 北京：清华大学出版社，1999)；如果要更加深入了解单片机接口技术，可参阅《单片微型计算机原理与接口技术》(陈光东. 单片微型计算机原理与接口技术[M]. 2版. 武汉：华中科技大学出版社，1999)；如果要了解更多的PLC及其编程技术，可参阅《可编程控制器原理及应用》(钟肇新. 可编程控制器原理及应用[M]. 3版. 广州：华南理工大学出版社，2004)。

习　题

6-1　简述控制系统的基本构成及每个组成部分的作用。

6-2　单片机接口的作用是什么?

6-3　如题6-3图所示,单片机8051外围扩展了LED。试编制程序,使三个数码管显示"5.7C"。

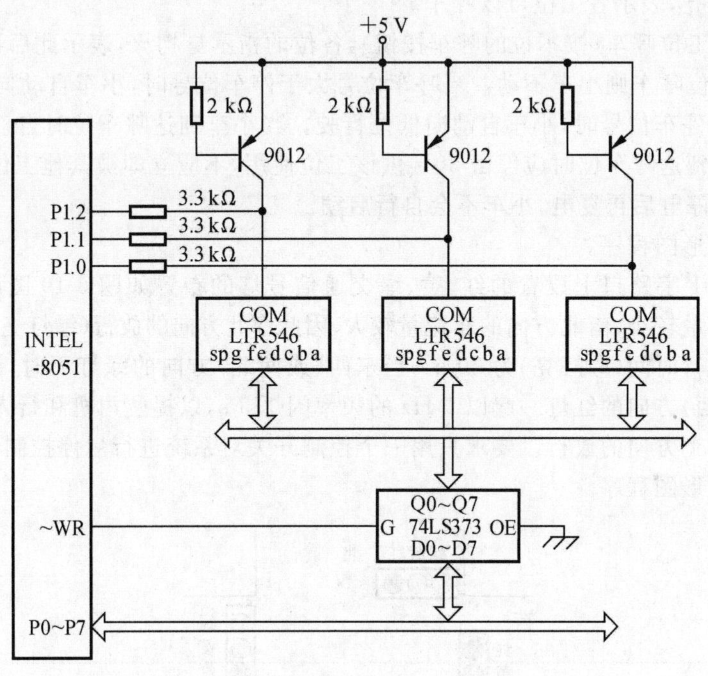

题6-3图

6-4　利用8051定时器1在端口线P1.0处产生周期为40 ms的方波序列(设 f_{osc} =6 MHz)。

6-5　写出位置式PID和增量式PID的算式。指出位置式PID和增量式PID各自的优缺点。

6-6　为什么有时要采用积分分离的PID算法?

6-7　查找资料,写出一种PID工程整定方法,并指出其特点。

6-8　PLC的特点是什么?

6-9　如题6-9图所示,有一部电动运输小车供8个加工点使用。对小车的控制有以

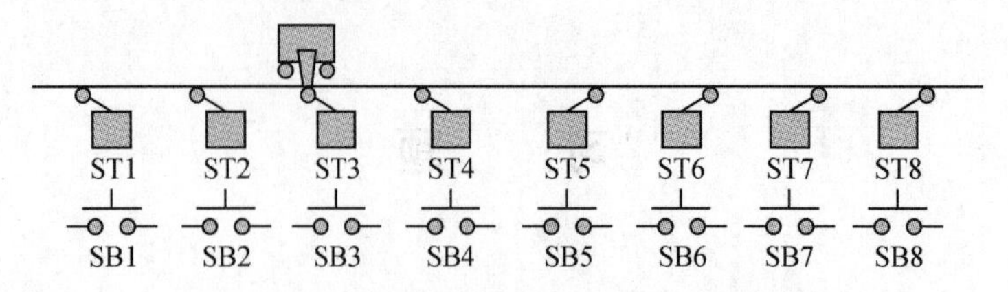

题 6-9 图　各加工位的限位开关、呼车按钮布置

下几点要求。

(1) PLC 上电后，车停在某加工点（下称工位）。若没有用车呼叫（下称呼车）时，则各工位的指示灯亮，表示各工位可以呼车。

(2) 若某工位呼车（按本位的呼车按钮），各位的指示灯均灭，表示此后再呼车无效。

(3) 停车位呼车则小车不动。当呼车位号大于停车位号时，小车自动向高位行驶；当呼车位号小于停车位号时，小车自动向低位行驶。当小车到达呼车位时自动停车。

(4) 小车到达呼车位时应停留 30 s 供该工位使用，不应立即被其他工位呼走。

(5) 临时停电后再复电，小车不会自行启动。

试编制梯形图程序。

6-10　在十字路口上设置的红、黄、绿交通信号灯的布置如题 6-10 图所示。由于东西方向的车流量较小，南北方向的车流量较大，因此南北方向的放行（绿灯亮）时间为 30 s，东西方向的放行时间（绿灯亮）为 20 s。当东西（或南北）方向的绿灯灭时，该方向的黄灯与南北（或东西）方向的红灯一起以 1 Hz 的频率闪烁 5 s，以提醒司机和行人注意。然后，立即开始另一个方向的放行。要求只用一个控制开关对系统进行启停控制。

试编写梯形图程序。

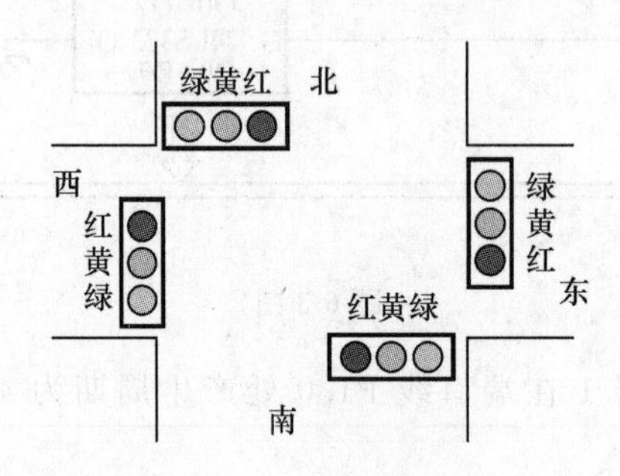

题 6-10 图

第7章 机电一体化系统实例

7.1 光电跟踪切割机

1. 概述

在造船、锅炉、汽车等制造工业中，过去切割钢板都是按照设计图样进行放样，用木材制成样板，然后用样板在钢板上画线，最后才能进行人工切割。现在应用光电跟踪切割机后，只需要把几何图形用黑色线条按1∶1画在白底图纸上，然后平放于切割机平台下，光电跟踪切割机会自动跟踪图纸上的线条，驱动执行机构，按图样规定的几何形状实现自动切割。

光电跟踪切割机主要由以下几部分组成：光电跟踪传感器、机械传动及执行机构和电气控制系统，其自动跟踪系统结构原理如图7-1所示。

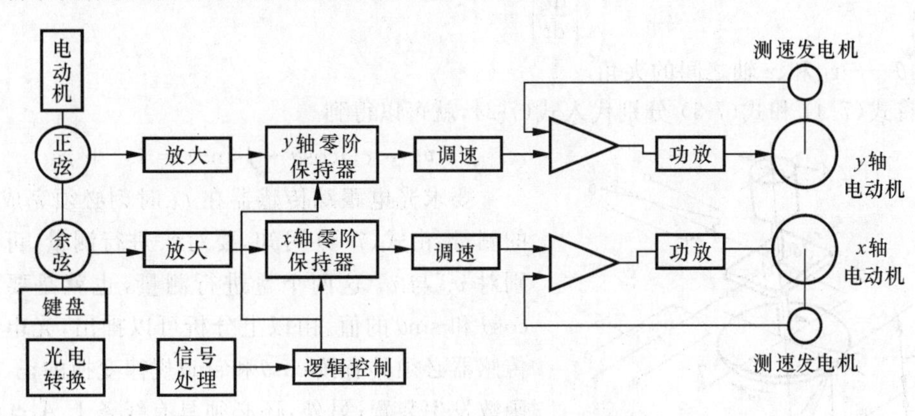

图7-1 自动跟踪系统结构原理

2. 光电跟踪传感器

光电跟踪传感器是光电跟踪切割机的关键部件之一。光电跟踪传感器主要完成二维平面上的某一图形线条信息的检测。

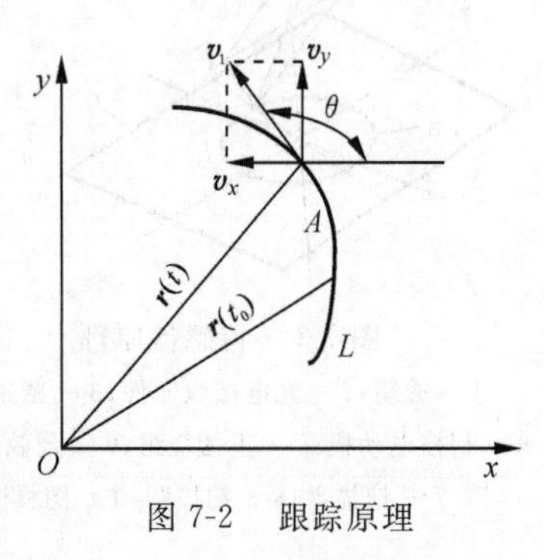

图7-2 跟踪原理

图7-2所示的正交直角坐标系所组成的二维平面内有任意一条需要跟踪的曲线L，要使曲线L任意一点上的跟踪速度方向与该点的切线方向一致。曲线L可由矢径$\boldsymbol{r}(t)$来描述，并设A点为曲线L上的任意一点，A点的

切线可表示为

$$\frac{\frac{\mathrm{d}\boldsymbol{r}}{\mathrm{d}t}}{\left|\frac{\mathrm{d}\boldsymbol{r}}{\mathrm{d}t}\right|}=\frac{\frac{\mathrm{d}x}{\mathrm{d}t}\boldsymbol{i}+\frac{\mathrm{d}y}{\mathrm{d}t}\boldsymbol{j}}{\sqrt{\left(\frac{\mathrm{d}x}{\mathrm{d}t}\right)^2+\left(\frac{\mathrm{d}y}{\mathrm{d}t}\right)^2}} \tag{7-1}$$

且要求跟踪方向与切线方向一致，即

$$\boldsymbol{v}_1=\frac{\mathrm{d}\boldsymbol{r}}{\mathrm{d}t}=\left|\frac{\mathrm{d}\boldsymbol{r}}{\mathrm{d}t}\right|\cdot\frac{\frac{\mathrm{d}x}{\mathrm{d}t}\boldsymbol{i}+\frac{\mathrm{d}y}{\mathrm{d}t}\boldsymbol{j}}{\sqrt{\left(\frac{\mathrm{d}x}{\mathrm{d}t}\right)^2+\left(\frac{\mathrm{d}y}{\mathrm{d}t}\right)^2}}=|\boldsymbol{v}_1|\cdot\left[\frac{\frac{\mathrm{d}x}{\mathrm{d}t}\boldsymbol{i}+\frac{\mathrm{d}y}{\mathrm{d}t}\boldsymbol{j}}{\sqrt{\left(\frac{\mathrm{d}x}{\mathrm{d}t}\right)^2+\left(\frac{\mathrm{d}y}{\mathrm{d}t}\right)^2}}\right] \tag{7-2}$$

在整个过程中，光电跟踪传感器要以恒定速度完成自动跟踪的任务，即

$$|\boldsymbol{v}_1|=c \tag{7-3}$$

式中：c—— 常数，在此为跟踪线速度。

式(7-1) 又可写为

$$\frac{\frac{\mathrm{d}\boldsymbol{r}}{\mathrm{d}t}}{\left|\frac{\mathrm{d}\boldsymbol{r}}{\mathrm{d}t}\right|}=\boldsymbol{i}\cos\theta+\boldsymbol{j}\sin\theta \tag{7-4}$$

式中：θ——$\boldsymbol{v}_1$ 和 x 轴之间的夹角。

将式(7-4) 和式(7-3) 分别代入式(7-2)，就可以得到

$$\boldsymbol{v}_1=c(\boldsymbol{i}\cos\theta+\boldsymbol{j}\sin\theta)=\boldsymbol{i}v_x+\boldsymbol{j}v_y$$

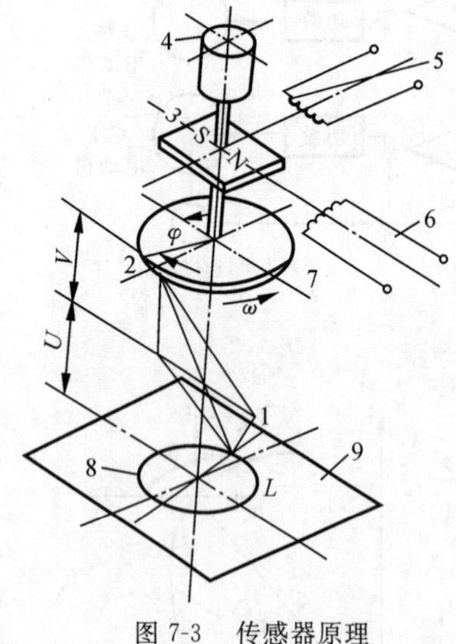

图 7-3　传感器原理

1— 透镜；2— 光电接收元件；3— 磁钢；4— 扫描电动机；5— 正弦绕组；6— 余弦绕组；7— 扫描盘；8— 扫描圆；9— 图样

要求光电跟踪传感器在 t_A 时刻必须完成对$\boldsymbol{v}_1$ 的测量。由式(7-4) 可知，要对$\boldsymbol{v}_1$ 进行测量，可以分别对 v_x 与 v_y 这两个量进行测量，也就是要测量 $\cos\theta$ 和 $\sin\theta$ 的值。由以上分析可以推出，光电跟踪传感器必须具有按 $\cos\theta$ 和 $\sin\theta$ 规律变换的正、余弦函数发生装置；另外，还必须具有线条上 A 点即 t_A 时刻的信息，这样就能得到 v_x 与 v_y 的值。

如图 7-3 所示，当扫描电动机以角速度 ω 高速旋转时，由于磁钢与扫描盘同时安装在电动机轴上，故以同一角速度旋转。正弦绕组与余弦绕组正交放置，因此在这两个绕组上分别感应出幅值大致相等、相位相差 90° 的正弦、余弦两种交流电压信号。调整被跟踪线条图纸的高低，使线条 L 经透镜聚焦成像在光电接收元件上。光电接收元件可以选择感光窗足够小的，因此，在光电接收元件运动至

某一位置时，图形实际上只有与该位置相对应的一点光强信号被接收，并转换成电信号输出。装在扫描盘上的光电接收元件在扫描电动机的驱动下，始终在作平面圆周运动。由此看出，图样上能够被光电接收元件接收的区域实际上是一个与光电接收元件运动相对应的圆形轨迹，称为扫描圆或扫描轨迹。当扫描轨迹扫过线条时，由于光强的变化，光电接收元件会产生一个脉冲。传感器对图形线条扫描轨迹与产生信号脉冲之间的关系可以用跟踪动作图（见图7-4）加以说明。假定扫描从B点开始，沿着虚线表示的扫描圆从B到A依次连续扫描并成像在光敏接收元件上。显然，从$B\rightarrow A$的扫描轨迹上没有线条，故光敏元件接收到一片光亮，因而输出为高电平。当扫描到A点时，A点的黑色线条就成像在光敏元件上，这时由于光敏元件上的光通量突然减少，输出为低电平。当A点过后，光敏元件输出又恢复到高电平。当扫描轨迹到达线条的另一端E点时，光敏元件又输出一个低电平。如此，光电转换电路输出的光电信号波形如图7-5所示。至此，光电传感器已得到一组完整的信号。传感器输出波形如图7-6所示。

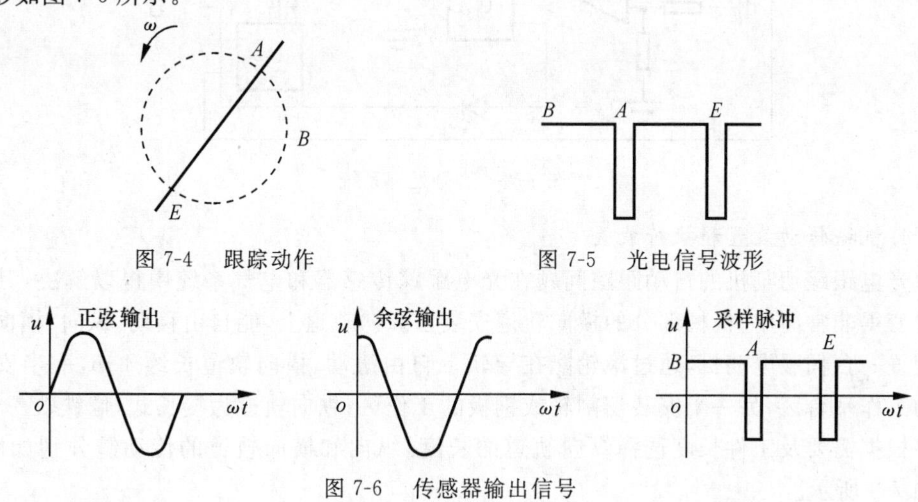

图7-4　跟踪动作

图7-5　光电信号波形

图7-6　传感器输出信号

3. 电气控制系统

电气控制系统的任务是把光电跟踪传感器输出的信号进行处理并放大，以驱动机械装置上的纵向和横向电动机，使机械传动装置跟踪图样上的线条图形。图7-7所示为信号处理系统。

在图7-7中，$\sin\omega t$、$\cos\omega t$及光电脉冲为传感器的输出信号，$U_9 \sim U_{16}$是逻辑控制电路，它除对光电脉冲整形放大以外，还会消除不需要的光电脉冲，保证传感器扫描一周输出一个脉冲作为采样脉冲。如果在得到光电脉冲的同时立即对正弦、余弦绕组的$\sin\omega t$和$\cos\omega t$信号采样，就可以得到一组正弦值和余弦值，即v_x与v_y值。这样，只要当采样脉冲一到，就可以把正弦值和余弦值存入零阶保持器中，只要第二个周期的采样脉冲未到，保持器就一直保持这两个信号的数值，并分别作为y轴驱动电动机和x轴驱动电动机的速度给定。

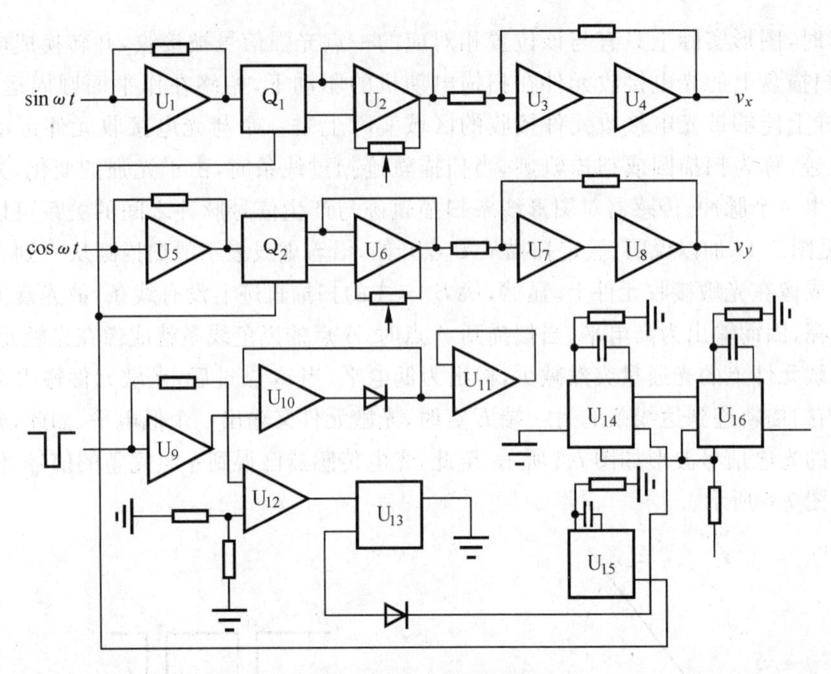

图 7-7　信号处理系统

4. 机械传动装置和执行装置

光电跟踪切割机的自动跟踪问题在光电跟踪传感器和电气系统中得以解决，其机械装置变得非常简单。机械部分的横向轨道安装在纵向轨道上，能自由移动。纵向、横向轨道各配置一台伺服电动机，通过滚轮能在导轨上自由滚动。横向轨道长约 4 m，一半安装图纸的工作平台区，另一半安装切割轮或钢板的工作区；纵向轨道为接长式，像铁轨一样，由用户根据需要及工件长度选择纵向轨道的长度。纵向和横向轨道的传动链分别如图 7-8 和图 7-9 所示。

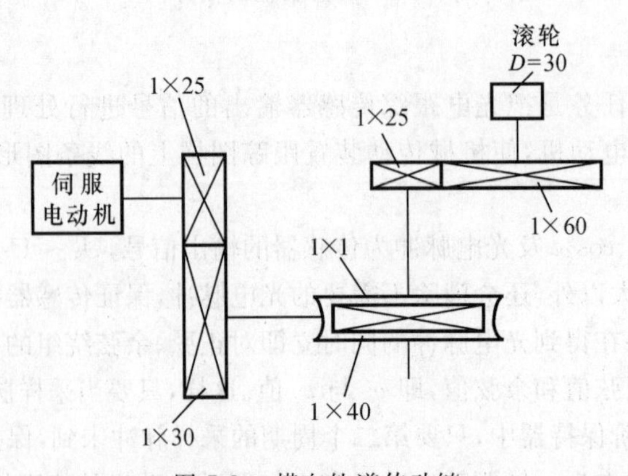

图 7-8　横向轨道传动链

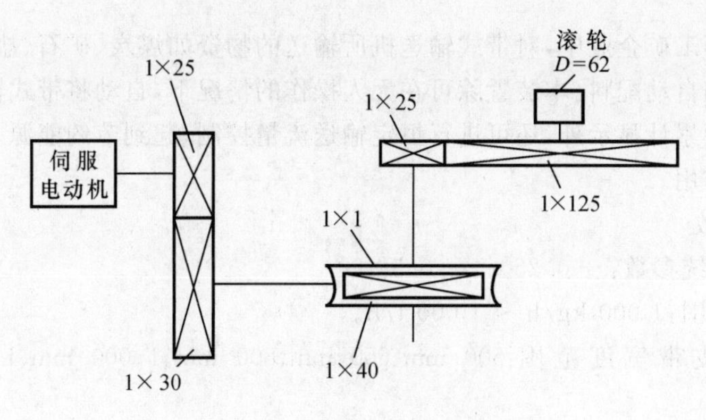

图 7-9　纵向轨道传动链

图 7-10 所示为光电跟踪切割机的直流伺服调速系统结构。给定信号即为信号处理系统输出的 v_x 与 v_y。M 为电动机，T 为测速发电机。通过这一电路可以把 v_x 与 v_y 值进行放大，以便驱动电动机 M。

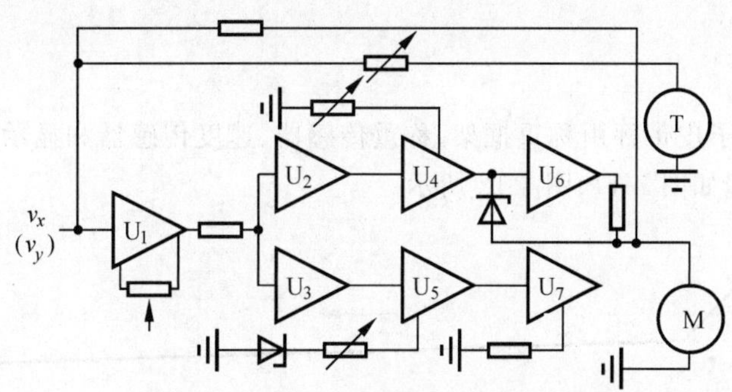

图 7-10　直流伺服调速系统结构

从图 7-10 可以看出，光电跟踪切割机整个系统是一个闭环控制系统，测速发电机作为整个系统的反馈，构成一个速度环，而光电跟踪传感器除了完成检测图形线条的信息功能外，对整个系统而言是位置反馈，构成位置环。

本例介绍的光电跟踪的原理配上相应的机械辅助设备，可以有广泛的用途。例如：在轻纺工业中按图样自动裁剪服装，按图样对皮革的各种形状自动落料；在造纸工业中，可以对纸张边沿进行对中控制，以及其他一切需要按图样和按边沿进行的仿形加工。

7.2　GCP-87 型电子皮带秤

1. GCP-87 型电子皮带秤的功能、性能

1）主要功能

GCP-87 型电子皮带秤是高科技机电一体化产品，它主要应用于化工、电站、矿山、港

口、铁路、建材等工矿企业中，对带式输送机所输送的物资如煤炭、矿石、盐、石灰石等进行连续自动称量和自动配料。本装置除可在无人操作的情况下，自动将带式输送机所输送的物料的质量进行累计显示外，还可进行恒定输送流量控制，起到节约能源、节约原材料、提高产品质量的作用。

2）主要参数

(1) 动态系统参数：±0.25%，±0.5%。

(2) 称量范围：1 000 kg/h ～ 1 000 t/h。

(3) 适应皮带宽度范围：500 mm、650 mm、800 mm、1 000 mm、1 200 mm、1 400 mm、1 600 mm。

(4) 皮带速度：0.02 ～ 2.5 m/s。

(5) 带式输送机倾角：0° ～ 18°。

(6) 使用环境温度：－10 ～ 55 ℃。

(7) 电源电压、频率：187 ～ 242 V、50 Hz。

2. 设计方案

1）设计方案

GCP-87 型电子皮带秤由称重框架、称重传感器、速度传感器和显示仪表等组成，其测量系统与工作原理如图 7-11、图 7-12 所示。

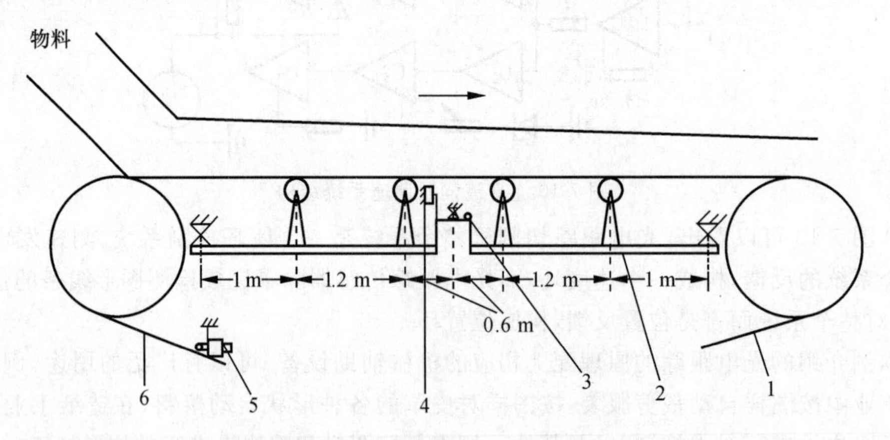

图 7-11　GCP-87 型电子皮带秤测量系统

1— 传送带；2— 双杠杆 4 组托辊称重框架；3— 平衡辊；4— 称重传感器；5— 速度传感器；6— 传送带

GCP-87 型电子皮带秤的工作原理是：在带式输送机上的某一段安装双杠杆 4 组（或 6 组）托辊称重框架，将单位长度皮带上的物料质量传递给称重传感器，称重传感器输出正比于质量的毫伏信号，并将该信号连同来自速度传感器的频率信号一起送至智能显示仪进行放大整形及乘法运算处理，最后实现带式输送机所输送物料的瞬时流量显示和累计

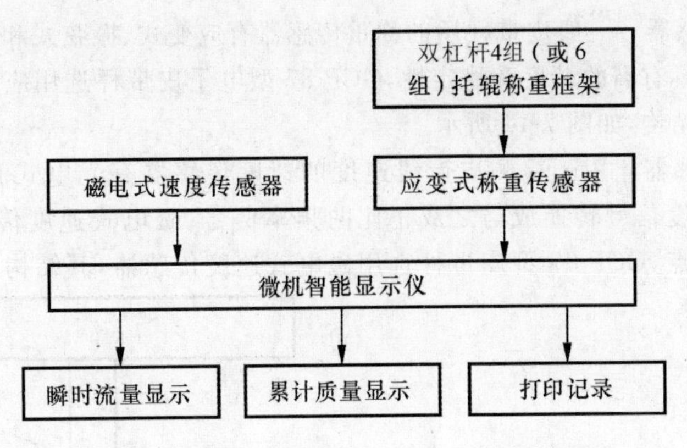

图 7-12　GCP-87 型电子皮带秤工作原理框图

质量显示。

2）主要特点

GCP-87 型电子皮带秤采用双杠杆多组托辊称重框架和智能化仪表，具有以下特点。

(1) 具有高的动态计量精度，其系统精度可达±0.25％。

(2) 具有高的可靠性。

(3) 可实现全自动调零功能。

(4) 能较方便地实现动态校准。

(5) 本电子皮带秤除用作大宗散装物料的连续计量外，还可调节电流信号输出，实现散装物料的自动配料。

3. 关键部件及动态校准方法

1）关键部件

(1) 称重框架　用于皮带秤的称重框架的形式是多种多样的。GCP-87 型电子皮带秤采用双杠杆多组托辊称重框架。这种称重框架能大大消除皮带张力和水平分离对称重的干扰，从而使计量准确，其结构如图 7-13 所示。

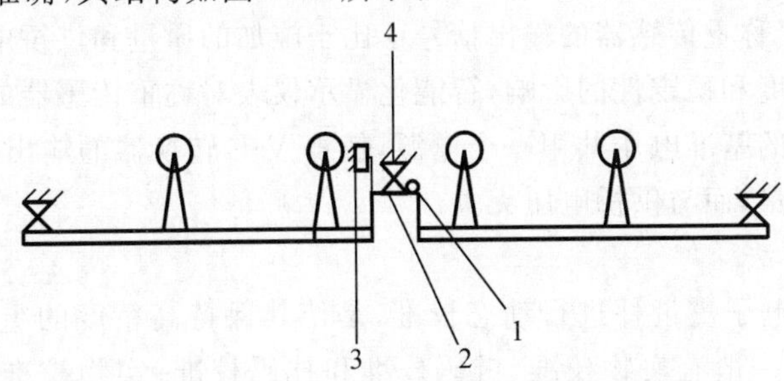

图 7-13　双杠杆 4 组（或 6 组）称重框架结构

1— 平衡辊；2— 平衡架；3— 应变式称重传感器；4— 支点

（2）称重传感器　一般皮带秤用的称重传感器有应变式、振弦式和磁性式等多种。应变式称重传感器具有高的精度和稳定性，GCP-87 型电子皮带秤选用应变式称重传感器，它具有悬臂梁式结构，如图 7-14 所示。

（3）速度传感器　用于检测皮带线速度的速度传感器有光电式和磁电式，它们都是将皮带的线速度信号转换成与之成正比的频率信号。磁电式速度传感器具有高可靠性和长寿命的特点，GCP-87 型皮带秤选用磁电式速度传感器，其结构如图 7-15 所示。

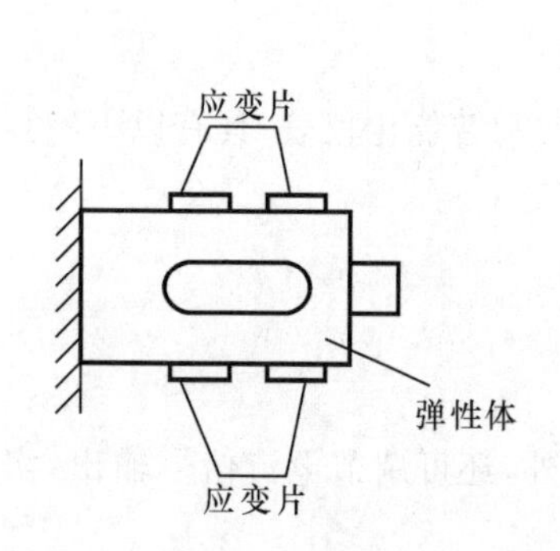

图 7-14　应变式称重传感器结构

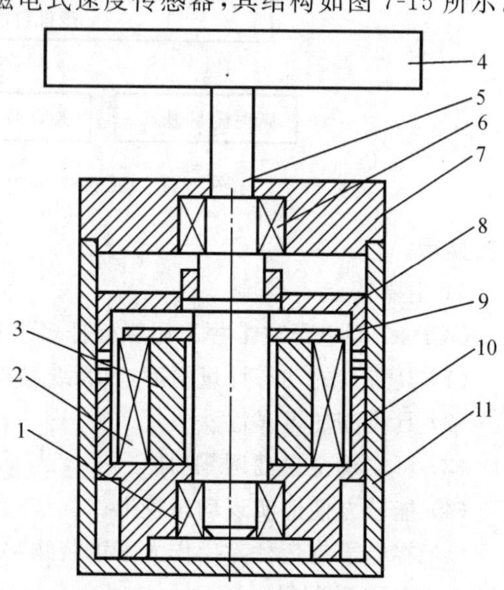

图 7-15　速度传感器结构

1,6— 轴承；2— 线圈；3— 磁钢；4— 滚轮；5— 轴；7— 端盖；8— 转子；9— 固定块；10— 定子；11— 外壳

（4）智能化显示仪表　GCP-87 型电子皮带秤智能化显示仪表的主要功能是：显示皮带机上的物料瞬时流量；显示带式输送机上的物料累计量；输出累计质量，将脉冲信号送至上位计算机。由于称重传感器的输出信号正比于施加的质量和供桥电压，为消除供桥电压变化对称重精确度和稳定性的影响，智能化显示仪表对称重传感器的供桥电压与电压-频率（V-F）转换器的基准电压共用一个电源，使得 V-F 转换器的输出频率仅正比于称重传感器所承受的质量，而与供桥电压无关。

2）动态校准方法

对 GCP-87 型电子皮带秤进行动态校准，是使其保持高精度的重要保证。电子皮带秤的动态校准方法一般有实物校准、链码校准和挂码校准。实物校准是最真实可信的，其精确度为 ±0.1% 以上。实物校准的方法是：先将部分被测物料进行静态计量，然后送至皮带输送机上，再由被校准的 GCP-87 型电子皮带秤进行计量，将静态秤的读数与被校准的电子皮带秤的读数进行比较，并调整电子皮带秤的系数，使两者相符。这样即完成了电子皮带秤的动态校准。GCP-87 型电子皮带秤智能显示仪表原理如图 7-16 所示。

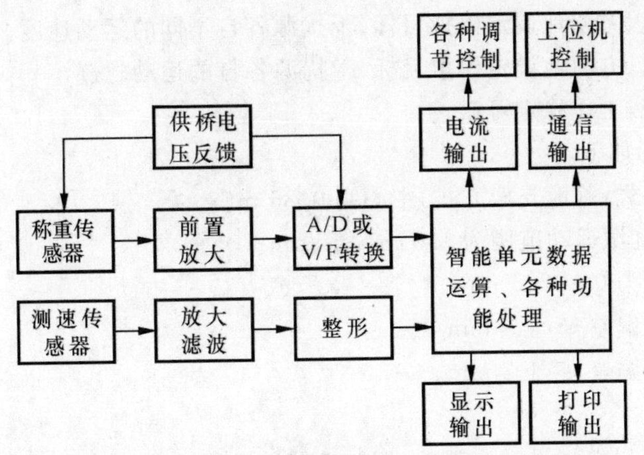

图 7-16　GCP-87 型电子皮带秤智能显示仪表原理

7.3　运动目标的模拟器和干扰器

1. 概述

运动目标的模拟器和干扰器用于模拟目标平面运动轨迹，每个平面通过控制两个交流伺服电动机带动同步带，实现滑块 x-y 平面运动，其中两个平面的两个滑块分别安装模拟红外目标源，如图 7-17 所示。对运动目标模拟器的技术要求如下。

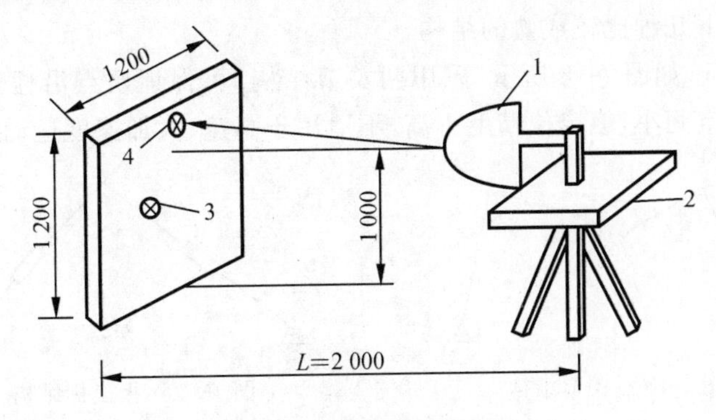

图 7-17　模拟器工作简图

1— 红外导引头；2— 控制转台；3— 干扰源；4— 目标

(1) 使用环境：实验室环境。

(2) 结构形式：落地支架式。

(3) 导引头的摆动范围 ≥28°。

(4) 导引头的摆动速度：最大角速度 ≥60°/s。

(5) 能够快速、方便地设定模拟目标、干扰源各自不同的运动速度。

(6) 能够快速、方便地设定模拟目标、干扰源各自的运动轨迹。

(7) 外形美观，工作稳定可靠。

具体技术指标如下。

(1) 模拟器形式：落地支架方式，中心高 0.86 m。

(2) 目标、干扰源运动范围为 1.0 m×1.0 m。

(3) 速度范围为 0～2.5 m/s。

(4) 速度精度偏差 ≤±5 mm/s。

(5) 位置精度偏差 ≤±2 mm。

2. 方案设计

伺服控制系统以机械设计为基础，例如机械传动形式往往决定了伺服系统的动力装置是采用电动机还是液压装置等。伺服控制系统主要是通过计算，确定对动力装置的功率、速度等要求，相应采取何种形式的驱动部件；同时根据系统的要求如位置、速度精度及运动形式（预定轨迹运动或随动跟踪）确定控制方式，选择相应的控制器件。在此基础上还要考虑系统的软件设计，确定用户界面、伺服控制系统、主要部件的选型及控制系统软硬件结构等方面的工作。

1) 机械本体设计

(1) 结构形式选择　为保证目标、干扰源分别在 1.0 m×1.0 m 的平面内运动，设计时应使两平面平行，并且使它们之间的距离尽可能小，同时保证目标、干扰源可沿任意曲线运动，可采用以下几种比较成熟的结构。

① 关节结构　如图 7-18 所示，采用两关节结构，可保证质点沿任意平面作曲线运动。这种方案占用空间小，但定位精度不高，不适用于高速、大加速度运动。

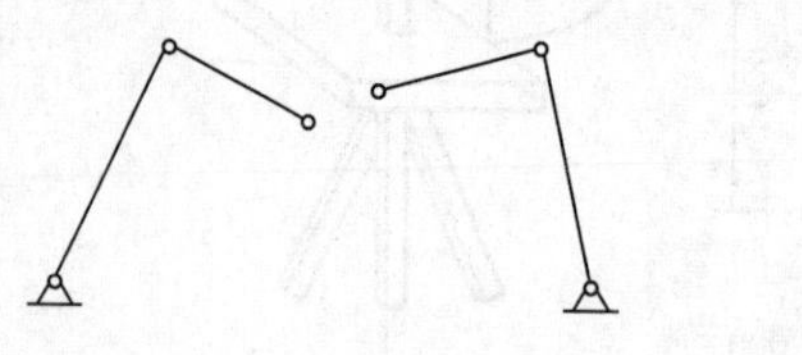

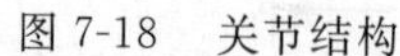

图 7-18　关节结构

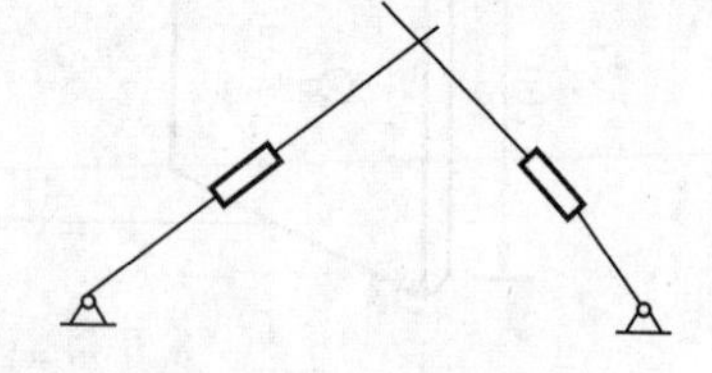

图 7-19　极坐标结构

② 极坐标结构　如图 7-19 所示，这种方式比较简单。但运动轨迹多变时，控制运算的工作量将大大增加。

③ 直角坐标结构　如图 7-20 所示，这种方式应用比较多，也比较成熟。定位精度较

高，易于控制，但占用空间比较大。

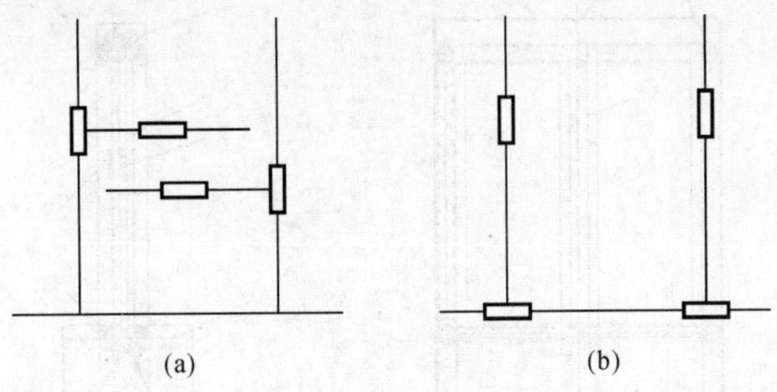

图 7-20 直角坐标结构

直角坐标结构又有两种形式，一种形式如图 7-20(a) 所示，其横坐标整体上下移动。运动时电动机等无效负载也跟随运动，它们的质量增加了纵轴电动机的负荷。另一种如图 7-20(b) 所示，纵轴整体移动，这种方式的纵轴电动机质量不会增加横轴的电动机功率，但纵轴运动范围应该用框架保护起来，以增加安全系数。综合分析目标及干扰源的工作环境，可知直角坐标结构的纵轴整体运动方式比较合适。

(2) 传动方案选择　直角坐标结构传动方案拟用直线传动单元。现已有标准系列化产品 —— 机械直线传动单元。机械直线传动单元按传动方式分为两类：一类是同步带传动方式，另一类是丝杠导轨传动方式。同步带传动方式的特点是：允许的工作速度和加速度大(分别为 2.5 m/s、20 m/s^2)，自重小，价格低，但驱动功率大，精度比丝杠传动低。丝杠导轨传动方式特点是：允许的工作速度和加速度较小，自重大，价格高，但驱动功率小，重复定位精度高。针对目标、干扰运动模拟器的工作环境和技术指标要求，垂直和水平方向的直线传动方式均采用同步带方式。

(3) 机械外形结构　图 7-21 所示的目标模拟器及干扰模拟器的运动平面相互之间垂直距离为 40 mm，导轨的宽度为 40 mm，在相对速度为 1 m/s 时，两者的干涉时间约 0.04 s，可以满足设计的要求。

2) 伺服电动机选择和计算

依据设计要求，可采用直流伺服电动机、步进电动机、交流伺服电动机等驱动装置。其中直流伺服电动机与交流伺服电动机相比较，前者的速度较低，体积较大，同时价格相差不大，方案可用性较差。表 7-1 列出了步进电动机和交流伺服电动机方案之间的比较。

从以上的比较来看，在价格合理的情况下，交流伺服电动机的各项性能均能较好地满足要求，因而决定采用交流伺服电动机方案。

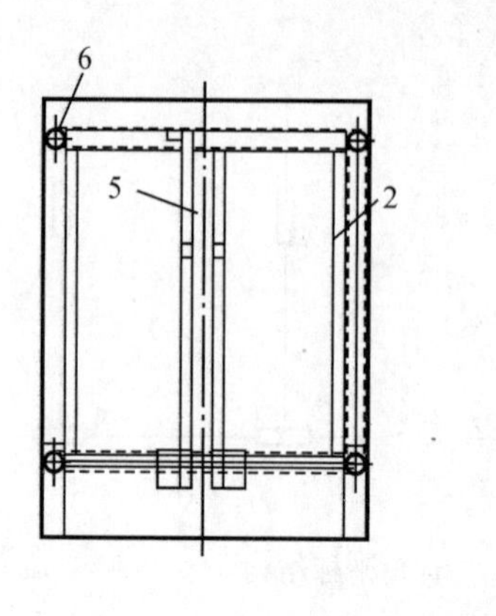

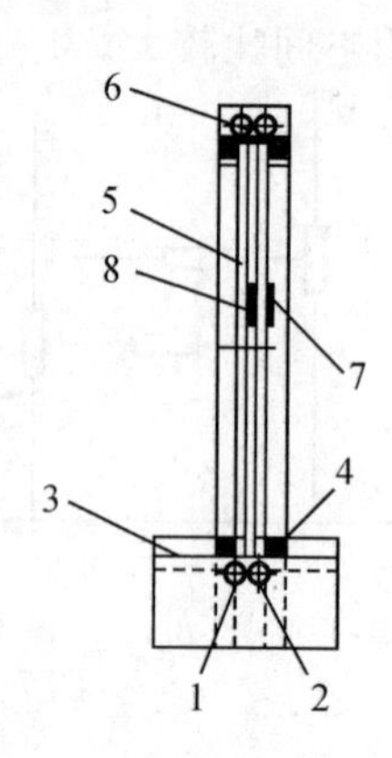

图 7-21　运动目标及干扰模拟器机械结构外形

1— 垂直驱动电动机；2— 支承；3— 水平直线电动机；4— 水平直线导轨；
5— 垂直直线导轨；6— 同步带轮；7— 目标模拟器；8— 干扰模拟器

表 7-1　步进电动机和交流伺服电动机性能比较

参　数	步进电动机	交流伺服电动机
尺寸体积	大	小
转动惯量	大	小
高速性能	一般小于 600 r/min	一般大于 2 000 r/min
精度	开环控制，精度低	闭环控制，精度高
价格	电动机价格低，驱动器价格较高	高
其他	过负载时，会产生丢步现象	较强的超载能力

交流伺服电动机的相关计算如下。

(1) 面向垂直运动单元的参数计算。

① 确定同步带轮直径。

直线运动速度为

$$v = 2.5\ \text{m/s}$$

电动机转速为

$$n = 3\ 000\ \text{r/min}$$

则带轮的直径为

$$d = \frac{v}{\pi n} = 16\ \text{mm}$$

取青岛同步带厂生产的 XL 系列产品，节距 $P = 5.08$，带轮最少齿数为 10，则

$$d > mz = \frac{P}{\pi}z = \frac{5.08 \times 10}{\pi}\text{mm} = 16.1\ \text{mm}$$

实际中取 $d = 26$ mm，厚度 $h = 30$ mm。

② 转动惯量计算。

负载质量取 $m_1 = 0.235$ kg(负载包括信号源及同步带)。

带轮的质量为

$$m_2 = 0.124\ \text{kg}$$

带轮的转动惯量为

$$J_1 = \frac{m_2 d^2}{8} = 1.04 \times 10^{-5}\ \text{kg} \cdot \text{m}^2$$

电动机的转动惯量为

$$J_2 = 0.23 \times 10^{-4}\ \text{kg} \cdot \text{m}^2$$

③ 电动机力矩计算。

加速度力为

$$F_a = m_1(a + g) = 0.235 \times 30\ \text{N} = 7.05\ \text{N}$$

传动力矩为

$$T = T_1 + T_2 = F_a d/2 + J\varepsilon = F_a d/2 + (J_2 + 2J_1)2a/d = 0.04\ \text{N} \cdot \text{m}$$

(2) 面向水平运动单元的参数计算与垂直单元计算类似，此处略。

3. 系统的控制结构

本控制系统主要由伺服控制器、电动机驱动器、伺服电动机组成。伺服控制器采用传统的 PID 控制器，简化后的系统结构如图 7-22 所示。

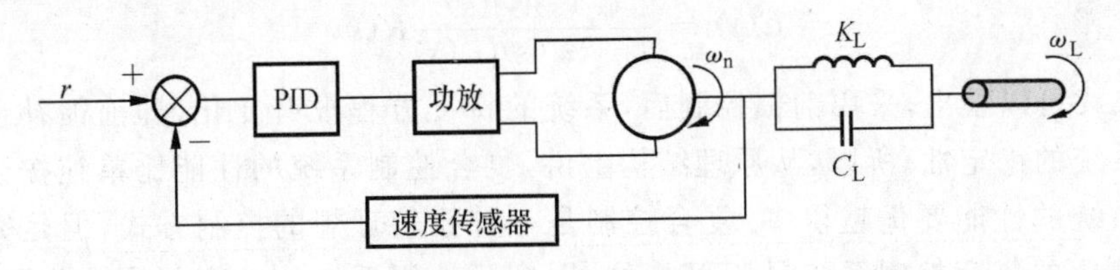

图 7-22　简化后的系统结构

伺服控制器作为系统的主控制器，担任完成控制算法、轨迹算法的任务，提供了 PID 和阶式位置伺服环滤波器，还提供了速度和加速度前馈，以减小伺服系统的轨迹误差。其中，速度前馈的作用是减小微分增益所引起的跟踪误差，加速度前馈项的作用是减小惯性带来的跟踪误差。

由于滞后、静摩擦及回差等，驱动(电动机) 和负载之间很难做到理想的耦合。这些问题共同作用会使系统产生机械谐振，从而严重损害系统的性能。为此伺服控制器提供了数字阶式滤波器及双反馈选项，以解决机械谐振的问题。

4.控制算法

1）对前馈环节的分析

机电控制系统如数控机床和工业机器人，它们的输入是已知时变轨迹，要求系统响应以零稳态误差跟踪这些输入信号。简单的PID控制器是不能满足上述要求的，采用前馈控制是简单而有效的措施，图7-23所示为其控制框图。其中，$R(s)$为系统的输入，$C(s)$为系统的输出，$G_c(s)$为反馈控制器传递函数，$G_p(s)$为受控对象传递函数，$F(s)$为前馈环节的传递函数。

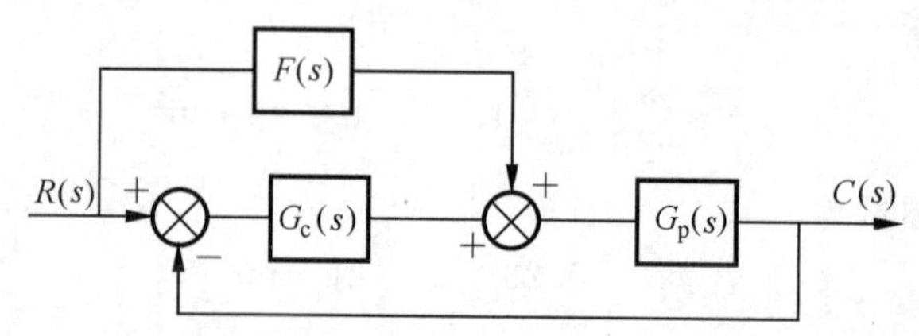

图7-23　采用前馈环节的复合控制结构

如图7-23所示，采用具有前馈环节的复合控制结构，其误差传递函数为

$$E(s)=\frac{1-G_p(s)F(s)}{1-G_p(s)G_c(s)}R(s)$$

当前馈补偿装置的参数满足$F(s)=G_p^{-1}(s)$时，$E(s)=0$，这说明输出完全复现输入，没有过渡过程，系统具有无限大的通频带，不管输入信号如何变化，系统误差始终为零。

系统未加前馈补偿的闭环传递函数为

$$C(s)=\frac{G_p(s)G_c(s)}{1-G_p(s)G_c(s)}R(s)$$

由该式可以看出，采用前馈控制后，系统的特征方程没有变化，即前馈补偿不会影响原有系统的稳定性。所以，从原理结构上讲，复合控制系统的性能比单纯按误差控制的闭环系统的性能要优越得多。复合控制是一种比较理想的控制方式，但是完全实现这种理想化的复合控制系统是不可能的，因实际控制系统的功率与线性范围都有限。此外，要设计出高阶微分装置很困难，更重要的是微分阶次越高，对输入噪声越敏感，这样反而会影响系统正常工作。因此，通常采用微分的最高阶次为2比较合适，也可以获得满意的效果。

2）库仑摩擦问题

在任何机械加工面之间进行滑动都存在摩擦力。除了可以用线性项建模的黏性阻尼摩擦力以外，还存在两种非线性摩擦力：一种是库仑摩擦力，通常表现为与相对运动方向相反的恒定制动力；另一种是运动开始时所要克服的静摩擦力。一般地说，静摩擦力会随着速度提高而逐渐减小，并在适当的速度下改变为库仑摩擦力。然而，为了分析方便，常常将静摩擦力逐渐变为库仑摩擦力的特性简化为突变特性。从稳态观点看，库仑摩擦力非线性相当于执行机构中存在死区，从而造成系统的稳态误差。

为了克服静摩擦力与库仑摩擦力给系统带来的稳态误差，最直接的办法是尽量减小摩擦力。例如，提高有关机械零件的加工精度，改善润滑条件等。这些纯机械方法往往成本比较高，有时甚至是不可能的。还有就是采用高增益控制器，以减小摩擦的影响。然而高增益将受机械传动机构谐振频率的限制，有可能会引起系统不稳定。为此，可采用参考自适应控制的设计方法，来解决带有库仑摩擦力的系统的控制问题。对于本系统自适应控制的讨论，限于篇幅，这里从略。

3）积分饱和问题

本系统伺服控制器采用 PID 控制是有弊端的，如积分饱和问题。积分饱和是指系统在启动过程中，因为误差信号会长时间保持较大的值，控制器积分部分的输出将很大，从而导致控制信号趋于极限值，容易造成超调过大等问题。

为了解决该问题，可以在标准 PID 控制器的基础上增加非线性环节。图 7-24 所示为采用非线性 PID 环节的控制框图，图 7-25 所示为其内部结构。当积分的输入信号达到一定范围时，死区非线性环节将起作用，这将削弱积分器的作用，从而可以在一定程度上抑制饱和问题。

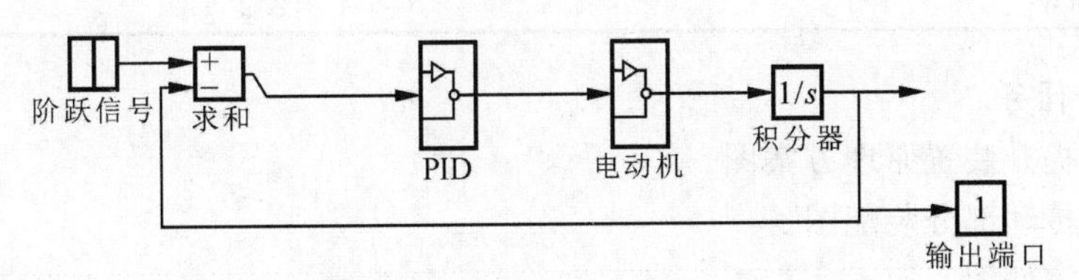

图 7-24　非线性 PID 控制结构

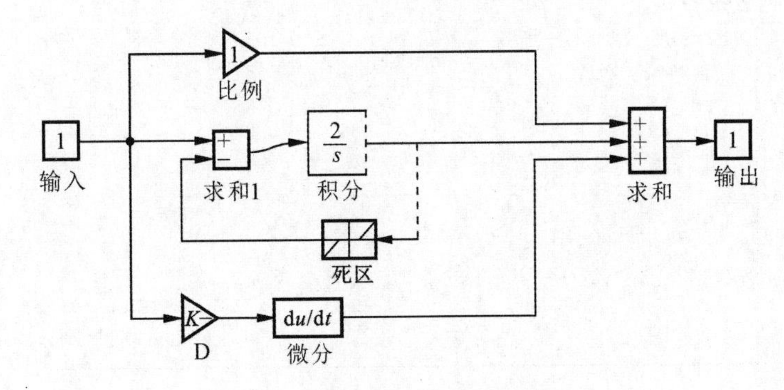

图 7-25　非线性 PID 内部结构

习　题

高架灯提升装置设计。

(1)基本说明。

提升装置用于城市高架路灯的升降，采用电力驱动，电动机水平放置，采用正、反转按钮控制升降。提升装置静止时采用机械自锁，并设有力矩限制器和电磁制动器，其卷筒上拽引钢绳直径为 11 mm。设备要求安全、可靠、可调整、安装方便、结构紧凑、造价低。提升装置为间歇工作，载荷平稳，半开式。

(2)原始技术数据如下。

数据编号	1	2	3	4
提升力/N	5 000	6 000	8 000	10 000
容绳量/mm	40	50	65	80
安装尺寸	270 mm×450 mm	280 mm×460 mm	290 mm×470 mm	300 mm×480 mm
电动机功率/kW	1.1	1.5	2.2	3

(3)设计任务。

① 绘制提升装置原理方案图。

② 完成传动部分装配图。

③ 完成零件图。

④ 设计编写说明。

部分习题参考答案

第2章

2-3

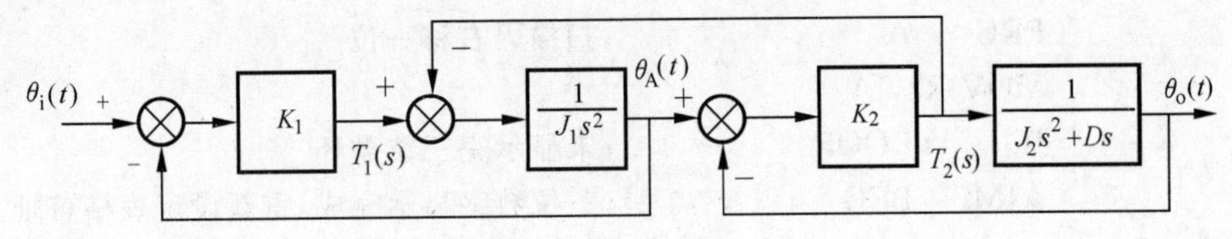

2-5
$$\frac{D_1 s}{ms^2+(D_1+D_2)s}$$

2-6
$$\frac{R_2 Cs+1}{(R_1+R_2)Cs+1}$$

2-7 不稳定。

第4章

4-4 推导略。直流伺服电动机的动态特性属于二阶环节。

4-7
$$U_0=\frac{t_{on}}{T}E=\frac{20\times 200}{50}\ \text{V}=80\ \text{V}$$
$$I_0=\frac{U_0-E_M}{R}=\frac{80-30}{10}\ \text{A}=5\ \text{A}$$

4-11 $s>1$：异步伺服电动机处于反转制动状态。

$0<s<1$：异步伺服电动机处于电动状态。

4-14 50齿。43 200/21 600 r/min

第5章

5-5 $U_o=-0.5$ V

5-12 24 000 r/min

第6章

6-3 参考程序如下。

```
        MOV   30H,  #12H    ;"5."的字形码
        MOV   31H,  #F8H    ;"7" 的字形码
        MOV   32H,  #C6H    ;"C" 的字形码
BEG     MOV   R0,   #30H    ; 字形码的表格首址
        MOV   R2,   #FBH    ;显示左第一位扫描码
```

```
LOOP    MOV    P1,     #07H     ;关显示器
        MOV    A,      @R0      ;取显示字形代码
        MOVX   @R0 , A          ;送笔画锁存/驱动器
        MOV    P1,     R2       ;送扫描码,显示
        ACALL  DELAY            ;延时 0.5～5 ms
        INC    R0
        MOV    A,      R2
        PRC    A                ;扫描码右移一位
        MOV R2, A
        JC     LOOP             ;未显示完三位循环
        AJMP   BEG              ;三位数字显示完成,重新设定表格首址及扫
                                 描码
```

6-4 初始化程序如下。

```
        MOV    SP,     #60H
        MOV    TMOD,#01H
        MOV    TL1,    #F0H
        MOV    TH1,    #D8H
        SETB   TR0
        SETB   ET0
        SETB   EA
  HERE: AJMP HERE
```

中断服务程序如下。

```
            ORG    001BH
        MOV    TL1,    #F0H
        MOV    TH1,    #D8H
        CPL    P1.0
        RETI
```

6-9

I/O 分配表

输入				输出	
限位开关 ST1	I1.0	呼车按钮 SB1	I2.0	呼车指示灯	Q0.0
限位开关 ST2	I1.1	呼车按钮 SB2	I2.1	电动机正转接触器线圈	Q0.1
限位开关 ST3	I1.2	呼车按钮 SB3	I2.2	电动机反转接触器线圈	Q0.2

续表

输入				输出
限位开关 ST4	I1.3	呼车按钮 SB4	I2.3	
限位开关 ST5	I1.4	呼车按钮 SB5	I2.4	
限位开关 ST6	I1.5	呼车按钮 SB6	I2.5	
限位开关 ST7	I1.6	呼车按钮 SB7	I2.6	
限位开关 ST8	I1.7	呼车按钮 SB8	I2.7	
系统启动按钮	I0.0			
系统停止按钮	I0.1			

梯形图：

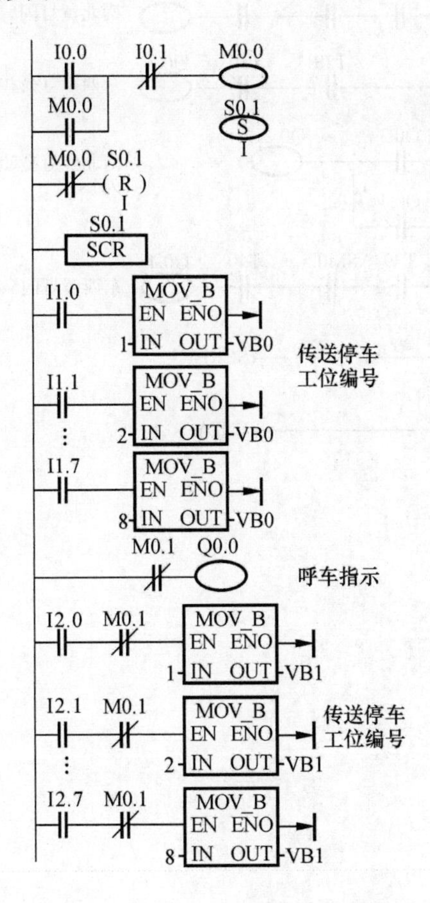

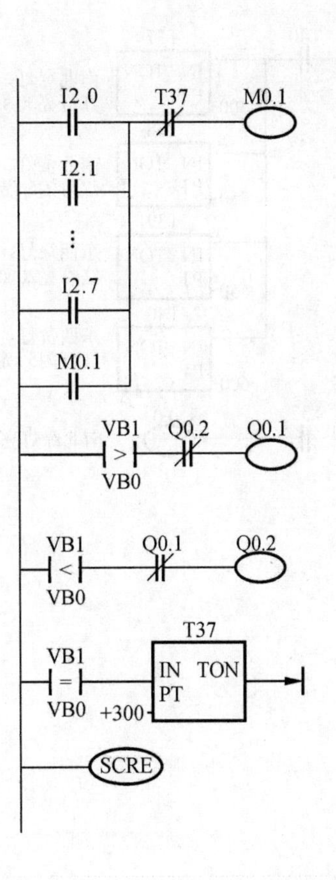

6-10

I/O 分配表

输入	输出					
控制开关	南北绿灯	南北黄灯	南北红灯	东西绿灯	东西黄灯	东西红灯
I0.0	Q0.0	Q0.1	Q0.2	Q0.3	Q0.4	Q0.5

梯形图：

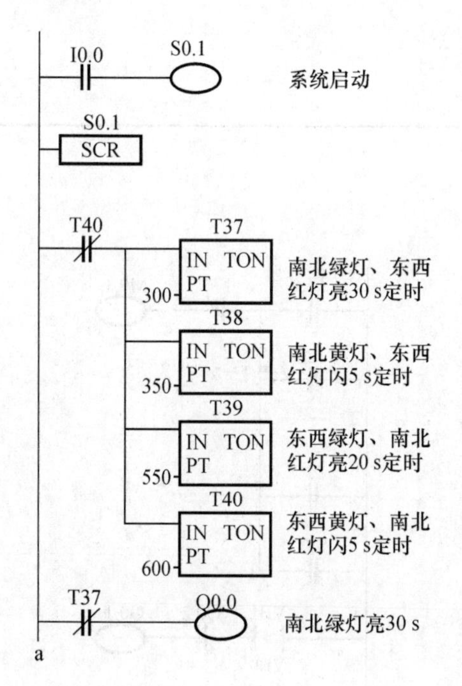

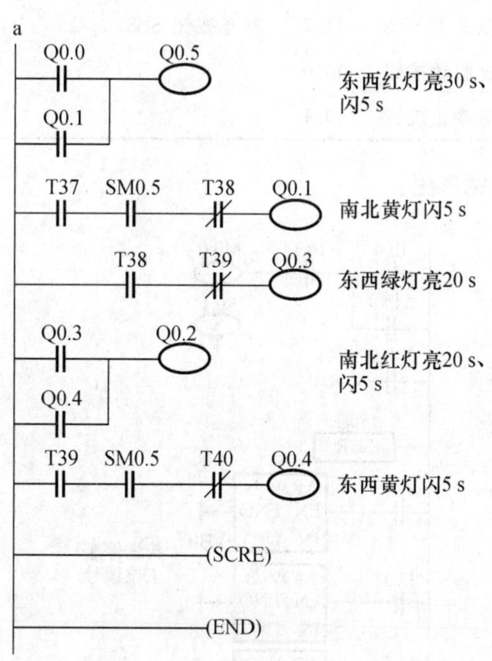

参考文献

[1] 程明.微特电机及系统[M].北京:中国电力出版社,2004.
[2] 机电一体化编委会.机电一体化手册[M].北京:机械工业出版社,1994.
[3] 谭建成.电机控制专用集成电路[M].北京:机械工业出版社,2004.
[4] 秦继荣.现代直流伺服控制技术及系统设计[M].北京:机械工业出版社,1999.
[5] 郑堤,唐可洪.机电一体化设计基础[M].北京:机械工业出版社,1997.
[6] 许大中.电机控制[M].杭州:浙江大学出版社,2002.
[7] 张立勋.机电一体化系统设计[M].哈尔滨:哈尔滨工程大学出版社,2004.
[8] 张伯时.电力拖动自动控制系统[M].北京:机械工业出版社,2003.
[9] 金子敏夫.机电一体化基础[M].戈平厚,等,译.哈尔滨:哈尔滨工程大学出版社,2000.
[10] 高安邦.机电一体化系统设计禁忌[M].北京:机械工业出版社,2008.
[11] MANHALIK N P.机电一体化——原理·概念·应用[M].双凯,等,译.北京:科学出版社,2008.
[12] 齐智平.机电一体化系统软件技术[M].北京:中国电力出版社,1998.
[13] 李行善.自动测试系统集成技术[M].北京:电子工业出版社,2004.
[14] 机电一体化技术应用实例编委会.机电一体化技术应用实例[M].北京:机械工业出版社,1994.
[15] 机械电子工业部天津电气传动设计研究所.电气传动自动化技术手册[M].北京:机械工业出版社,1992.
[16] 杨正新,汪劲松.机电一体化系统[M].北京:科学技术文献出版社,1996.
[17] 陈光东.单片微型计算机原理与接口技术[M].2版.武汉:华中科技大学出版社,1999.
[18] 睢丙东.单片机应用技术与实例[M].北京:电子工业出版社,2005.
[19] 于海生.微型计算机控制技术[M].北京:清华大学出版社,1999.
[20] 杨公源.机电控制技术及应用[M].北京:电子工业出版社,2005.
[21] 钟肇新.可编程控制器原理及应用[M].3版.广州:华南理工大学出版社,2004.
[22] PELZ G. Mechatronic Systems:Modelling and Simulation with HDLs[M]. New York:John Wiley&Sons Ltd,2003.
[23] 张扬林.机电一体化技术进展及发展趋势[J].机械制造,2005,43(490):22-24.

[24] BISHOP R H. Mechatronics:an Introduction[M]. New York:CRC Press,2001.
[25] 赵丁选. 光机电一体化设计使用手册[M]. 北京:化学工业出版社,2003.
[26] 周祖德,唐泳洪. 机电一体化控制技术与系统[M]. 武汉:华中理工大学出版社,1993.
[27] SHETTY D,KOLLK R A. 机电一体化系统设计[M]. 张树生,译. 北京:机械工业出版社,2006.
[28] 万遇良. 机电一体化系统的设计与分析[M]. 北京:中国电力出版社,1998.
[29] 谭维瑜. 电机与电气控制[M]. 北京:机械工业出版社,2004.
[30] 高钟毓. 机电控制工程[M]. 北京:清华大学出版社,1994.
[31] 姜培刚,盖玉先. 机电一体化系统设计[M]. 北京:机械工业出版社,2003.
[32] SINGHOSE W,DONNELL J. 机电设计方法概论(双语版)[M]. 胡友民,译. 武汉:华中科技大学出版社,2012.
[33] 赵得成,柴英杰,赵雪松. 工业设计基本原理与方法——从产品设计思维到原理和方法[M]. 重庆:西南师范大学出版社,2015.
[34] HEATH A,HEATH D,JENSEN A L. 西方工业设计 300 年[M]. 李宏,李为,译. 长春:吉林美术出版社,2003.
[35] 朱文坚,刘小康. 机械设计方法学[M]. 广州:华南理工大学出版社,2006.
[36] JANSCHEK K. 机电系统设计方法、模型及概念:建模、仿真及实现基础[M]. 张建华,译. 北京:清华大学出版社,2017.
[37] 余信庭. 开发管理效益的技巧:软件 VA/VE[M]. 上海:上海科学技术文献出版社,1990.
[38] 胡树华. 产品开发预警管理[M]. 石家庄:河北科学技术出版社,1999.
[39] 伊克万科. TRIZ:打开创新之门的金钥匙 I[M]. 孙永伟,译. 北京:科学出版社,2015.
[40] 赵敏,张武城,王冠殊. TRIZ 进阶及实战——大道至简的发明方法[M]. 北京:机械工业出版社,2016.
[41] 罗庆生,罗霄. 我的机器人:仿生机器人的设计与制作[M]. 北京:北京理工大学出版社,2016.